华为
HCIA-Datacom
网络技术实验指导

（视频讲解+在线刷题）

刘伟　王鹏　周航　阳惠娇 ◎ 编著

清华大学出版社
北京

内 容 简 介

本书基于新版华为认证 ICT 工程师-数据通信方向（HCIA-Datacom，考试代码 H12-811）认证体系，以华为企业网络仿真平台（eNSP）为实践载体，深度融合行业真实场景组织内容。全书共 19 章，涵盖以下核心模块：基础架构模块包括华为 eNSP 模拟器安装与使用、通用路由平台（VRP）系统解析、交换机基础、虚拟局域网（VLAN）原理与配置、生成树协议（STP）原理与配置；路由与通信模块包括 IP 地址规划与配置、静态路由配置、动态路由协议之 OSPF 配置、多 VLAN 间通信、以太网链路聚合（Eth-Trunk）；安全与运维模块包括访问控制列表（ACL）、认证-授权-计费（AAA）应用、网络地址转换（NAT）、网络服务与应用部署、无线局域网（WLAN）架构、广域网概览；进阶技术模块包括网络管理与运维、互联网协议第 6 版（IPv6）部署、Python 自动化运维。本书结合"视频讲解+在线刷题"双模式教学，视频以可视化形式拆解复杂概念，在线题库精准匹配考点，助力读者高效掌握理论与实操要点。

本书既可以作为华为 ICT 学院的配套实验教材，用来增强学生的实际动手能力，也可以作为计算机网络相关专业的实验指导书，还可以作为相关企业的培训教材，同时对于从事网络管理和运维的技术人员来说，也是一本很实用的技术参考书。

图书在版编目（CIP）数据

华为 HCIA-Datacom 网络技术实验指导：视频讲解+在线刷题 / 刘伟等编著.
北京：清华大学出版社, 2025. 7. -- ISBN 978-7-302-69629-2

Ⅰ. TP393

中国国家版本馆 CIP 数据核字第 2025L1X251 号

责任编辑：袁金敏
封面设计：刘　超
责任校对：徐俊伟
责任印制：刘　菲

出版发行：清华大学出版社

    网　　　址：https://www.tup.com.cn，https://www.wqxuetang.com
    地　　　址：北京清华大学学研大厦 A 座　　　邮　编：100084
    社 总 机：010-83470000　　　　　　　　　邮　购：010-62786544
    投稿与读者服务：010-62776969，c-service@tup.tsinghua.edu.cn
    质量反馈：010-62772015，zhiliang@tup.tsinghua.edu.cn

印 装 者：三河市人民印务有限公司
经　　销：全国新华书店
开　　本：190mm×235mm　　　　印　张：15.5　　　字　数：386 千字
版　　次：2025 年 8 月第 1 版　　　印　次：2025 年 8 月第 1 次印刷
定　　价：79.80 元

产品编号：107045-01

前　言

在 5G 商用加速、物联网设备爆发式增长、云计算深度渗透的当下，网络架构正经历前所未有的复杂变革。这种技术浪潮不仅驱动企业数字化转型对复合型网络人才需求激增，也促使行业认证体系向更高标准迭代。作为全球通信技术领军者，华为凭借覆盖全场景的通信设备矩阵与端到端解决方案，构建起备受认可的 HCIA、HCIP、HCIE 职业认证体系，成为衡量网络技术从业者专业能力的权威标尺。

HCIA-Datacom 认证作为华为网络技术认证的基石，精准锚定数据通信领域核心技能，旨在帮助零基础学员与职场新人系统掌握网络配置、故障诊断及安全防护能力，为职业发展筑牢根基。本书作者深耕网络教育多年，精准把握院校教学与企业用人需求的衔接点，针对初学者普遍存在的理论薄弱、实操生疏等痛点，严格对标华为官方考纲，将晦涩的网络原理转化为清晰易懂的知识图谱。书中不仅提供全流程实验配置指南，还创新性地融合视频讲解与在线刷题功能，真正实现"学、练、测"一体化，助力读者高效突破学习瓶颈，快速成长为企业亟需的实战型网络人才。

本书特色

内容完善，系统全面。本书以新版华为网络技术职业认证 HCIA-Datacom 为基础，以 eNSP 模拟器为仿真平台，从行业实际应用出发系统全面地组织本书内容。

实战导向，职场赋能。本书以实际应用为目标，通过项目案例驱动学习，从网络设计、配置调试到故障排除全流程演练，夯实职业核心竞争力。

紧跟前沿，精准备考。本书内容与最新版华为 HCIA-Datacom 认证大纲紧密结合，拆解高频考点与技术难点，确保读者在学习过程中既能掌握前沿知识，又能顺利通过认证考试。

学练闭环，强化成果。本书不仅提供了详尽的理论知识梳理，更通过大量的实验案例和在线刷题，让读者在实践中学习和成长。每个步骤都有详细的操作指导和分析，真正做到了学练一体，确保学习效果的最大化。

视频教学，直击核心。除了文字内容，我们还额外提供了实操教学视频。这些视频不仅可以指导读者如何进行实际操作，还结合网络工程师的职业规划、技术难点和工作项目等内容，为读者提供全方位的教学指导。

主要内容

本书共 19 章，知识结构如图 0-1 所示。

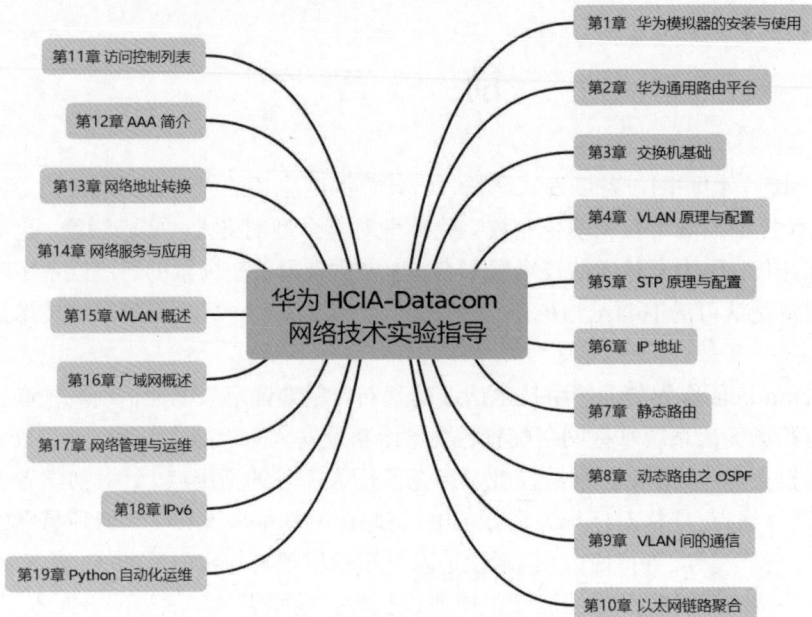

图 0-1　本书知识结构

读者对象

本书面向多元读者群体，能够满足不同层次的学习与应用需求：

华为 ICT 学院学员：本书系统整合数据通信领域核心知识，帮助学员构建完整的 ICT 知识体系，掌握前沿技术，为顺利通过学业考核与认证考试提供有力支撑。

计算机网络专业学生：本书设计了由浅入深的知识架构，无论是初学者还是希望提升技能的学子，本书都是其学习路上的得力助手，助其深入理解专业知识，提升实践能力。

企业培训学员：基于企业对员工技能培训的实际需求，本书以模块化形式呈现教学内容，结合标准化课程与丰富的实操案例，帮助企业高效开展网络技术培训，快速提升员工的 ICT 专业技能水平。

网络技术从业者：对于正在从事或希望深入此领域的技术人员，本书提供了实用的技术参考和解决方案，可切实解决实际问题。

作者寄语

"读书之法，在循序而渐进，熟读而精思"，建议读者在学习本书时，参考以下学习方法。

1．理论知识要先学会总结，然后去理解和记忆

华为相关技术的知识点特别多，有的读者学完以后，去找相关的工作，面试官问的问题，他都觉得学过，但就是答不上来。所以读者在学习的过程中，一定要对所学的知识点进行提炼和总结，然后去记忆，这样才能在面试的时候做到从容面对。本书对华为 HCIA-Datacom 的每一个知识点都进行了总结，方便读者记忆。

2．多做实验，提高动手能力和排错能力

华为的职业认证比较注重学员的动手能力，但是企业觉得很多新入职人员的动手能力、分析和解决问题的能力太差，所以大家在平时的学习中要加强实践操作的能力和排错能力。俗话说："熟读唐诗三百首，不会作诗也会吟。"本书大部分的篇幅在讲解实验，就是希望读者通过实践提高动手能力和排错能力。

3．多问为什么，每一个知识点的问题都要及时解决

许多学生刚开始学一门技术时，很有激情，会全身心地投入。但是一旦遇到问题，他觉得问同学和老师是一件耻辱的事情，等问题积累得越来越多，慢慢就听不懂老师所讲的内容了，也做不出来实验了，最后对这门课就失去了信心。所以大家一定要"不耻下问"，有问题就马上解决，这样才能时刻保持对技术追求的激情，才能把一门技术学好、学透。

4．不理解的内容多看几遍，反复学，肯定可以学会

很多读者由于之前没有接触过这门技术，刚开始学的时候会感觉难度比较大。但是只要大家坚持，多看多学，肯定可以学会。如果有疑问，可以扫描二维码听视频讲解，本书所有的理论和实验都配备了视频，只要努力，就可以把华为的技术学好。

本书资源及服务

（1）教学视频。

本书提供关键知识点的教学视频，读者请使用手机扫描书中各知识点旁边的二维码或扫描以下本书视频二维码观看教学视频。

（2）在线刷题。

本书提供在线刷题小程序进行在线刷题，读者请扫描以下二维码进入在线刷题平台。

（3）拓展学习资源。

为了帮助读者梳理华为认证的知识体系和深入理解网络知识，本书赠送丰富的电子版拓展学习资料，包括 19 章 HCIA-Datacom 认证全套学习笔记、19 张 HCIA-Datacom 认证思维导图、38 章 HCIA 全套实验拓扑。读者请扫描以下本书资源下载二维码获取以上资源。

（4）技术支持。

若您在学习本书的过程中发现疑问或错漏之处，也请您扫描以下技术支持二维码与我们取得联系。您可以进入读者交流群，与更多读者在线交流学习，也可以通过技术支持或者售后服务与我们取得联系，感谢您的支持。

| 本书视频二维码 | 本书刷题二维码 | 本书资源下载二维码 | 技术支持二维码 |

本书作者

本书由长沙卓应教育咨询有限公司刘伟主编统稿，参加编写工作的还有周航、王鹏、阳惠娇、王进、方颂等。针对庞大的华为网络及其复杂技术编写一本适合学生的实验教材确实不是一件容易的事情，衷心感谢长沙卓应教育咨询有限公司各位领导的支持、指导和帮助。如果没有他们的帮助，本书不可能在短时间内高质量地完成。本书的顺利出版也离不开清华大学出版社编辑的支持与指导，在此一并表示衷心的感谢。

尽管本书经过了作者与出版编辑的精心审读、校对，但限于时间、篇幅，难免有疏漏之处，望各位读者体谅包涵，不吝赐教。

作　者
2025 年 3 月

目　录

第 1 章

华为模拟器的安装与使用

eNSP（Enterprise Network Simulation Platform，华为模拟器）是华为官方推出的一款强大的图形化网络仿真工具平台，eNSP 主要对企业网路由器、交换机、WLAN 等设备进行软件仿真，从而完美地呈现真实设备部署实景，并且支持大型网络模拟，让用户有机会在没有真实设备的情况下也能够开展实验测试和学习网络技术。

现阶段华为官方已经不再提供 eNSP 软件下载，读者可以访问 ke.joinlabs3.com 注明身份后索要 eNSP 的最新版本。

1.1 eNSP 概述

在安装 eNSP 之前，要先在计算机上安装 WinPcap、Wireshark、VirtualBox。

1. WinPcap

WinPcap 是一款用于网络抓包的专业软件。它不仅可以帮助用户快速且出色地将网络上的信息包进行抓取和分析，而且可以用于网络监控、网络扫描、安全工具等各个方面，为用户带来了人性化、便捷化的使用体验。

2. Wireshark

Wireshark（曾称 Ethereal）是一个网络封包分析软件。网络封包分析软件的功能是截取网络封包，并尽可能地显示出最为详细的网络封包资料。Wireshark 使用 WinPcap 作为接口，直接与网卡进行数据报文交换。

3. VirtualBox

VirtualBox 是一款简单易用且免费的开源虚拟机，VirtualBox 软件体积小，使用时不会占用太多内存，操作简单，用户可以轻松创建虚拟机。不仅如此，VirtualBox 的功能也很实用，支持虚拟机克隆和 Direct3D 等。

4. eNSP

安装完以上三款软件以后，才可以安装 eNSP。

1.2 WinPcap 的安装

WinPcap 的安装步骤如下：

（1）双击安装程序的图标，进入安装界面，如图 1-1 所示。

（2）单击【Next】按钮，进入选择接受用户协议界面，如图 1-2 所示。

（3）单击【I Agree】按钮，进入自动安装选择界面，如图 1-3 所示。

（4）单击【Install】按钮，选择自动安装。单击【Finish】按钮，安装完成，如图 1-4 所示。

图 1-1　双击安装程序图标，安装 WinPcap

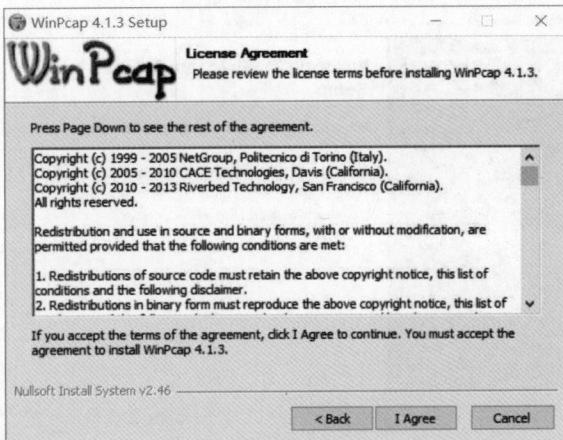

图 1-2　选择接受用户协议

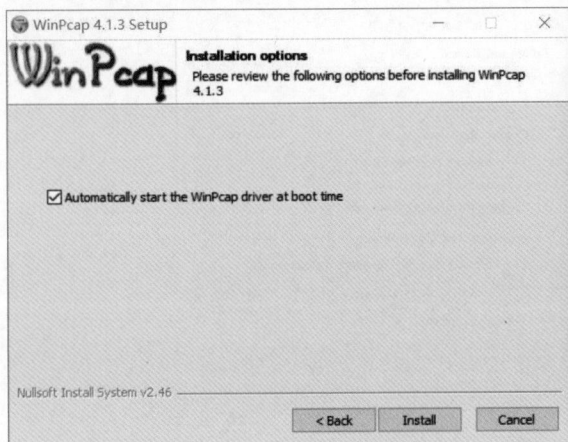

图 1-3　自动安装选择

图 1-4　WinPcap 安装完成

1.3　Wireshark 的安装

Wireshark 的安装步骤如下：
（1）双击安装程序的图标，进入安装界面，如图 1-5 所示。
（2）单击【Next】按钮，进入选择接受用户协议界面，如图 1-6 所示。
（3）单击【I Agree】按钮，进入选择组件界面，选择所有组件，如图 1-7 所示。
（4）单击【Next】按钮，进入创建快捷方式和关联文件界面，如图 1-8 所示。
（5）单击【Next】按钮，进入选择安装目录界面并选择相应的目录，如图 1-9 所示。
（6）单击【Next】按钮，进入选择是否安装 Npcap 界面，如图 1-10 所示。
（7）单击【Next】按钮，进入选择是否安装 USBPcap 界面，如图 1-11 所示。

图 1-5　双击安装程序图标，安装 Wireshark

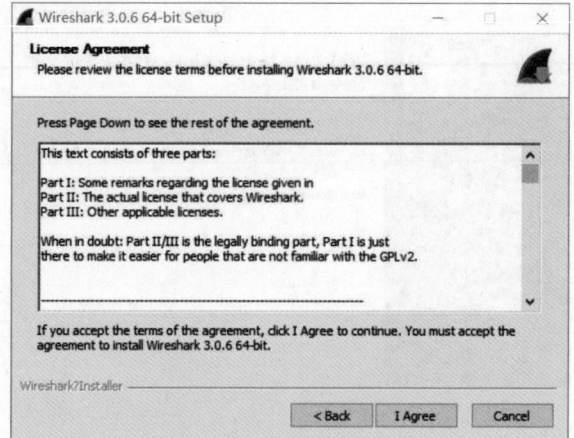

图 1-6　选择接受用户协议

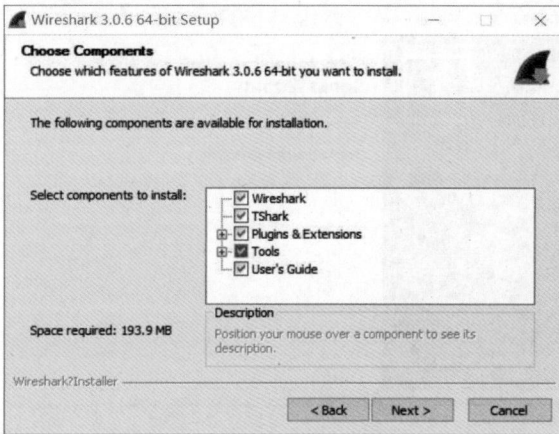

图 1-7　选择所有组件

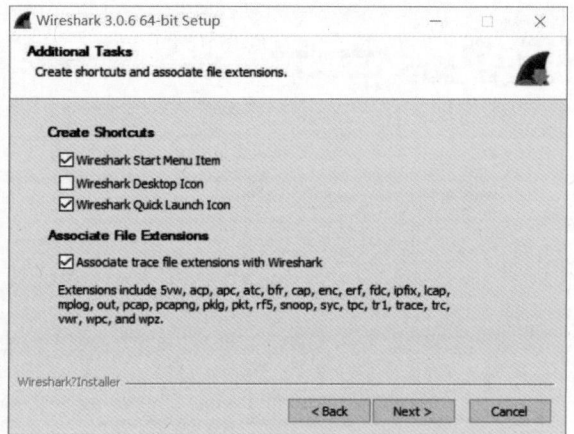

图 1-8　创建快捷方式和关联文件

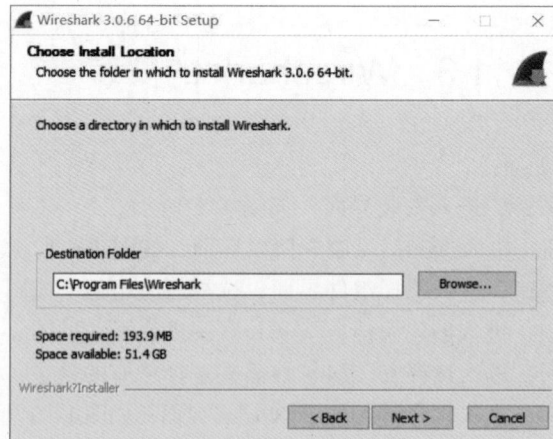

图 1-9　选择安装目录

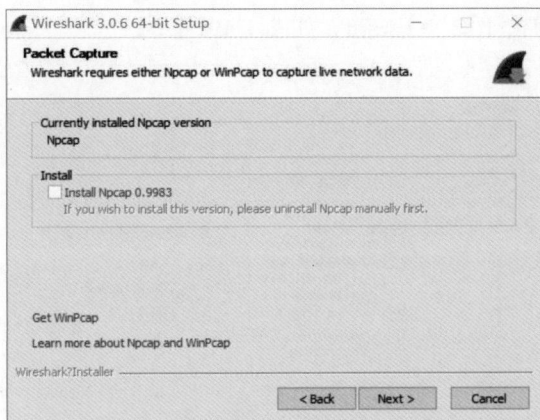

图 1-10　选择是否安装 Npcap

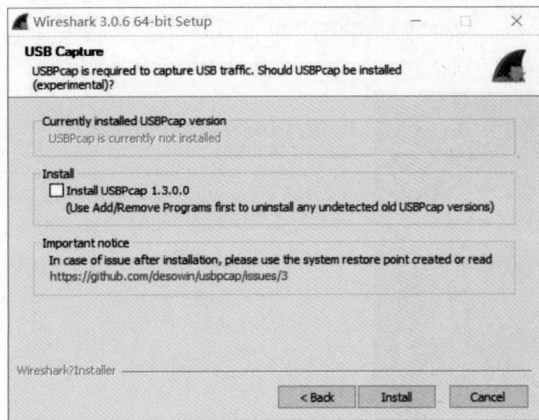

图 1-11 选择是否安装 USBPcap

（8）单击【Install】按钮，进入安装界面，如图 1-12 所示。

（9）等待安装，完成后单击【Finish】按钮，如图 1-13 所示。

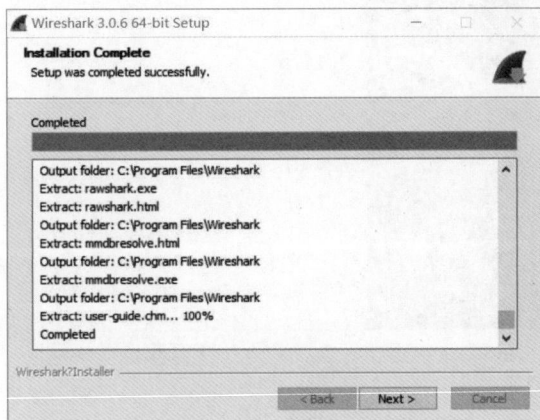

图 1-12　正在安装

图 1-13　安装成功

1.4　VirtualBox 的安装

VirtualBox 的安装步骤如下：

（1）双击安装程序的图标，进入安装界面，如图 1-14 所示。

（2）单击【下一步】按钮，进入选择安装目录界面，选择好相应的目录，如图 1-15 所示。

（3）单击【下一步】按钮，进入选择安装的功能界面，选择所有功能，如图 1-16 所示。

（4）单击【下一步】按钮，进入警告界面，在此界面中会提示将重置网络连接，如图 1-17 所示。

（5）单击【是】按钮，进入准备安装界面，如图 1-18 所示。

（6）单击【安装】按钮，Windows 安全中心会弹出提示窗口，在弹出的窗口中勾选【始终信任来自"Oracle Corporation"的软件】复选框，然后单击【安装】按钮，如图 1-19 所示。

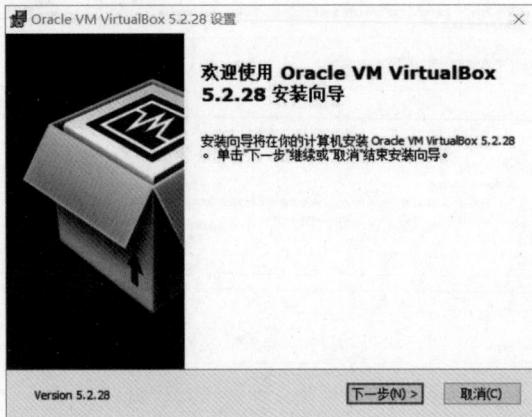

图 1-14　双击安装程序图标，安装 VirtualBox

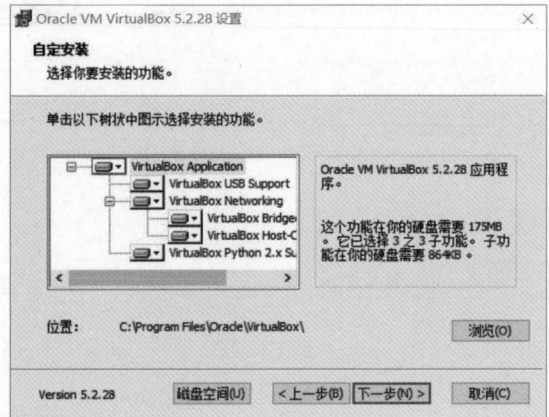

图 1-15　选择安装目录

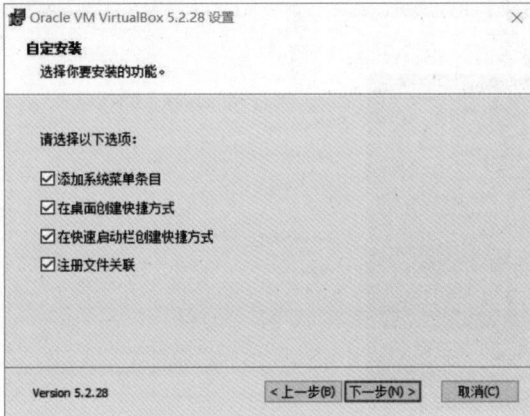

图 1-16　选择安装的功能

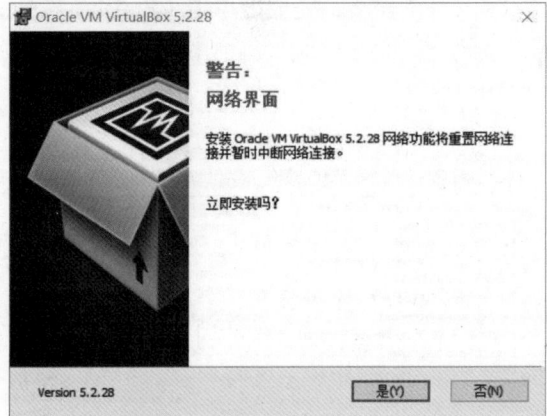

图 1-17　提示重置网络连接

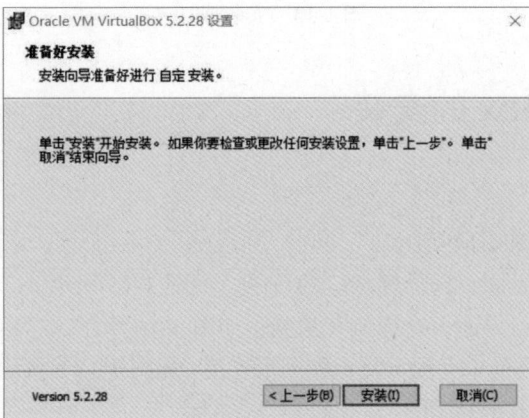

图 1-18　准备安装

图 1-19　勾选相应复选框

（7）在打开的界面中，勾选【安装运行 Oracle VM VirtualBox 5.2.28】复选框，然后单击
【完成】按钮完成安装，如图 1-20 所示。

图 1-20　安装成功并启动软件

1.5　eNSP 的安装

WinPcap、Wireshark、VirtualBox 三个软件全部安装完成后，才可以安装 eNSP。eNSP 的安
装步骤如下：

（1）双击安装程序的图标，进入选择安装语言界面，如图 1-21 所示。

（2）选择【中文（简体】，单击【确定】按钮，进入安装界面，如图 1-22 所示。

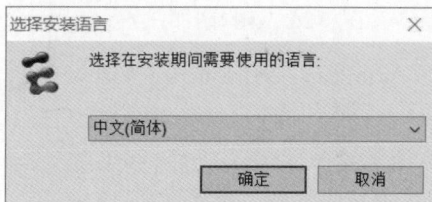

图 1-21　双击安装程序图标，选择语言　　　　　图 1-22　安装 eNSP

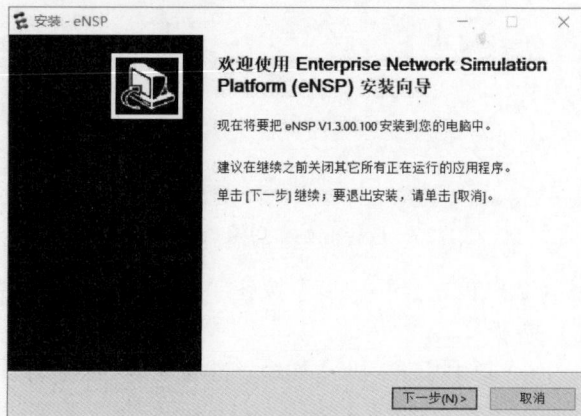

（3）单击【下一步】按钮，进入选择接受用户协议界面，在此界面中，阅读许可协议条款，选
中【我愿意接受此协议】单选按钮，如图 1-23 所示。

（4）单击【下一步】按钮，进入选择目标位置界面，设置软件安装目录，目录路径中不能包含

非英文字符，如图 1-24 所示。

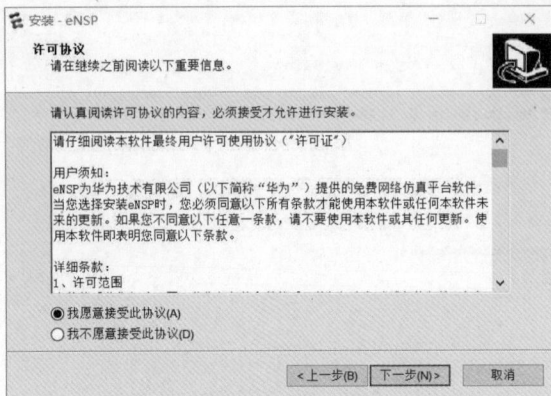

图 1-23　选择接受用户协议

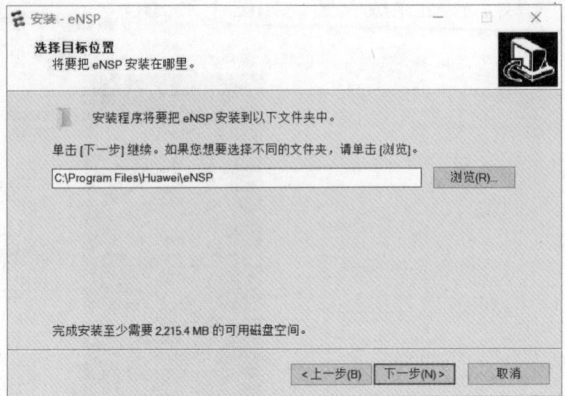

图 1-24　选择目标位置

（5）单击【下一步】按钮，进入选择开始菜单文件夹界面，在此界面中选择相应文件夹，如图 1-25 所示。

（6）单击【下一步】按钮，进入选择附加任务界面，在此界面中勾选【创建桌面快捷图标】复选框，如图 1-26 所示。

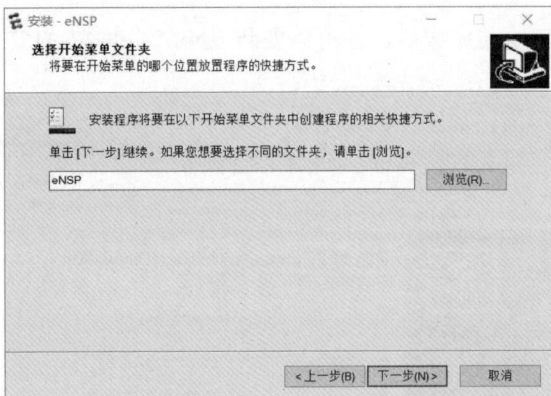

图 1-25　选择开始菜单文件夹

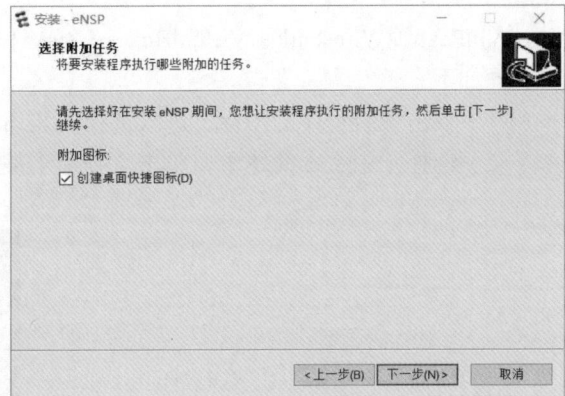

图 1-26　选择附加任务

（7）单击【下一步】按钮，系统会检测是否安装了 WinPcap、Wireshark、VirtualBox，如图 1-27 所示。

（8）单击【下一步】按钮，准备安装 eNSP，如图 1-28 所示。

（9）单击【安装】按钮，安装 eNSP，安装完成后单击【完成】按钮，如图 1-29 所示。

（10）eNSP 安装完成后，需要对系统防火墙进行配置，以便允许 eNSP 应用通过防火墙。

①打开【控制面板】窗口，选择【Windows Defender 防火墙】，单击【允许应用通过 Windows 防火墙】，如图 1-30 所示。

②在打开的窗口中单击【更改设置】按钮，勾选与 eNSP 相关的应用的复选框，并勾选相应的

【专用】和【公用】复选框，然后单击【确定】按钮，如图 1-31 所示。

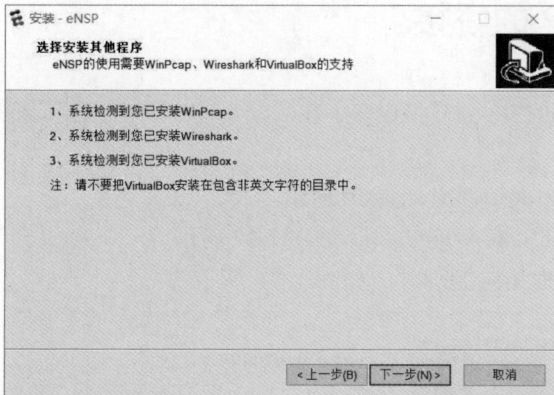

图 1-27　检测是否安装其他程序

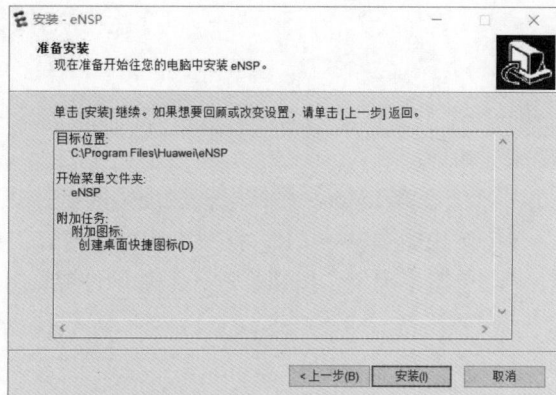

图 1-28　准备安装 eNSP

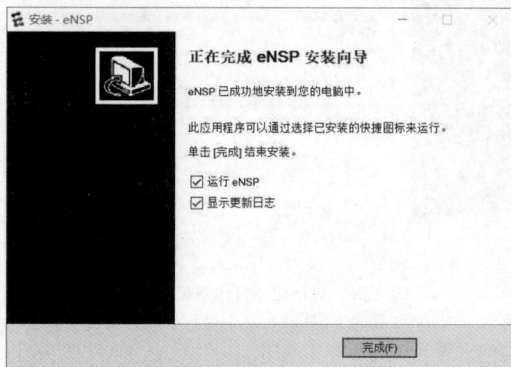

图 1-29　eNSP 安装成功

图 1-30　设置系统防火墙

图 1-31　在防火墙上允许 eNSP 应用访问

1.6 eNSP 的桥接

eNSP 的桥接是为了让做实验的终端能够访问 eNSP 的模拟设备，在后期实验中将会用到，桥接流程如下：

（1）在 Windows 系统上安装虚拟网卡，并且为虚拟网卡配置 IP 地址。

①按快捷键 Win+R，打开【运行】窗口，在其中输入 hdwwiz，如图 1-32 所示。

②单击【确定】按钮，进入添加硬件界面并添加相应的硬件，如图 1-33 所示。

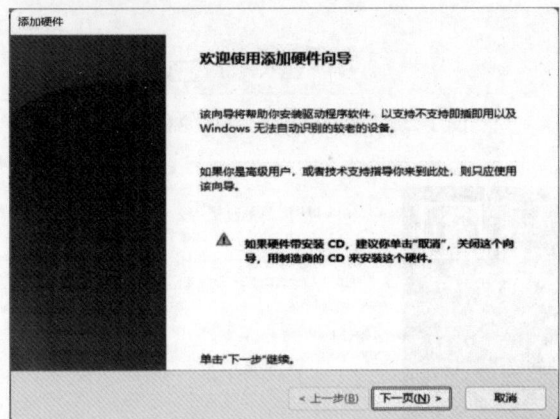

图 1-32 【运行】窗口　　　　　　　　　　　图 1-33　准备添加硬件

③单击【下一页】按钮，进入选择安装方式界面，在此界面中选中【安装我手动从列表选择的硬件（高级）】单选按钮，如图 1-34 所示。

④单击【下一页】按钮，进入选择安装的硬件类型界面，在此界面中选择相应的硬件类型，如图 1-35 所示。

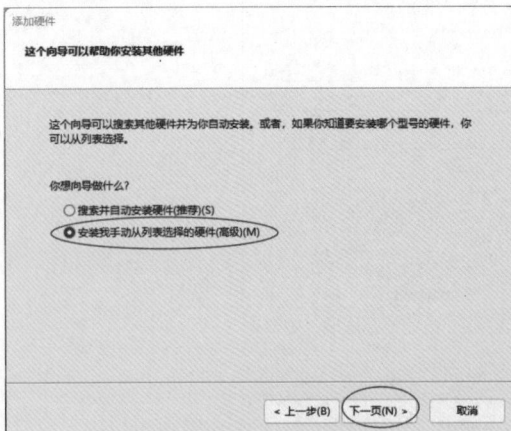

图 1-34　选择安装方式　　　　　　　　　　　图 1-35　选择硬件类型

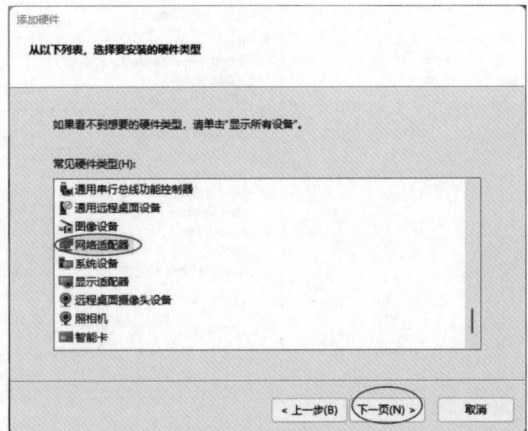

　　⑤单击【下一页】按钮，进入选择安装的设备驱动程序界面，在【厂商】列表中选择【Microsoft】，在【型号】列表中选择【Microsoft KM-TEST 环回适配器】，如图 1-36 所示。

　　⑥单击【下一页】按钮，进入准备安装硬件界面，如图 1-37 所示。

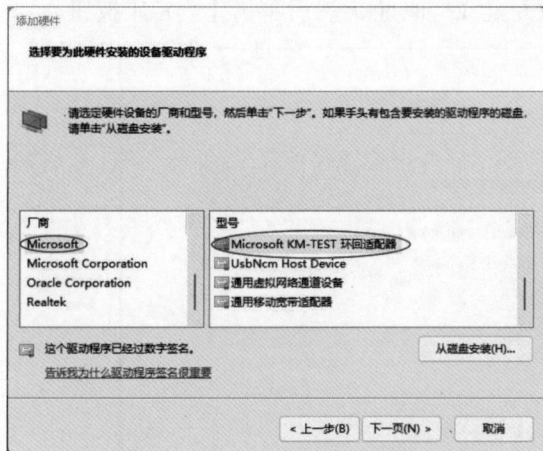

图 1-36　安装设备驱动程序

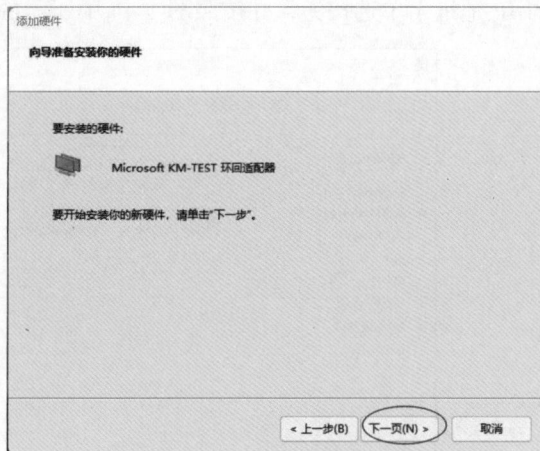

图 1-37　准备安装硬件

　　⑦单击【下一页】按钮，完成设备驱动程序（虚拟网卡）的安装。

　　⑧安装完成后，设置虚拟网卡的 IP 地址，打开【控制面板】窗口，如图 1-38 所示。

图 1-38　【控制面板】窗口

　　⑨单击【网络和 Internet】，打开【网络和 Internet】窗口，如图 1-39 所示。

　　⑩单击【网络和共享中心】，打开【网络和共享中心】窗口，如图 1-40 所示。

　　⑪单击【更换适配器设置】，打开【网络连接】窗口，如图 1-41 所示。

⑫双击【以太网 2】，打开【以太网 2 状态】对话框，如图 1-42 所示。

⑬单击【属性】按钮，打开【以太网 2 属性】对话框，如图 1-43 所示。

⑭双击【Internet 协议版本 4（TCP/IPv4】，打开【常规】对话框，在此对话框中选中【使用下面的 IP 地址】单选按钮，并按照图 1-44 中所示的参数配置 IP 地址，然后单击【确定】按钮。

图 1-39 【网络和 Internet】窗口

图 1-40 【网络和共享中心】窗口

图 1-41　【网络连接】窗口

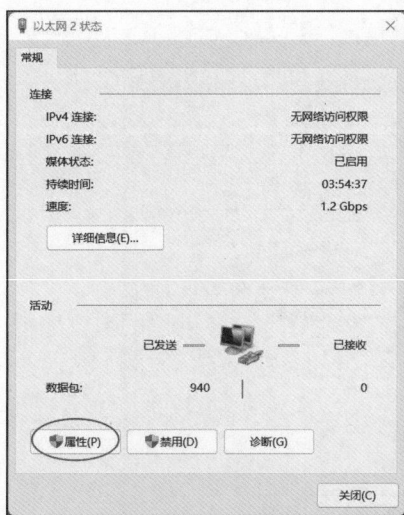

图 1-42　【以太网 2 状态】对话框　　　图 1-43　【以太网 2 属性】　　　图 1-44　【常规】对话框
　　　　　　　　　　　　　　　　　　　　　　　对话框

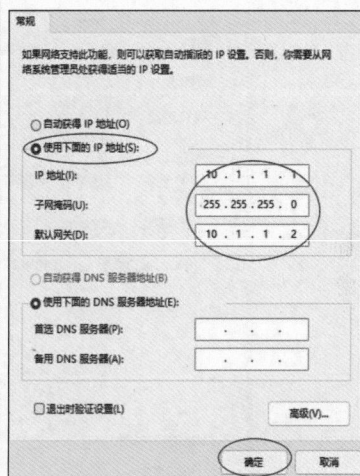

（2）使用 eNSP 桥接计算机。步骤如下：

①打开 eNSP，单击云图标，选择 Cloud，拖入空白处，如图 1-45 所示。

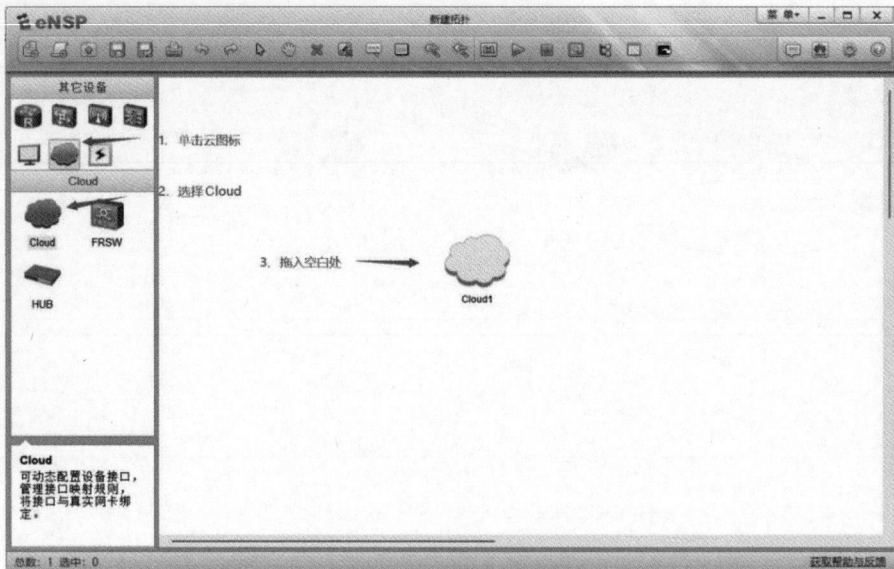

图 1-45　eNSP 配置界面

② 双击进入 Cloud1， 在【绑定信息】下拉列表框中选择【UDP】，单击【增加】按钮，如图 1-46 所示。

图 1-46　添加 UDP 绑定信息

③在【绑定信息】下拉列表框中选择虚拟网卡，然后单击【增加】按钮，添加网卡，如图 1-47 所示。

图 1-47　添加虚拟网卡绑定信息

④在【入端口编号】下拉列表框中选择【1】，在【出端口编号】下拉列表框中选择【2】，然后勾选【双向通道】复选框，单击【增加】按钮完成桥接，如图 1-48 所示。

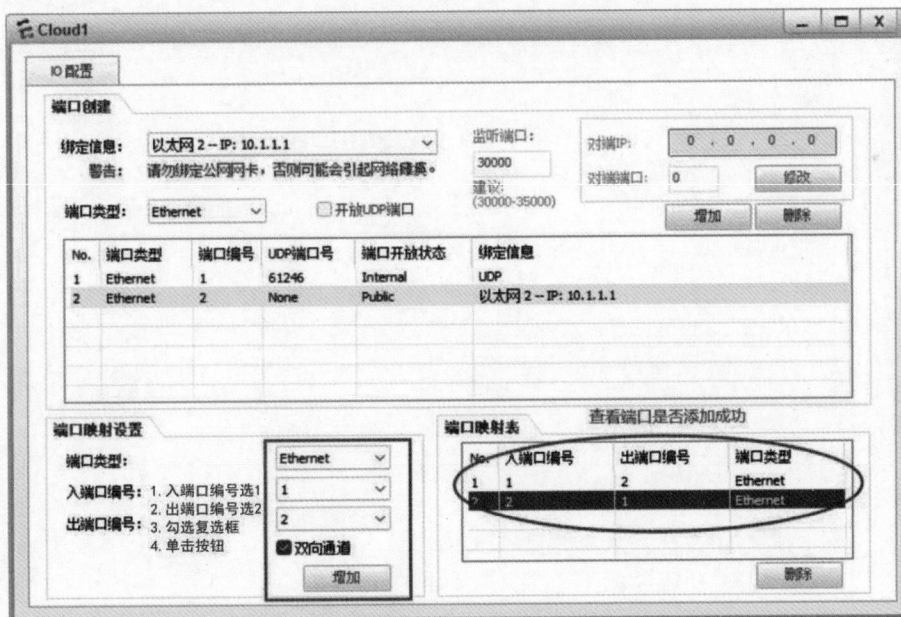

图 1-48　完成桥接

‖ 第 2 章 ‖

华为通用路由平台

　　VRP（Versatile Routing Platform，通用路由平台）是华为公司数据通信产品的通用操作系统平台。它以 IP 业务为核心，采用组件化的体系结构，在实现丰富功能特性的同时，还提供了基于应用的可裁剪和可扩展的功能，使路由器和交换机的运行效率大大提高。熟悉 VRP 操作系统并且熟练掌握 VRP 配置是高效管理华为网络设备的必备基础。

2.1 VRP 概述

扫一扫，看视频

随着网络技术和应用的飞速发展，VRP 平台在处理机制、业务能力、产品支持等方面也在持续演进。到目前为止，VRP 已经开发出了 5 个版本，分别是 VRP1、VRP2、VRP3、VRP5 和VRP8。

1．VRP 版本

（1）VRP1（1998—2001 年）的特点是集中式设计、适用于中低端设备、性能比较低。
（2）VRP2（1999—2000 年）的特点是分布式设计。
（3）VRP3（2000—2004 年）的特点是分布式设计、支持众多特性、支持核心路由器。
（4）VRP5（2004 年至今）的特点是组件化设计、应用于华为多个产品、高性能。
（5）VRP8（2009 年至今）的特点是多进程、组件化设计、支持多 CPU 和多框架。

2．文件类型

华为设备的文件类型见表 2-1。

表 2-1　华为设备的文件类型

文件类型	功　能
系统软件	系统软件是设备启动、运行的必备软件，为整个设备提供支撑、管理、业务处理等功能。常见文件的后缀名为 .cc
配置文件	配置文件是用户将配置命令保存的文件，作用是允许设备以指定的配置启动生效。常见文件的后缀名为 .cfg、.zip、.dat
补丁文件	补丁文件是一种与设备系统软件兼容的文件，用于解决设备系统软件少量且急需解决的问题。常见文件的后缀名为 .pat
PAF 文件	PAF 文件根据用户对产品的需求提供了一个简单有效的方式来裁剪产品的资源占用和功能特性。常见文件的后缀名为 .bin

3．存储设备

华为产品的存储设备见表 2-2。

表 2-2　华为产品的存储设备

存储设备	功　能
Flash	属于非易失存储器，断电后，不会丢失数据。主要存放系统软件、配置文件等；补丁文件和 PAF 文件由维护人员上传，一般存储于 Flash 或 SD Card 中
NVRAM	非易失随机读写存储器，用于存储日志缓存文件，定时器超时或缓存满后再写入 Flash
SDRAM	SDRAM（同步动态随机存储器）是系统运行内存，相当于计算机的内存
SD Card	断电后，不会丢失数据。存储容量较大，一般出现在主控板上，可以存放系统文件、配置文件、日志等
USB	USB 是接口，用于外接大容量存储设备，主要用于设备升级、传输数据

4．用户级别

华为设备的用户级别见表 2-3。

表 2-3　华为设备的用户级别

用户级别	命令级别	名　称	说　明
0	0	参观级	可使用网络诊断工具命令（ping、tracert）、从本设备出发访问外部设备的命令（Telnet 客户端命令）、部分 display 命令等
1	0、1	监控级	用于系统维护，可使用 display 等命令
2	0 ~ 2	配置级	可使用业务配置命令，包括路由、各个网络层次的命令，向用户提供直接网络服务
3 ~ 15	0 ~ 3	管理级	可使用用于系统基本运行的命令，对业务提供支撑作用，包括文件系统、FTP 下载与 TFTP 下载命令、命令级别设置命令以及用于业务故障诊断的 debugging 命令等

5．命令行视图

VRP 的视图可以分为用户视图、系统视图、接口视图、协议视图等，如图 2-1 所示。

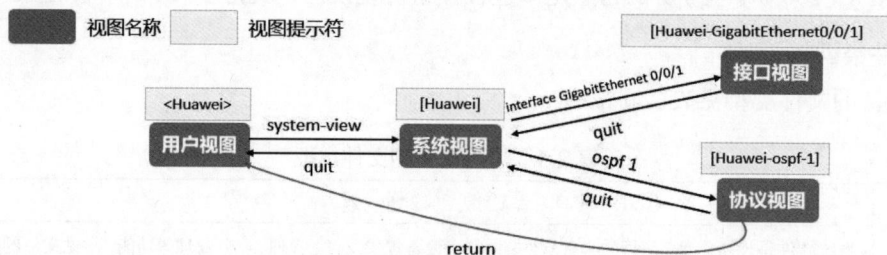

图 2-1　VRP 的视图示意图

6．常用快捷命令

VRP 的常用快捷命令见表 2-4。

表 2-4　VRP 的常用快捷命令

命令	功　能
Ctrl+A	把光标移动到当前命令行的最前端
Ctrl+E	把光标移动到当前命令行的最尾端
Ctrl+C	停止当前命令的运行，命令并不执行
Ctrl+Z	直接回到用户视图
Ctrl+]	终止当前连接或切换连接，如终止 Telnet 连接等
Ctrl+U	删除整行命令行
Backspace	删除光标左边的第一个字符
Ctrl+B、Ctrl+ <	光标左移一位
Ctrl+F、Ctrl+ >	光标右移一位
Tab	输入一个不完整的命令并按 Tab 键，就可以补全该命令（读者可以尝试一下多按几次 Tab 键并观察结果）

2.2　实验一：VRP 的基本操作

1. 实验目的

（1）理解命令行视图的含义以及进入与离开命令行视图的方法。

（2）掌握一些常见的命令。

（3）掌握使用命令行在线帮助的方法。

（4）掌握如何撤销命令。

（5）掌握如何使用命令行快捷键。

2. 实验拓扑

VRP 基本操作的实验拓扑如图 2-2 所示。

AR1

图 2-2　VRP 基本操作的实验拓扑

3. 实验步骤

（1）熟悉 VRP 的视图，命令如下：

```
<Huawei>                              //用户视图
<Huawei>system-view                   //从用户视图进入系统视图
Enter system view, return user view with Ctrl+Z. [Huawei]  //[ ] 代表系统视图
[Huawei]interface GigabitEthernet 0/0/0     //从系统视图进入接口视图
[Huawei-GigabitEthernet0/0/0]ip add//只输入 ip add, 然后按 Tab 键, 就可以补全 address
[Huawei-GigabitEthernet0/0/0]ip address 10.1.1.1 24
//配置接口 IP 地址为 10.1.1.1, 掩码长度为 24 位
[Huawei-GigabitEthernet0/0/0]quit //quit 命令是 VRP 系统中的退出当前层级命令
[Huawei]ospf                          //进入 OSPF 协议视图
[Huawei-ospf-1] //OSPF 是后面要学习的一个非常重要的动态路由协议, 此处仅作为一个示例
```

【技术要点】

Tab 键的使用：如果与之匹配的关键字唯一，按 Tab 键，系统会自动补全关键字；补全后，反复按 Tab 键，关键字不变。示例如下：

```
[Huawei] info-                        //按 Tab 键
[Huawei] info-center
```

【技术要点】

退出命令包括 quit、return 和快捷键 Ctrl+Z。

（1）quit 命令仅可以返回上一个视图。

（2）return 命令直接返回到用户视图。

（3）快捷键 Ctrl+Z 和 return 命令功能一样。

（2）给设备命名，命令如下：

```
[Huawei]sysname joinlabs    //更改系统名为 joinlabs
[joinlabs]                   //可以看出系统名由 Huawei变成了 joinlabs
```

（3）查看当前运行的配置文件，命令如下：

```
<joinlabs>display current-configuration    //查看当前运行的配置文件
#
sysname joinlabs                            //系统名为 joinlabs
#
aaa
authentication-scheme default
authorization-scheme default
accounting-scheme default
domain default
domain default_admin
local-user admin password cipher OOCM4m($F4ajUn1vMEIBNUw#
local-user admin service-type http
#
firewall zone Local
  priority 16
#
interface Ethernet0/0/0
#
interface Ethernet0/0/1
#
interface Serial0/0/0
  link-protocol ppp
#
interface Serial0/0/1
  link-protocol ppp
#
interface Serial0/0/2
  link-protocol ppp
#
interface Serial0/0/3
  link-protocol ppp
#
interface GigabitEthernet0/0/0
#
interface GigabitEthernet0/0/1
#
interface GigabitEthernet0/0/2
#
interface GigabitEthernet0/0/3
#
wlan
#
interface NULL0
```

```
#
ospf 1      //ospf 进程 1
#
user-interface con 0
user-interface vty 0 4
user-interface vty 16 20
#
return
```

━━━ 🖧【技术要点】━━━

有读者可能会疑惑，刚刚只配置了系统名和 ospf，为什么还有这么多命令？

因为除了 sysname joinlabs，ospf 1 其他的配置都是预配，这些配置都是系统本身自带的。

（4）保存当前的配置，命令如下：

```
<joinlabs>save                                          //保存
The current configuration will be written to the device  //当前这些配置将会保存到设备
Are you sure to continue?[Y/N]Y                          //是否继续，选择 Y
Info: Please input the file name( *.cfg, *.zip ) [vrpcfg.zip]: //默认为 vrpcfg.zip
May 16 2022 15:40:18-08:00 joinlabs %%01CFM/4/SAVE(l)[0]:The user chose Y when
deciding whether to save the configuration to the device.
Now saving the current configuration to the slot 17.
Save the configuration successfully.
<joinlabs>
```

━━━ 🖧【技术要点】━━━

如果读者给设备进行了配置，没有保存，那么文件只在 RAM 里面，下次重启时，配置就不存在了。

所以一定要记得保存，只要保存了，文件就会存入 Flash/SD 卡中，下次重启时，配置还存在。

（5）查看保存的配置文件，命令如下：

```
<joinlabs>display saved-configuration   //查看保存的配置文件
#
sysname joinlabs
#
undo info-center enable
#
aaa
 authentication-scheme default
 authorization-scheme default
 accounting-scheme default
 domain default
 domain default_admin
 local-user admin password cipher OOCM4m($F4ajUn1vMEIBNUw#
```

```
  local-user admin service-type http
#
firewall zone Local
  priority 16
#
interface Ethernet0/0/0
#
interface Ethernet0/0/1
#
interface Serial0/0/0
  link-protocol ppp
#
interface Serial0/0/1
  link-protocol ppp
#
interface Serial0/0/2
  link-protocol ppp
#
interface Serial0/0/3
  link-protocol ppp
#
interface GigabitEthernet0/0/0
#
interface GigabitEthernet0/0/1
#
interface GigabitEthernet0/0/2
#
interface GigabitEthernet0/0/3
#
wlan
#
interface NULL0
#
ospf 1
#
user-interface con 0
user-interface vty 0 4
user-interface vty 16 20
#
return
```

【技术要点】

在没有保存之前，用 display saved-configuration 命令查看配置文件，可以看出它为空。

（6）重置配置文件，命令如下：

```
<joinlabs>reset saved-configuration      //清空保存的配置文件
Warning: The action will delete the saved configuration in the device.
```

```
The configuration will be erased to reconfigure. Continue? [Y/N]:Y
                         //选择 Y
Warning: Now clearing the configuration in the device.
Info: Succeeded in clearing the configuration in the device.
<joinlabs>reboot                    //重启，只有重新启动，配置才能清空
Info: The system is now comparing the configuration, please wait.
Warning: All the configuration will be saved to the configuration file for the next
startup:, Continue?[Y/N]: N        //在提示"所有的配置会被保存到下次启动文件中，是否继
                                   续？"时，一定要选择 N，即不保存当前的配置
Info: If want to reboot with saving diagnostic information, input 'N' and then
execute 'reboot save diagnostic-information'.
System will reboot! Continue?[Y/N]:Y  //选择 Y
```

📡【技术要点】

　　文件重置相当于还原设备的所有配置，所以在使用这些命令前要记得备份。

（7）指定系统启动配置文件，命令如下：

```
<joinlabs>save joinlabs.cfg     //保存配置文件，配置文件名为 joinlabs.cfg
Are you sure to save the configuration to flash:/joinlabs.cfg?[Y/N]:y
                             //选择 Y 或按 Enter 键

<joinlabs>dir flash:              //查看 Flash 中的文件
Directory of flash:/
Idx Attr Size(Byte) Date  TimeFileName
 0 drw-  -  Aug 07 2015 13:51:14 src
 1 drw-  -   May 16 2022 15:05:00 pmdata
 2 drw-  -   May 16 2022 15:05:03 dhcp
 3 -rw- 603 May 16 2022 15:58:22 private-data.txt
 4 drw-  -   May 16 2022 15:20:09 mplstpoam
 5 -rw- 424 May 16 2022 16:02:18 vrpcfg.zip
 6 -rw- 794 May 16 2022 16:04:21 joinlabs.cfg      //可以看出文件保存成功
32,004 KB total (31,991 KB free)

<joinlabs>startup saved-configuration joinlabs.cfg //指定启动配置文件名
Info: Succeeded in setting the configuration for booting system.
<joinlabs>save                              //保存
The current configuration will be written to the device.
Are you sure to continue?[Y/N]y        //选择 Y
Save the configuration successfully.
<joinlabs>display startup          //使用命令查看设备重启后调用的配置文件
MainBoard:
  Configured startup system software:   NULL
  Startup system software:              NULL
  Next startup system software:         NULL
```

```
Startup saved-configuration file:      flash:/joinlabs.cfg
Next startup saved-configuration file:flash:/joinlabs.cfg
                                       //可以看出设备下次启动时调用的配置文件
Startup paf file:                      NULL
Next startup paf file:                 NULL
Startup license file:                  NULL
Next startup license file:             NULL
Startup patch package:                 NULL
Next startup patch package:            NULL
```

【技术要点】

在默认情况下，设备会调用根目录下的启动文件，而当设备有备份配置文件时，可以指定调用的配置文件，这样可以灵活地实施项目。

2.3　实验二：文件查询命令

1. 实验目的
掌握文件查询命令。

2. 实验拓扑
文件查询命令的实验拓扑如图 2-3 所示。

AR1

图 2-3　文件查询命令的实验拓扑

3. 实验步骤
（1）查看路由器 AR1 当前目录，命令如下：

```
<Huawei>pwd                    //查看当前目录
flash:
```

可以看出当前处于 flash 目录。

（2）查看当前目录下的文件和目录的信息，命令如下：

```
<Huawei>dir                    //显示当前目录下的文件信息
Directory of flash:/

   Idx  Attr   Size(Byte)   Date        Time(LMT)  FileName
   0    drw-   -            Apr 20 2022 07:21:12   dhcp
   1    -rw-   121,802      May 26 2014 09:20:58   portalpage.zip
   2    -rw-   2,263        Apr 20 2022 07:21:06   statemach.efs
   3    -rw-   828,482      May 26 2014 09:20:58   sslvpn.zip

1,090,732 KB total (784,464 KB free)
```

📟【技术要点】

文件信息的含义如下：

（1）d 表示当前为目录，-表示当前为文件，r 表示当前目录或文件为可读，w 表示当前目录或文件为可写。

（2）Size 表示当前文件和目录的大小。

（3）FileName 表示当前目录或文件的名字。

2.4　实验三：目录和文件操作

1. 实验目的

掌握常用的目录和文件操作命令。

2. 实验拓扑

目录和文件操作的实验拓扑如图 2-4 所示。

图 2-4　目录和文件操作的实验拓扑

3. 实验步骤

（1）创建一个新目录，名字为 test，命令如下：

```
<Huawei>mkdir test          //创建目录 test
Info: Create directory flash:/test...Done
```

（2）查看当前目录下是否创建了 test 目录，命令如下：

```
<Huawei>dir                 //显示当前目录下的文件信息
Directory of flash:/

    Idx  Attr   Size(Byte)   Date          Time(LMT)    FileName
    0    drw-   -            Apr 20 2022   07:29:47     test
    1    drw-   -            Apr 20 2022   07:21:12     dhcp
    2    -rw-   121,802      May 26 2014   09:20:58     portalpage.zip
    3    -rw-   2,263        Apr 20 2022   07:21:06     statemach.efs
    4    -rw-   828,482      May 26 2014   09:20:58     sslvpn.zip

    1,090,732 KB total (784,460 KB free)
```

可以看出已经创建了 test 目录。

（3）删除 test 目录，命令如下：

```
<Huawei>rmdir test                           //删除 test 目录
Remove directory flash:/test? (y/n)[n]:y     //y 表示确定删除
%Removing directory flash:/test...Done!
```

（4）查看是否删除了 test 目录，命令如下：

```
<Huawei>dir
Directory of flash:/
```

```
Idx  Attr      Size(Byte)    Date              Time(LMT)   FileName
  0  drw-           -         Apr 20 2022 07:21:12          dhcp
  1  -rw-     121,802         May 26 2014 09:20:58          portalpage.zip
  2  -rw-       2,263         Apr 20 2022 07:21:06          statemach.efs
  3  -rw-     828,482         May 26 2014 09:20:58          sslvpn.zip

1,090,732 KB total (784,464 KB free)
```

通过 dir 显示的结果，可以看出 test 目录已经被删除了。

（5）重命名 sslvpn.zip 文件名为 huawei.zip，命令如下：

```
<Huawei>rename sslvpn.zip huawei.zip   //把 sslvpn.zip 文件名修改为 huawei.zip
Rename flash:/sslvpn.zip to flash:/huawei.zip? (y/n)[n]:y //选择 y
Info: Rename file flash:/sslvpn.zip to flash:/huawei.zip ...Done
```

（6）查看是否重命名成功，命令如下：

```
<Huawei>dir
Directory of flash:/

Idx  Attr      Size(Byte)    Date          Time(LMT)   FileName
  0  -rw-     828,482         May 26 2014 09:20:58      huawei.zip
  1  drw-           -         Apr 20 2022 07:21:12      dhcp
  2  -rw-     121,802         May 26 2014 09:20:58      portalpage.zip
  3  -rw-       2,263         Apr 20 2022 07:21:06      statemach.efs

1,090,732 KB total (784,464 KB free)
```

通过 dir 显示的结果，可以看出文件名已修改为 huawei.zip。

（7）将 huawei.zip 文件复制并命名为 test.txt，命令如下：

```
<Huawei>copy huawei.zip test.txt        //将 huawei.zip 文件复制并命名为 test.txt
Copy flash:/huawei.zip to flash:/test.txt? (y/n)[n]:y //选择 y
```

（8）查看是否修改成功，命令如下：

```
<Huawei>dir
Directory of flash:/

Idx  Attr      Size(Byte)    Date          Time(LMT)   FileName
  0  -rw-     828,482         May 26 2014 09:20:58      huawei.zip
  1  drw-           -         Apr 20 2022 07:21:12      dhcp
  2  -rw-     121,802         May 26 2014 09:20:58      portalpage.zip
  3  -rw-     828,482         Apr 20 2022 07:40:02      test.txt
  4  -rw-       2,263         Apr 20 2022 07:21:06      statemach.efs
```

通过 dir 显示的结果，可以看出目录下多了一个 test.txt 的文件。

（9）将 test.txt 目录移入 dhcp 目录，并查看，命令如下：

```
<Huawei>move test.txt dhcp/        //将 test.txt 目录移入 dhcp 目录
Move flash:/test.txt to flash:/dhcp/test.txt? (y/n)[n]:y //选择 y
```

```
%Moved file flash:/test.txt to flash:/dhcp/test.txt.
<Huawei>cd dhcp/                          //进入 dhcp 目录
<Huawei>dir                               //查看当前目录下的文件
Directory of flash:/dhcp/

Idx Attr      Size(Byte) Date  Time(LMT)       FileName
  0 -rw-         98 Apr 20 2022 07:21:12       dhcp-duid.txt
  1 -rw-       828,482 Apr 20 2022 07:40:02     test.txt

1,090,732 KB total (783,652 KB free)
```

通过 dir 显示的结果，可以看出当前目录下多了一个 test.txt 文件。

（10）删除 test.txt 文件，命令如下：

```
<Huawei>delete test.txt                          //删除 test.txt 文件
Delete flash:/dhcp/test.txt? (y/n)[n]:y          //选择 y
Info: Deleting file flash:/dhcp/test.txt...succeed.
<Huawei>dir                                      //查看当前目录下的文件信息
Directory of flash:/dhcp/

 Idx Attr   Size(Byte)  Date         Time(LMT)    FileName
  0   -rw-   98          Apr 20 2022 07:21:12     dhcp-duid.txt

1,090,732 KB total (783,648 KB free)
```

通过 dir 显示的结果，可以看出 test.txt 文件已经不存在了。

（11）恢复 test.txt 文件并查看，命令如下：

```
<Huawei>undelete test.txt                        //恢复删除的 test.txt 文件
Undelete flash:/dhcp/test.txt? (y/n)[n]:y        //选择 y
%Undeleted file flash:/dhcp/test.txt.
<Huawei>dir                                      //查看当前目录下的文件信息
Directory of flash:/dhcp/

 Idx Attr   Size(Byte)  Date         Time(LMT)  FileName
  0   -rw-   98          Apr 20 2022 07:21:12   dhcp-duid.txt
  1   -rw-   828,482     Apr 20 2022 07:40:02   test.txt

1,090,732 KB total (783,648 KB free)
```

通过 dir 显示的结果，可以看出 test.txt 文件已经恢复。

2.5 VRP 命令汇总

常见的文件系统操作命令和基本配置命令分别见表 2-5 和表 2-6。

表 2-5　常见的文件系统操作命令

命　令	作　用
pwd	查看当前目录
dir	显示当前目录下的文件信息
more	查看文本文件的具体内容
cd	修改用户当前界面的工作目录
mkdir	创建新的目录
rmdir	删除目录
copy	复制文件
move	移动文件
rename	重命名文件
delete	删除文件
undelete	恢复删除的文件
reset recycle-bin	彻底删除回收站中的文件

表 2-6　基本配置命令

命　令	作　用
sysname	配置设备名称
clock datetime	配置本地时区信息
command-privilege level	配置命令级别
display current-configuration	查看当前运行的配置文件
save	保存配置文件
display saved-configuration	查看保存的配置
reset saved-configuration	清除已保存的配置
display startup	查看系统启动配置参数
startup saved-configuration configuration-file	配置系统下次启动时使用的配置文件
reboot	重启配置设备

‖ 第 3 章 ‖

交换机基础

二层交换设备工作在 OSI 模型的第二层，即数据链路层，它对数据包的转发是建立在 MAC（Media Access Control，媒体访问控制）地址基础之上的。二层交换设备不同的接口发送和接收数据独立，各接口属于不同的冲突域，因此有效地隔离了网络中物理层冲突域，使得通过它互连的主机（或网络）之间不必再担心流量大小对数据发送冲突产生影响。

3.1 交换机概述

在网络中传输数据时需要遵循一些标准，以太网协议定义了数据帧在以太网上的传输标准，了解以太网协议是充分理解数据链路层通信的基础。以太网交换机是实现数据链路层通信的主要设备，了解以太网交换机的工作原理也是十分必要的。

1. Ethernet_II 格式

以太帧 Ethernet_II 格式见清单 3-1。

清单 3-1 以太帧 Ethernet_II 格式

DMAC（6B）	SMAC（6B）	Type（2B）	Data（46 ~ 1500B）	FCS（4B）

（1）DMAC：目的 MAC 地址，6B，该字段标识帧的接收者。

（2）SMAC：源 MAC 地址，6B，该字段标识帧的发送者。

（3）Type：协议类型，2B，常见值如下：

①0x0800：Internet Protocol Version 4（IPv4）。

②0x0806：Address Resolution Protocol（ARP）。

（4）Data：数据字段，46 ~ 1500B，标识帧的负载。

（5）FCS：帧校验序列，4B，是一种为接收者提供判断是否传输错误的方法，如果发现错误，则丢弃此帧。

2. MAC 分类

（1）单播 MAC 地址：第 8 位为 0，用于标识链路上的一个单一节点。

（2）组播 MAC 地址：第 8 位为 1，用来代表局域网上的一组终端。

（3）广播 MAC 地址：全 1，用来表示局域网上的所有终端设备。

3. 冲突域

冲突域是指连接在同一共享介质上的所有节点的集合。

4. 广播域

广播域是指一个节点发送一个广播报文，其余节点都能够收到的节点的集合。

5. 交换机的原理

（1）基于源 MAC 地址学习。

（2）基于目的 MAC 地址转发。

（3）收到的是一个广播帧或者未知的单播帧，除源端口以外所有端口转发。

6．交换机的三种转发行为

（1）Flooding（泛洪）：交换机把从某一个接口收到的数据帧从除源端口以外所有的端口转发出去，是一种点到多点的转发行为。交换机在以下情况会泛洪数据帧：

①收到广播数据帧。

②收到组播数据帧。

③收到未知单播数据帧。

（2）Forwarding（转发）：交换机从某一个接口收到的数据帧从另外一个端口转发出去，是一种点到点的行为。

（3）Discarding（丢弃）：交换机把从某一端口进来的帧直接丢弃。

3.2　ARP 概述

在局域网中，当主机或其他三层网络设备有数据要发送给另一台主机或三层网络设备时，它需要知道对方的网络层地址（即 IP 地址）。但是仅有 IP 地址是不够的，因为 IP 报文必须封装成帧才能通过物理网络发送，因此发送方还需要知道接收方的物理地址（即 MAC 地址），这就需要一个从 IP 地址到 MAC 地址的映射。ARP 可以实现将 IP 地址解析为 MAC 地址。主机或三层网络设备上会维护一张 ARP 表，用于存储 IP 地址和 MAC 地址的关系。一般 ARP 表项包括动态 ARP 表项和静态 ARP 表项。

1．ARP 的报文格式

ARP 的报文格式见清单 3-2。

清单 3-2　ARP 的报文格式

Hardware Type		Protocol Type	
Hardware Length	Protocol Length	Operation Code	
Source Hardware Address			
Source Protocol Address			
Destination Hardware Address			
Destination Protocol Address			

网络设备通过 ARP 报文来发现目的 MAC 地址。ARP 报文中包含以下字段：

（1）Hardware Type：硬件地址类型，一般为以太网。

（2）Protocol Type：三层协议地址类型，一般为 IP。

（3）Hardware Length 和 Protocol Length：MAC 地址和 IP 地址的长度，单位是字节。

（4）Operation Code：指定 ARP 报文的类型，包括 ARP Request 和 ARP Reply。

（5）Source Hardware Address：发送 ARP 报文的设备 MAC 地址。

（6）Source Protocol Address：发送 ARP 报文的设备 IP 地址。

（7）Destination Hardware Address：接收者的 MAC 地址，在 ARP Request 报文中，该字段值为 0。

（8）Destination Protocol Address：接收者的 IP 地址。

2．ARP 的分类

（1）动态 ARP。动态 ARP 表项由 ARP 协议通过 ARP 报文自动生成和维护，可以被老化，可以被新的 ARP 报文更新，可以被静态 ARP 表项覆盖。动态 ARP 适用于拓扑结构复杂、通信实时性要求高的网络。

（2）静态 ARP。静态 ARP 表项是由网络管理员手工建立的 IP 地址和 MAC 地址之间固定的映射关系。静态 ARP 表项不会被老化，不会被动态 ARP 表项覆盖。

（3）免费 ARP。设备主动使用自己的 IP 地址作为目的 IP 地址发送 ARP 请求，此种方式称为免费 ARP。免费 ARP 的作用如下：

①IP 地址冲突检测。当设备接口的协议状态变为 UP 时，设备主动对外发送免费 ARP 报文。正常情况下不会收到 ARP 应答，如果收到，则表明本网络中存在与自身 IP 地址重复的地址。如果检测到 IP 地址冲突，设备会周期性地广播发送免费 ARP 应答报文，直到冲突解除。

②用于通告一个新的 MAC 地址。发送方更换了网卡，MAC 地址发生了变化，为了能够在动态 ARP 表项老化前通告网络中其他设备，发送方可以发送一个免费 ARP。

（4）Proxy ARP（代理 ARP）。如果 ARP 请求是从一个网络的主机发往同一网段但不在同一物理网络上的另一台主机，那么连接这两个网络的设备就可以回答该 ARP 请求，这个过程称为代理 ARP。

3.3　实验一：交换机的基本原理与配置

扫一扫，看视频

1．实验目的
掌握交换机的基本原理。

2．实验拓扑
交换机基本原理的实验拓扑如图 3-1 所示。

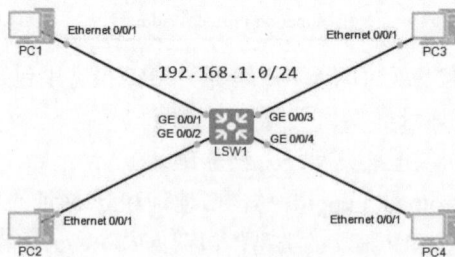

图 3-1　交换机基本原理的实验拓扑

3. 实验步骤

配置 IP 地址。在【IPv4 配置】栏中选中【静态】单选按钮，输入对应的【IP 地址】【子网掩码】和【网关】，然后单击【应用】按钮。PC2、PC3、PC4 的配置步骤与此相同，在此不再赘述。

（1）PC1 的配置如图 3-2 所示。

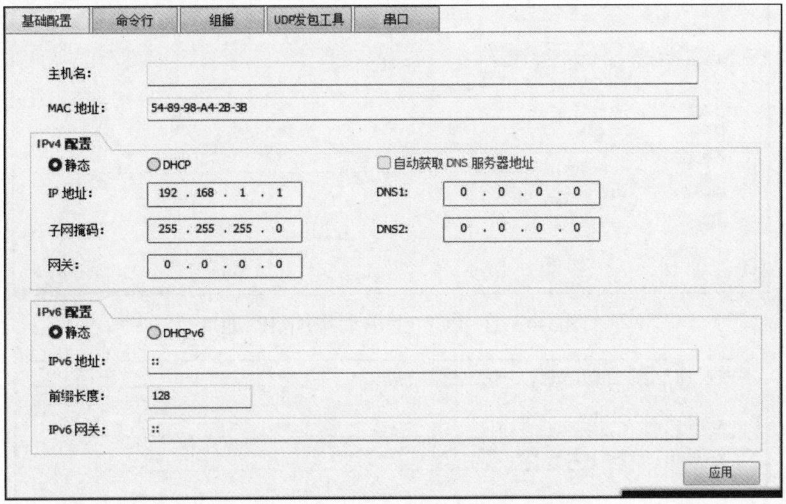

图 3-2　在 PC1 上手动添加 IP 地址

（2）PC2 的配置如图 3-3 所示。

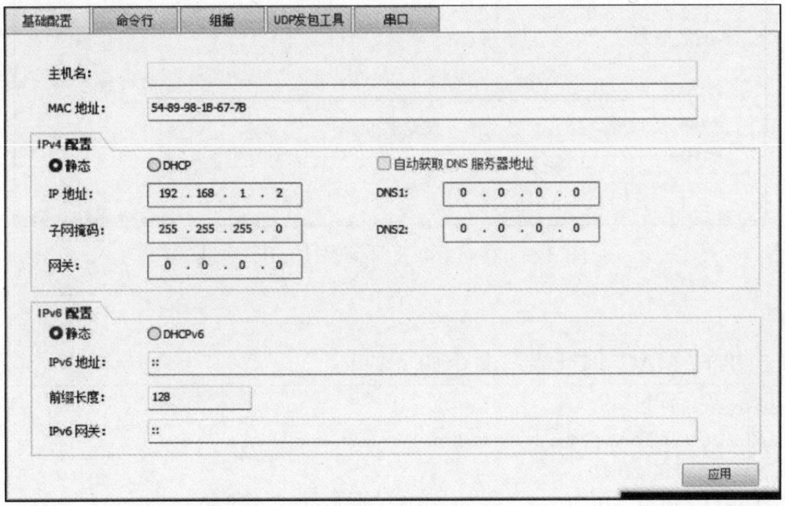

图 3-3　在 PC2 上手动添加 IP 地址

（3）PC3 的配置如图 3-4 所示。

（4）PC4 的配置如图 3-5 所示。

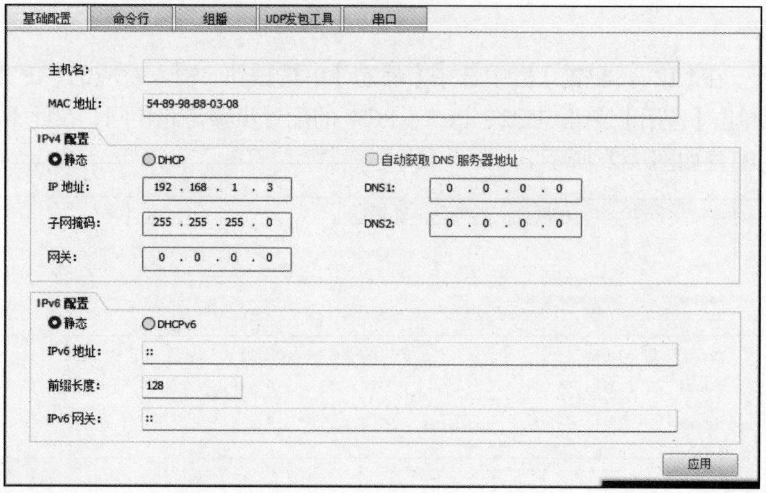

基础配置　命令行　组播　UDP发包工具　串口

主机名：

MAC 地址：　54-89-98-88-03-08

IPv4 配置
● 静态　　○ DHCP　　　　　　　　　□ 自动获取 DNS 服务器地址

IP 地址：　192 . 168 . 1 . 3　　　DNS1：　0 . 0 . 0 . 0

子网掩码：　255 . 255 . 255 . 0　　DNS2：　0 . 0 . 0 . 0

网关：　0 . 0 . 0 . 0

IPv6 配置
● 静态　　○ DHCPv6

IPv6 地址：　::

前缀长度：　128

IPv6 网关：　::

应用

图 3-4　在 PC3 上手动添加 IP 地址

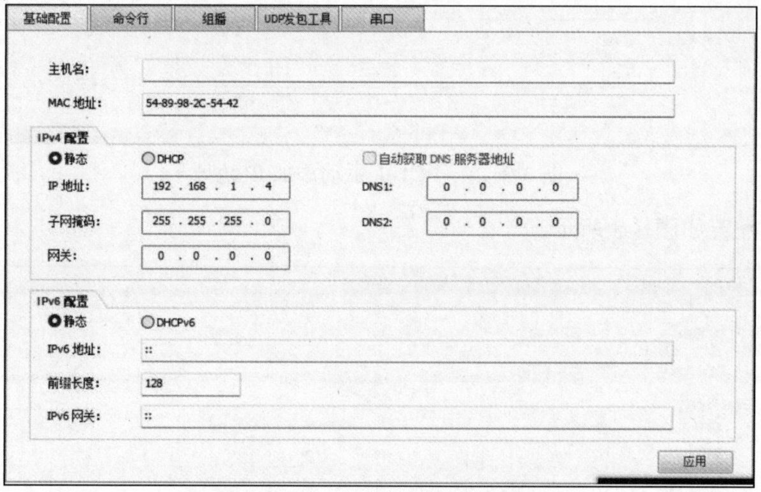

基础配置　命令行　组播　UDP发包工具　串口

主机名：

MAC 地址：　54-89-98-2C-54-42

IPv4 配置
● 静态　　○ DHCP　　　　　　　　　□ 自动获取 DNS 服务器地址

IP 地址：　192 . 168 . 1 . 4　　　DNS1：　0 . 0 . 0 . 0

子网掩码：　255 . 255 . 255 . 0　　DNS2：　0 . 0 . 0 . 0

网关：　0 . 0 . 0 . 0

IPv6 配置
● 静态　　○ DHCPv6

IPv6 地址：　::

前缀长度：　128

IPv6 网关：　::

应用

图 3-5　在 PC4 上手动添加 IP 地址

4. 实验调试

（1）查看交换机的 MAC 地址表，命令如下：

```
<Huawei>system-view
[Huawei]undo info-center enable
[Huawei]sysname LSW1
[LSW1]display mac-address            //查看 MAC 地址表
[LSW1]
```

可以看出交换机的 MAC 地址表为空，表示交换设备在没有开始转发数据时，MAC 地址默认为空。

（2）在 PC1 上访问 PC4，如图 3-6 所示。

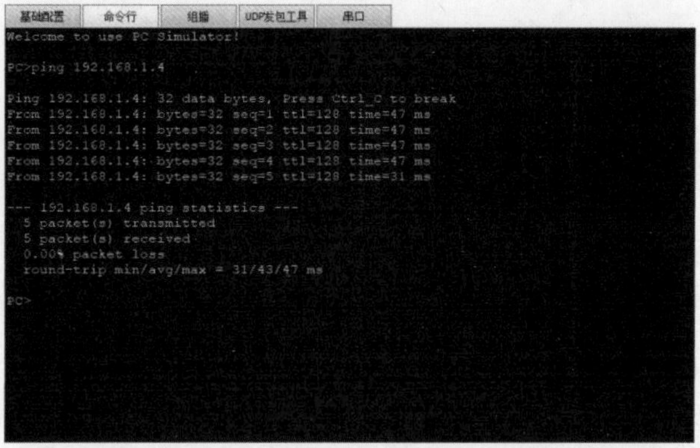

图 3-6　在 PC1 上显示的 ping 程序测试信息

（3）查看交换机的 MAC 地址表，命令如下：

```
[LSW1]display mac-address
MAC address table of slot 0:
-------------------------------------------------------------------------------
MAC Address       VLAN/VSI/SI   PEVLAN CEVLAN Port MAC-Tunnel    Type      LSP/LSR-ID
-------------------------------------------------------------------------------
5489-98a4-2b3b    1       -            -      GE0/0/1           dynamic    0/-
5489-982c-5442    1       -            -      GE0/0/4           dynamic    0/-
-------------------------------------------------------------------------------
Total matching items on slot 0 displayed = 2
```

以上输出结果显示了交换机 LSW1 的 MAC 地址表，具体含义如下：

①MAC Address 字段表示学习到的 MAC 地址。

②VLAN 字段表示交换机端口所在的 VLAN。

③Type 字段表示填充 MAC 地址的方式，dynamic 表示 MAC 地址是交换机动态学习到的，static 表示 MAC 地址是交换机静态配置的。

通过以上输出结果，可以看出交换机学习到了 PC1 和 PC4 的 MAC 地址，并且都是动态学习到的。

⌘【思考】

PC1 访问 PC4 的数据转发过程是怎样的？

解析：

（1）PC1 封装时没有 PC4 的 MAC 地址，要通过 ARP 知道 PC4 的 MAC 地址。

（2）PC1 封装数据，把它从 E0/0/1 接口转发给交换机。

（3）交换机收到数据后，查看数据帧，首先学习 PC1 的 MAC 地址，然后泛洪数据帧。

（4）PC2、PC3 收到数据包以后不做处理，PC4 收到数据包后要回应 PC1，从 E0/0/1 接口发出。

（5）交换机收到数据帧，首先学习 PC4 的 MAC 地址，然后从 G0/0/1 接口转发出去。

（6）PC1 收到数据包。

3.4 实验二：动态 ARP 的原理与配置

1．实验目的

（1）掌握 ARP 表项的内容。

（2）掌握 ARP 动态获取 MAC 地址的过程。

2．实验拓扑

动态 ARP 配置的实验拓扑如图 3-7 所示。

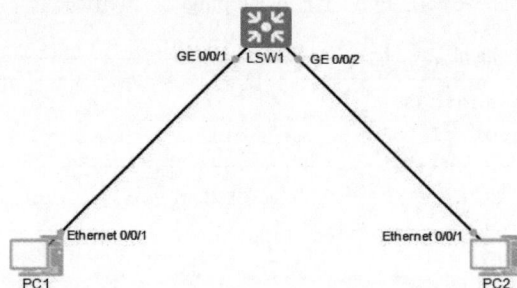

图 3-7 动态 ARP 配置的实验拓扑

3．实验步骤

（1）配置 PC 机的 IP 地址。在【IPv4 配置】栏中选中【静态】单选按钮，输入对应的【IP 地址】【子网掩码】和【网关】，然后单击【应用】按钮。PC2 的配置步骤与此相同，在此不再赘述。

①配置 PC1 的 IP 地址，如图 3-8 所示。

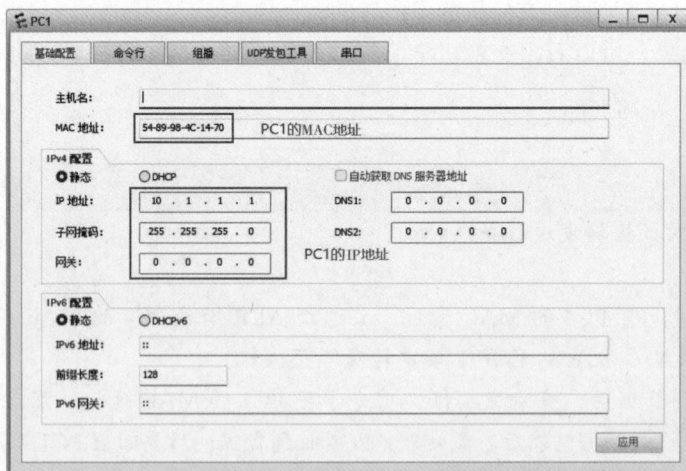

图 3-8 配置 PC1 的 IP 地址

②配置 PC2 的 IP 地址，如图 3-9 所示。

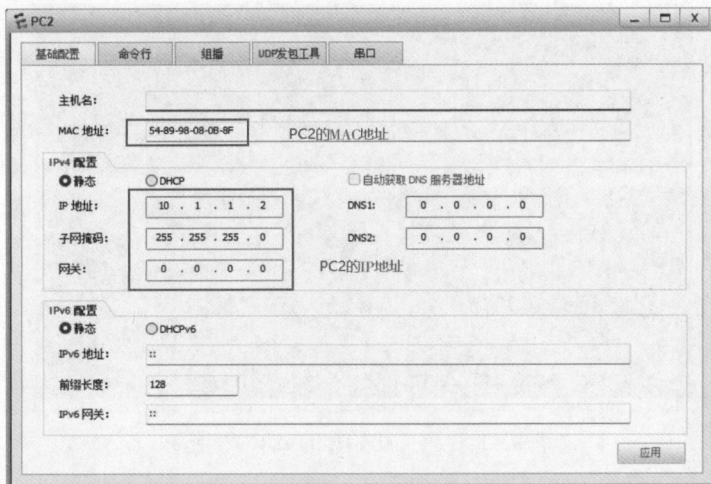

图 3-9　配置 PC2 的 IP 地址

（2）查看 PC 机的 ARP 缓存表。

①查看 PC1 的 ARP 缓存表，在 PC1 的命令行界面输入 arp -a，如图 3-10 所示。

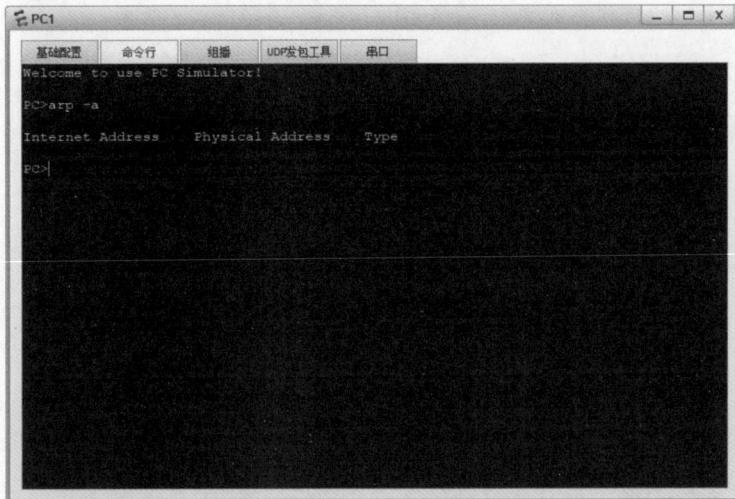

图 3-10　PC1 初始化的 ARP 表项

②查看 PC2 的 ARP 缓存表，在 PC2 的命令行界面输入 arp -a，如图 3-11 所示。

图 3-10 和图 3-11 分别显示了 PC1 和 PC2 的 ARP 缓存表，具体含义如下：

➘ Internet Address 代表 IP 地址。

➘ Physical Address 代表 MAC 地址。

图 3-11　PC2 初始化的 ARP 表项

➲ Type 代表 ARP 表项的形成方式，static 为静态配置的 ARP 表项，dynamic 为动态学习到的 ARP 表项。通过图 3-10 和图 3-11 可以看出，对于 PC1 和 PC2 来说，ARP 表项初始为空，而 PC 进行数据帧的封装，必须知道目的主机的 MAC 地址，因此需要 ARP 协议来获取目的主机的 MAC 地址。

③在 PC1 上访问 PC2，并查看 PC1 的 ARP 缓存表，如图 3-12 所示。

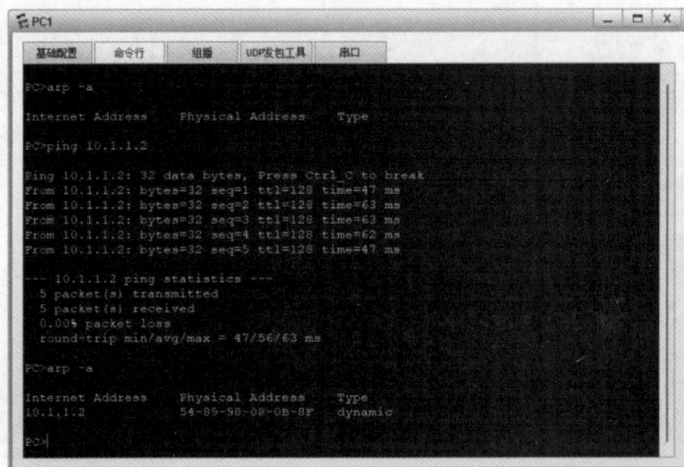

图 3-12　在 PC1 上访问 PC2 并查看 ARP 缓存表

④在 PC2 上查看 ARP 缓存表，如图 3-13 所示。

从图 3-12 中可以看出 PC1 学习到了 10.1.1.2，这个 IP 地址对应的 MAC 地址为 54-89-98-08-0B-8F；PC2 学习到了 10.1.1.1，这个 IP 地址对应的 MAC 地址为 54-89-98-4C-14-70。

（3）查看 ARP 的抓包结果，如图 3-14 所示。

（4）双击进入 ARP 请求包，查看结果，如图 3-15 所示。

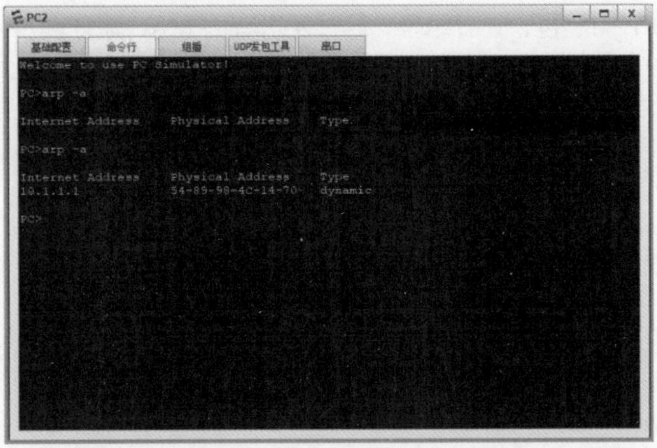

图 3-13 在 PC2 上查看 ARP 缓存表

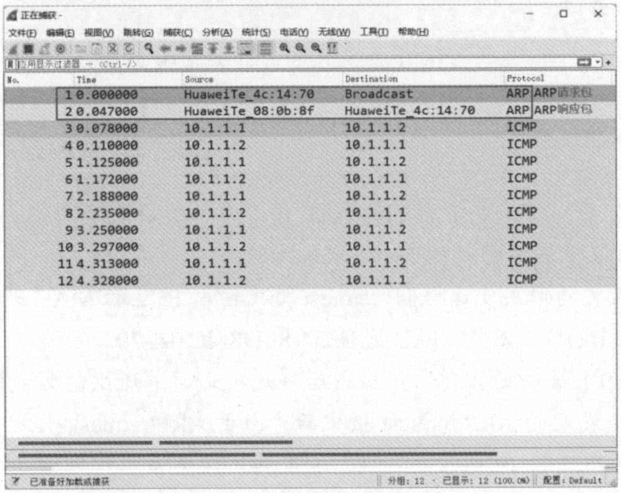

图 3-14 ARP 的抓包结果

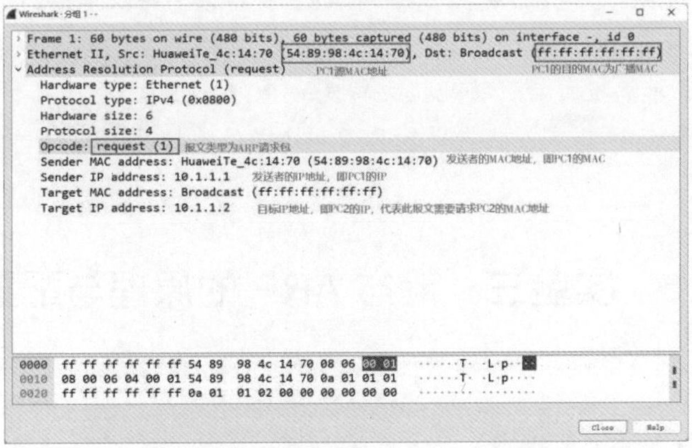

图 3-15 PC1 发送的 ARP 请求报文

（5）双击进入 ARP 响应包，查看结果，通过发送者的 MAC 地址和 IP 地址，PC1 能够知道 PC2 的 MAC 地址和 IP 地址的对应关系，并添加到 ARP 的缓存表中，如图 3-16 所示。

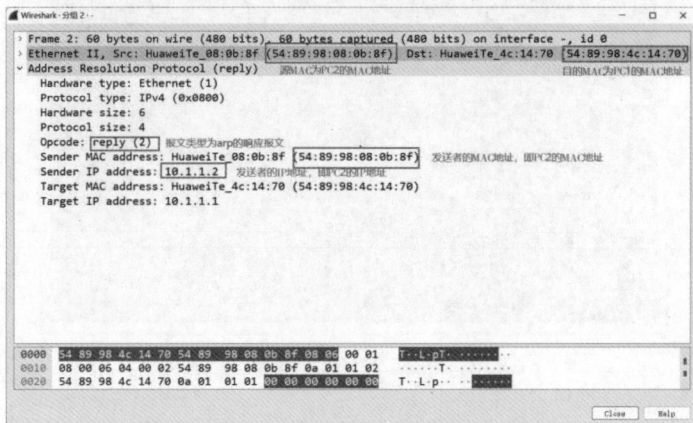

图 3-16 PC2 发送的 ARP 响应报文

【技术要点】

PC1 访问 PC2 时动态学习 MAC 地址的工作过程如下：

（1）PC1 访问 PC2 前，首先查看自己的 ARP 缓存表，缓存表项为空，因此 PC1 不知道 PC2 的 MAC 地址，无法封装数据帧的目的 MAC 地址字段。

（2）PC1 以广播报文的形式发送 ARP request 报文请求 PC2 的 MAC 地址，ARP 请求包中还会携带 PC1 的 IP 地址 10.1.1.1 以及 MAC 地址 54-89-98-4C-14-70。

（3）交换机的 G0/0/1 接口接收到广播报文后将此报文通过泛洪的方式发送给 PC2。

（4）PC2 收到 PC1 发送的 ARP request 报文后，由于 ARP request 报文中携带 PC1 的 IP 地址及 MAC 地址，则先把 PC1 的 IP 地址及 MAC 地址的对应关系添加到自己的 ARP 缓存表中。由于此时 PC2 的缓存表中拥有 PC1 的 IP 地址与 PC1 的 MAC 地址的映射关系，并且 ARP request 报文信息为请求 PC2 的 MAC 地址，PC2 将查看 ARP 缓存表，并以单播的形式回应 ARP reply 报文。ARP reply 报文包含了 PC2 的 IP 地址 10.1.1.2 及 PC2 的 MAC 地址 54-89-98-08-0B-8F。

（5）交换机收到了单播报文后，将此报文转发给 PC1。

（6）PC1 收到 ARP reply 报文后，将得知 PC2 的 MAC 地址及 IP 地址的对应关系并加入到自己的缓存表中。

扫一扫，看视频

3.5 实验三：静态 ARP 的原理与配置

1．实验目的

（1）掌握静态 ARP 的配置方法。

（2）理解静态 ARP 的工作原理。

2．实验拓扑

静态 ARP 配置的实验拓扑如图 3-17 所示。

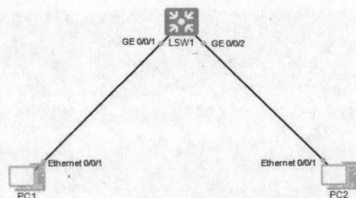

图 3-17　静态 ARP 配置的实验拓扑

3．实验步骤

（1）配置 PC 机的 IP 地址。PC1 和 PC2 的配置步骤同实验二，在此不再赘述。

（2）查看 PC1 的 MAC 地址，如图 3-18 所示。

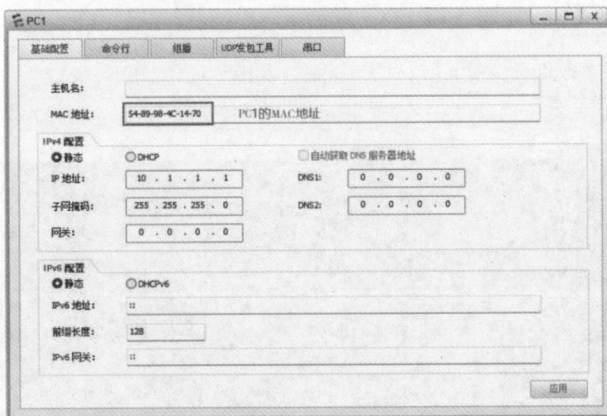

图 3-18　查看 PC1 的 MAC 地址

（3）查看 PC2 的 MAC 地址，如图 3-19 所示。

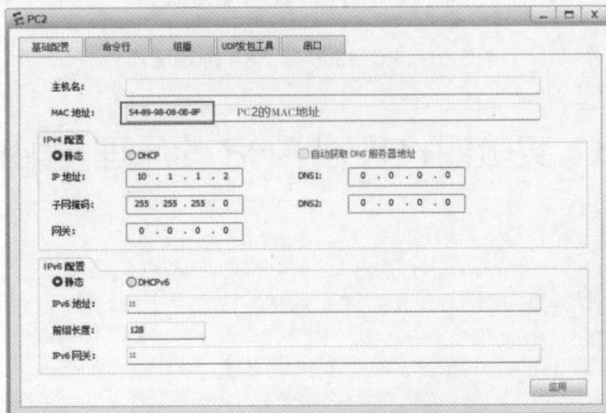

图 3-19　查看 PC2 的 MAC 地址

（4）在 PC1 的命令行界面配置静态 ARP 绑定，如图 3-20 所示。

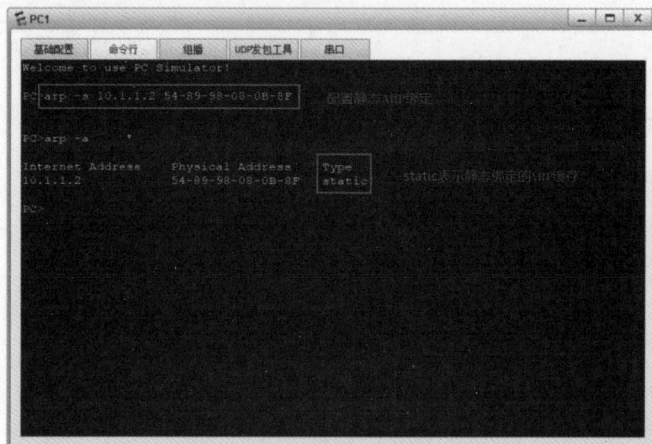

图 3-20　PC1 的静态 ARP 绑定配置

（5）在 PC2 的命令行界面配置静态 ARP 绑定，如图 3-21 所示。

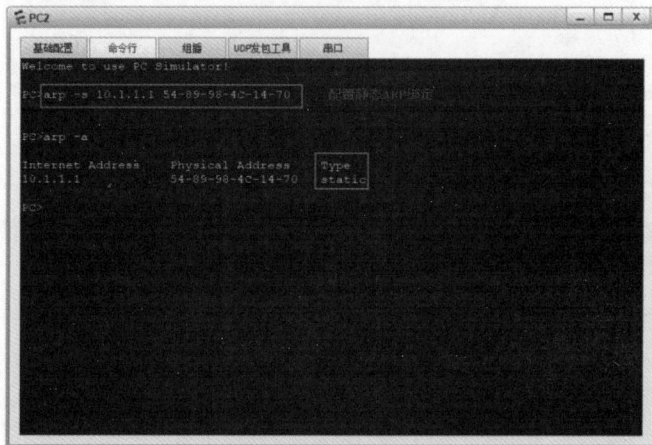

图 3-21　PC2 的静态 ARP 绑定配置

扫一扫，看视频

3.6　实验四：代理 ARP 的原理与配置

1. 实验目的

（1）掌握代理 ARP 的配置方法。

（2）理解代理 ARP 的工作原理。

2. 实验拓扑

代理 ARP 配置的实验拓扑如图 3-22 所示。

```
10.1.1.2/16          10.1.1.1/24        10.1.2.1/24          10.1.2.2/16
Ethernet 0/0/1       GE 0/0/0    AR1    GE 0/0/1            Ethernet 0/0/1
PC1                                                                    PC2
```

图 3-22 代理 ARP 配置的实验拓扑

3. 实验步骤

（1）配置 PC1 的 IP 地址，如图 3-23 所示。

图 3-23 配置 PC1 的 IP 地址

（2）配置 PC2 的 IP 地址，如图 3-24 所示。

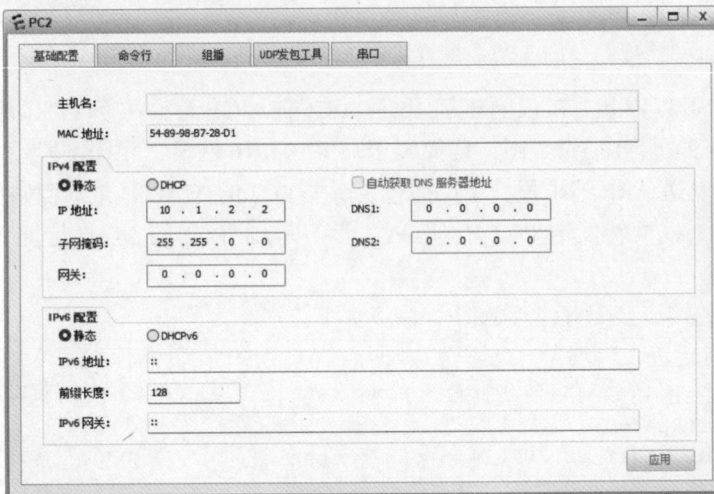

图 3-24 配置 PC2 的 IP 地址

（3）配置路由器的接口 IP 地址，命令如下：

```
<Huawei>system-view
Enter system view, return user view with Ctrl+Z.
[Huawei]sysname AR1
[AR1]int
[AR1]interface g0/0/0
[AR1-GigabitEthernet0/0/0]ip address 10.1.1.1 24    //配置 G0/0/0 接口的 IP 地址
[AR1]interface g0/0/1
[AR1-GigabitEthernet0/0/1]ip address 10.1.2.1 24    //配置 G0/0/1 接口的 IP 地址
```

（4）在没有配置代理 ARP 前测试 PC1 是否能够访问 PC2，如图 3-25 所示。

图 3-25　配置代理 ARP 前的测试结果

通过以上输出可以看出，在没有配置代理 ARP 前，PC1 无法访问 PC2，原因是 PC1 和 PC2 的 IP 分别为 10.1.1.2/16、10.1.2.2/16，且都属于 10.1.0.0/16 网段，相同网段设备互访会使用二层通信，此时 PC1 会发送 ARP 请求报文（广播包）请求 PC2 的 MAC 地址，而路由设备会隔离广播域，不会将这个 ARP 报文转发给 PC2，因此 PC1 学习不到 PC2 的 MAC 地址，无法封装数据帧，导致无法互访。

（5）在路由器的接口上配置代理 ARP，命令如下：

```
[AR1]interface g0/0/0
[AR1-GigabitEthernet0/0/0]arp-proxy enable       //在 G0/0/0 接口开启代理 ARP 功能
[AR1]interface g0/0/1
[AR1-GigabitEthernet0/0/0]arp-proxy enable       //在 G0/0/1 接口开启代理 ARP 功能
```

（6）测试 PC1 是否能够访问 PC2，如图 3-26 所示。

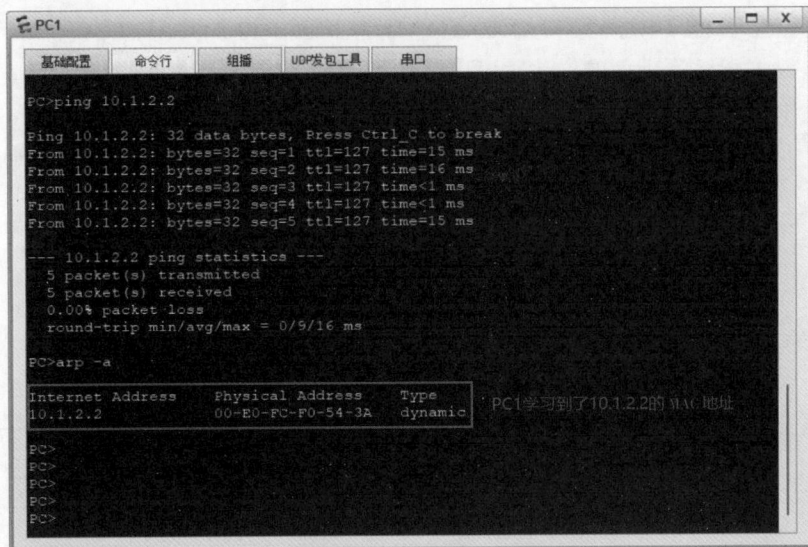

图 3-26　配置代理 ARP 后的测试结果

通过以上输出可以看出，PC1 可以访问 PC2 并且学习到了 PC2 的 IP 地址和 MAC 地址的对应关系，但是细心的读者可能发现这个 MAC 地址并不是 PC2 的 MAC 地址，因为 PC2 的 MAC 地址其实是 54-89-98-B7-28-D1，而这里 PC1 学习到的 MAC 地址为 00-E0-FC-F0-54-3A。这是为什么呢？因为配置了代理 ARP。

接下来了解一下代理 ARP 的工作过程。

①PC1 访问 10.1.2.2，由于与本身配置的 IP 地址 10.1.1.2 属于相同网段，因此 PC1 会发送 ARP request 报文请求 PC2 的 MAC 地址。

②由于路由器会隔离广播包，因此在没有配置代理 ARP 前，两台设备无法互访。

③在路由器上配置了代理 ARP 后，路由器收到 ARP request 报文后，路由器会查找路由表，由于 PC2 与路由器直连，因此路由器存在 PC2 的直连路由表项，此时路由器使用自己的 MAC 地址给 PC1 发送 ARP 应答报文。

④PC1 收到了路由器的 ARP 应答报文，将路由器的 G0/0/0 接口的 MAC 地址与 PC2 的 IP 地址进行 ARP 映射，下次使用路由器的 MAC 地址进行数据转发，此时路由器相当于 PC2 的代理。

（7）查看路由器的 G0/0/0 接口的 MAC 地址，观察与 PC1 上学习到的 MAC 地址是否一致。

```
<AR1>display interface g0/0/0
GigabitEthernet0/0/0 current state : UP
Line protocol current state : UP
Last line protocol up time : 2022-05-30 14:21:39 UTC-08:00
Description:HUAWEI, AR Series, GigabitEthernet0/0/0 Interface
Route Port,The Maximum Transmit Unit is 1500
Internet Address is 10.1.1.1/24
IP Sending Frames' Format is PKTFMT_ETHNT_2, Hardware address is 00e0-fcf0-543a
```

可以发现路由器的 G0/0/0 接口的 MAC 地址为 00e0-fcf0-543a，与 PC1 上学习到的 10.1.2.2 的 MAC 地址一致，验证了上面的说法。可以将这种代理 ARP 看作一种欺骗 ARP，路由器欺骗了 PC1，它传递给 PC1 的信息是：PC2 的 MAC 地址为路由器接口的 MAC 地址。只不过这种欺骗是一种善意欺骗，可以让 IP 地址属于同一网段却不属于同一物理网络的主机间相互通信。

3.7　交换机的基本原理命令汇总

本章使用的交换机的基本原理命令见表 3-1。

表 3-1　交换机的基本原理命令

命　令	作　用
display mac-address	查看交换机的 MAC 地址表
mac-address aging-time	修改 MAC 地址表的老化时间
arp -a	查看 PC 机的 ARP 缓存表
arp -s	在 PC 机上绑定 IP 地址和 MAC 地址
arp-proxy enable	在路由器上开启 ARP 代理功能

‖ 第 4 章 ‖
VLAN 原理与配置

　　VLAN（Virtual Local Area Network，虚拟局域网）是将一个物理的 LAN 在逻辑上划分成多个广播域的通信技术。每个 VLAN 是一个广播域，VLAN 内的主机间可以直接通信，而 VLAN 间则不能直接通信。这样，广播报文就被限制在一个 VLAN 内。

4.1　VLAN 概述

通过在交换机上部署 VLAN，可以将一个规模较大的广播域在逻辑上划分成若干个不同的、规模较小的广播域，由此可以有效地提升网络的安全性，同时减少垃圾流量，节约网络资源。

1．VLAN 的优势

（1）限制广播域。广播域被限制在一个 VLAN 内，既节省了带宽，又提高了网络处理能力。

（2）增强局域网的安全性。不同 VLAN 内的报文在传输时是相互隔离的，即一个 VLAN 内的用户不能和其他 VLAN 内的用户直接通信。

（3）提高了网络的健壮性。故障被限制在一个 VLAN 内，本 VLAN 内的故障不会影响其他 VLAN 的正常工作。

（4）灵活构建虚拟工作组。用 VLAN 可以划分不同的用户到不同的工作组，同一工作组的用户也不必局限于某一固定的物理范围，网络构建和维护更方便、更灵活。

2．VLAN 的帧格式

VLAN 的帧格式见清单 4-1。

清单 4-1　VLAN 的帧格式

DMAC	SMAC	Tag	Type	Data	FCS

Tag 共 4 个字节，包括四个部分。

（1）TPID（标签协议标识符）：16 位，标识数据帧的类型，值为 0x8100 时表示 802.1q 帧。

（2）PRI（优先级）：3 位，标识帧的优先级，主要用于 QoS。

（3）CFI（标准格式指示符）：1 位，在以太网环境中，该字段的值为 0。

（4）VLAN ID（VLAN 标识符）：12 位，标识该帧所属的 VLAN。

3．接口链路类型

（1）Access 接口：交换机上用于连接终端的端口类型。

（2）Trunk 接口：交换机与交换机互连的端口类型。

（3）Hybrid 接口：混合端口，同时具备 Access 端口和 Trunk 端口的特性。

4．默认 VLAN

默认 VLAN 又称 PVID（Port Default VLAN ID）。交换机处理的数据帧都带 Tag，当交换机收到 Untagged 帧时，就需要给该帧添加 Tag，添加的 Tag 由接口上的默认 VLAN 决定。

5．VLAN 划分方式

（1）基于接口的划分方式。

（2）基于 MAC 地址的划分方式。

（3）基于子网的划分方式。

（4）基于网络层协议的划分方式。

（5）基于匹配策略的划分方式。

4.2　实验一：划分 VLAN

1．实验目的

（1）熟悉 VLAN 的创建方法。

（2）掌握把交换机接口划分到特定 VLAN 的方法。

2．实验拓扑

划分 VLAN 的实验拓扑如图 4-1 所示。

图 4-1　划分 VLAN 的实验拓扑

3．实验步骤

（1）配置 PC 机的 IP 地址。在【IPv4 配置】栏中选中【静态】单选按钮，输入对应的【IP 地址】和【子网掩码】，然后单击【应用】按钮。PC2、PC3、PC4 的配置步骤与此相同，在此不再赘述。

①PC1 的配置如图 4-2 所示。

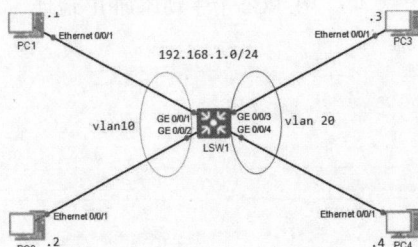

图 4-2　在 PC1 上手动添加 IP 地址

②PC2 的配置如图 4-3 所示。

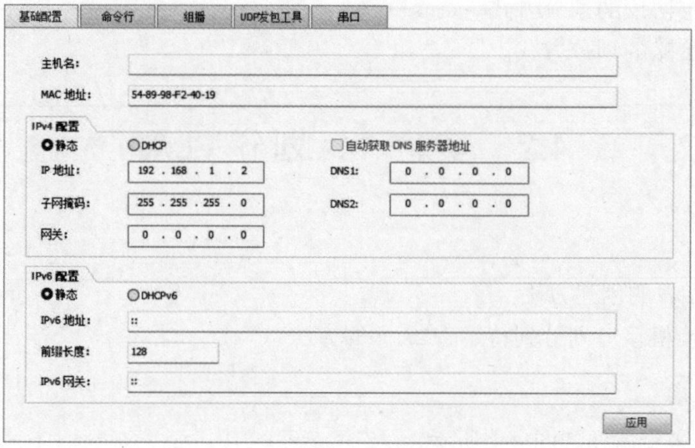

图 4-3　在 PC2 上手动添加 IP 地址

③PC3 的配置如图 4-4 所示。

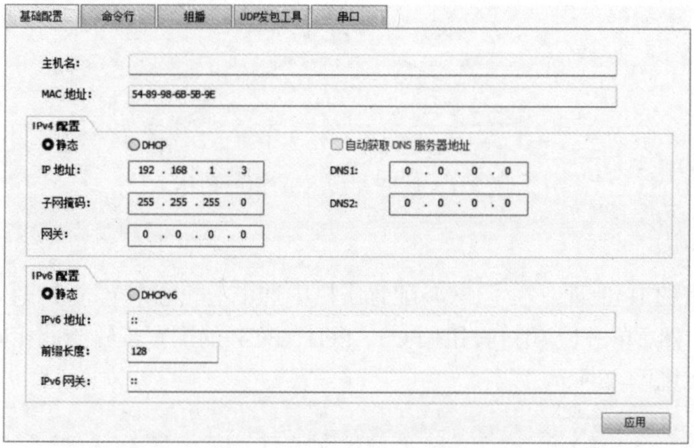

图 4-4　在 PC3 上手动添加 IP 地址

④PC4 的配置如图 4-5 所示。

（2）创建 VLAN，命令如下：

```
<Huawei>system-view
[Huawei]undo info-center enable
[Huawei]sysname LSW1
[LSW1]vlan batch 10 20                //创建 VLAN 10 和 VLAN 20
[LSW1]quit
```

【提示】

交换机支持的 VLAN 数为 4096，其中 0 和 4095 保留。

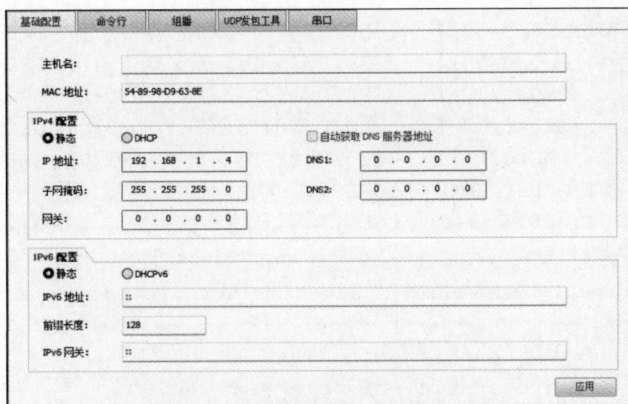

图 4-5　在 PC4 上手动添加 IP 地址

（3）把接口划入 VLAN，命令如下：

```
[LSW1]interface g0/0/1
[LSW1-GigabitEthernet0/0/1]port link-type access      //接口类型为 Access
[LSW1-GigabitEthernet0/0/1]port default vlan 10        //把接口划入 VLAN 10
[LSW1-GigabitEthernet0/0/1]quit
[LSW1]interface g0/0/2
[LSW1-GigabitEthernet0/0/2]port link-type access
[LSW1-GigabitEthernet0/0/2]port default vlan 10
[LSW1-GigabitEthernet0/0/2]quit
```

【提示】

有没有觉得接口一个接一个地进行配置特别麻烦？如果需要对多个以太网接口进行相同的 VLAN 配置，可以采用端口组批量配置，减少重复配置工作，命令如下：

```
[LSW1]port-group 1                                     //创建一个端口组，编号为 1
[LSW1-port-group-1]group-member g0/0/3 to g0/0/4  //G0/0/3 和 G0/0/4 属于端口组
[LSW1-port-group-1]port link-type access
[LSW1-port-group-1]port default vlan 20
[LSW1-port-group-1]quit
```

（4）查看 VLAN 信息。查看所有已经创建的 VLAN 的基本信息，命令如下：

```
[LSW1]display vlan //查看 VLAN信息
The total number of vlans is : 3
--------------------------------------------------------------------------
U: Up;    D: Down; TG: Tagged;   UT: Untagged;
MP: Vlan-mapping;  ST: Vlan-stacking;
#: ProtocolTransparent-vlan;  *: Management-vlan;
--------------------------------------------------------------------------
VID  Type    Ports
--------------------------------------------------------------------------
```

```
 1     common  UT:GE0/0/5(D)    GE0/0/6(D)    GE0/0/7(D)    GE0/0/8(D)
                  GE0/0/9(D)    GE0/0/10(D)   GE0/0/11(D)   GE0/0/12(D)
                  GE0/0/13(D)   GE0/0/14(D)   GE0/0/15(D)   GE0/0/16(D)
                  GE0/0/17(D)   GE0/0/18(D)   GE0/0/19(D)   GE0/0/20(D)
                  GE0/0/21(D)   GE0/0/22(D)   GE0/0/23(D)   GE0/0/24(D)
10     common  UT:GE0/0/1(U)    GE0/0/2(U)
20     common  UT:GE0/0/3(U)    GE0/0/4(U)

VID Status Property  MAC-LRN Statistics Description
--------------------------------------------------------------------------
 1   enable  default enable   disable VLAN 0001
10   enable  default enable   disable VLAN 0010
20   enable  default enable   disable VLAN 0020
```

以上输出结果中关键字的含义如下：

①VID：VLAN ID。

②Type：VLAN 的类型。其中，common 表示普通 VLAN，*common 表示管理 VLAN。

③Ports：本交换机上属于该 VLAN 的接口。接口前的 UT 表示标识 VLAN 不带 Tag，TG 表示标识 VLAN 带 Tag。

📚【提示】

默认所有的接口都属于 VLAN 1。

4．实验调试

测试 PC1 是否可以访问 PC2 和 PC3，结果如图 4-6 所示。

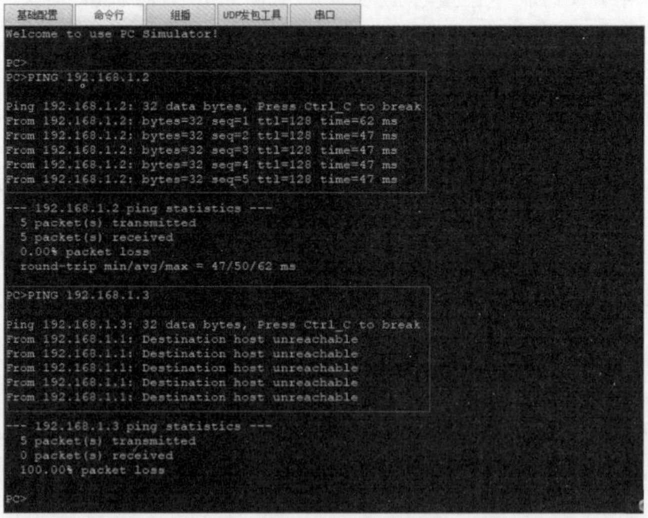

图 4-6　在 PC1 上显示的 ping 程序测试信息

实验证明相同的 VLAN 可以相互访问，不同的 VLAN 不能相互访问。

⌘【思考】

PC1 访问 PC3 的数据流程是怎样的（假设 PC1 和 PC3 都属于 VLAN 10）？

解析：当用户主机 PC1 发送报文给用户主机 PC3 时，报文的发送过程如下（假设交换机 Switch 上还未建立任何转发表项）：

（1）PC1 判断目的 IP 地址跟自己的 IP 地址是否在同一网段，如果在，则发送 ARP 广播请求报文获取目的主机 PC3 的 MAC 地址，报文目的 MAC 地址填写全 F，目的 IP 地址为 PC3 的 IP 地址，即 192.168.1.3。

（2）报文到达 Switch 的 G0/0/1 接口时，发现是 Untagged 帧，给报文添加 VID=10 的 Tag（Tag 的 VID=接口的 PVID），然后将报文的源 MAC 地址+VID 与接口的对应关系（PC1 的 MAC, 10, G0/0/1）添加进 MAC 表。

（3）根据报文目的 MAC 地址+VID 查找 Switch 的 MAC 表，如果没有找到，则在所有允许 VLAN 10 通过的接口（本例中的接口为 G0/0/3）中广播该报文。

（4）Switch 的 G0/0/3 接口在发出 ARP 请求报文前，根据接口配置，剥离 VID=10 的 Tag。

（5）PC3 收到该 ARP 请求报文，将 PC1 的 MAC 地址和 IP 地址的对应关系记录到 ARP 表中。然后比较目的 IP 地址与自己的 IP 地址，若发现两者相同，就发送 ARP 响应报文，报文中封装自己的 MAC 地址，目的 IP 地址为 PC1 的 IP 地址，即 192.168.1.1。

（6）Switch 的 G0/0/3 接口收到 ARP 响应报文后，同样给报文添加 VID=10 的 Tag。

（7）Switch 将报文的源 MAC 地址+VID 与接口的对应关系（PC3 的 MAC, 10, G0/0/3）添加进 MAC 地址表，然后根据报文的目的 MAC 地址+VID（PC1 的 MAC, 10）查找 MAC 地址表，由于前面已记录，查找成功，向 G0/0/1 出接口转发该 ARP 响应报文。

（8）Switch 向 G0/0/1 出接口转发前，同样根据接口配置剥离 VID=10 的 Tag。

（9）PC1 收到 PC3 的 ARP 响应报文后，将 PC3 的 MAC 地址和 IP 地址的对应关系记录到 ARP 表中。

后面在 PC1 与 PC3 的互访过程中，由于彼此已学习到对方的 MAC 地址，报文中的目的 MAC 地址直接填写对方的 MAC 地址。

📟【技术要点】

Access 接口接收和转发数据帧的方式如下：

（1）接收数据帧。

①Untagged 数据帧，打上 PVID，接收。

②Tagged 数据帧，与 PVID 比较，相同则接收；不同则丢弃。

（2）发送数据帧。VID 与 PVID 比较，相同则剥离标签发送；不同则丢弃。

扫一扫，看视频

4.3 实验二：Trunk 配置

1. 实验目的

学会配置交换机接口的 Trunk。

2. 实验拓扑

Trunk 配置的实验拓扑如图 4-7 所示。

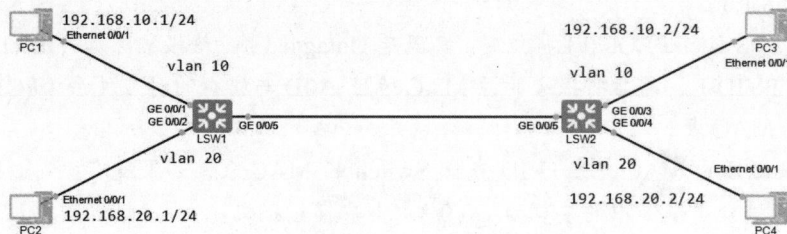

图 4-7　Trunk 配置的实验拓扑

3. 实验步骤

（1）配置 PC 机的 IP 地址。在【IPv4 配置】栏中选中【静态】单选按钮，输入对应的【IP 地址】【子网掩码】和【网关】，然后单击【应用】按钮。PC2、PC3、PC4 的配置步骤与此相同，在此不再赘述。

①PC1 的配置如图 4-8 所示。

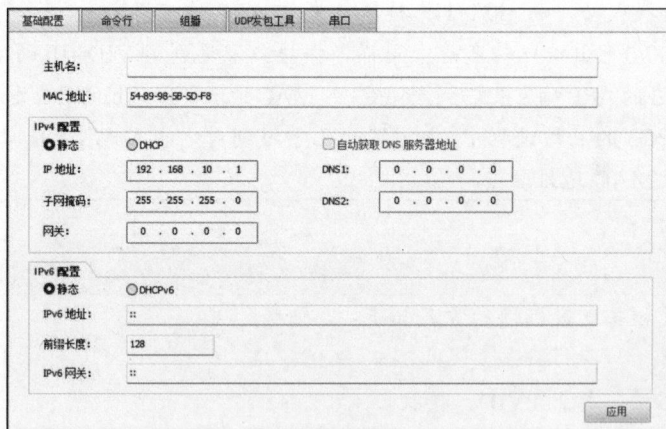

图 4-8　在 PC1 上手动添加 IP 地址

②PC2 的配置如图 4-9 所示。

③PC3 的配置如图 4-10 所示。

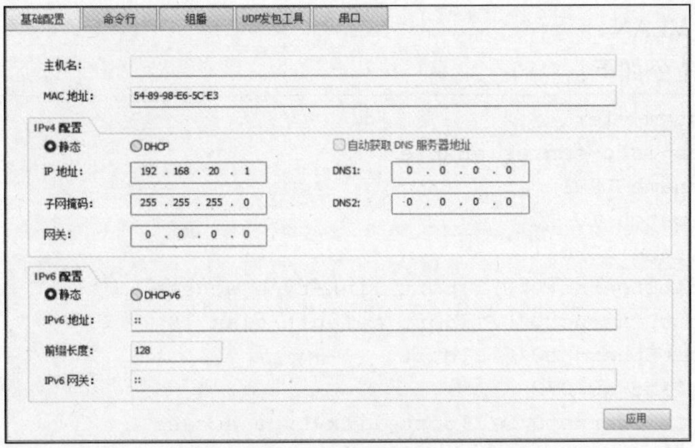

图 4-9　在 PC2 上手动添加 IP 地址

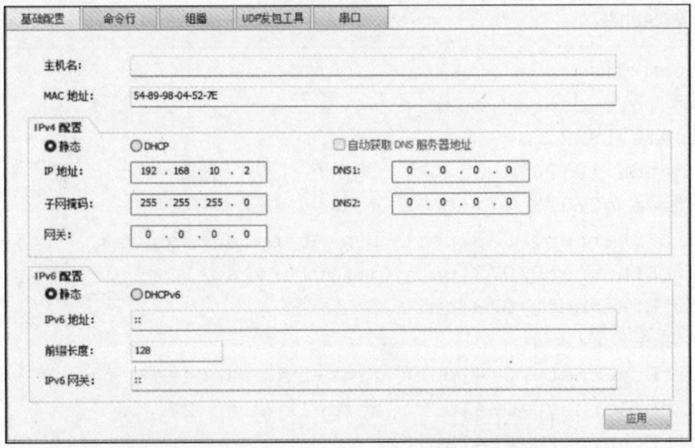

图 4-10　在 PC3 上手动添加 IP 地址

④PC4 的配置如图 4-11 所示。

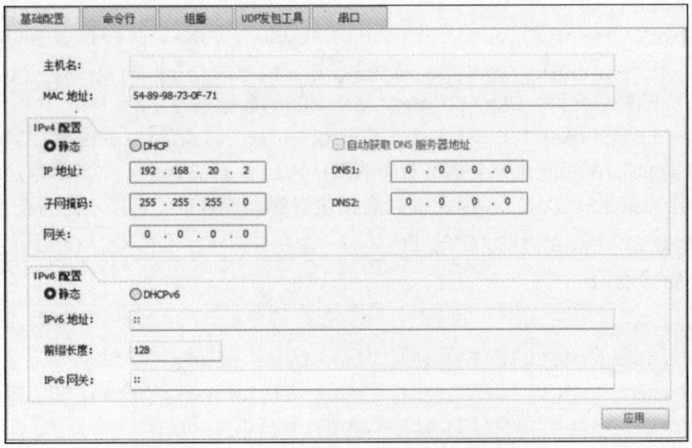

图 4-11　在 PC4 上手动添加 IP 地址

（2）配置交换机 VLAN。

①配置 LSW1，命令如下：

```
<Huawei>system-view
[Huawei]undo info-center enable
[Huawei]sysname LSW1
[LSW1]vlan batch 10 20
[LSW1]interface g0/0/1
[LSW1-GigabitEthernet0/0/1]port link-type access
[LSW1-GigabitEthernet0/0/1]port default vlan 10
[LSW1-GigabitEthernet0/0/1]quit
[LSW1]interface g0/0/2
[LSW1-GigabitEthernet0/0/2]port link-type access
[LSW1-GigabitEthernet0/0/2]port default vlan 20
[LSW1-GigabitEthernet0/0/2]quit
```

②配置 LSW2，命令如下：

```
<Huawei>system-view
[Huawei]undo info-center enable
[Huawei]sysname LSW2
[LSW2]vlan batch 10 20
[LSW2]interface g0/0/3
[LSW2-GigabitEthernet0/0/3]port link-type access
[LSW2-GigabitEthernet0/0/3]port default vlan 10
[LSW2-GigabitEthernet0/0/3]quit
[LSW2]interface g0/0/4
[LSW2-GigabitEthernet0/0/4]port link-type access
[LSW2-GigabitEthernet0/0/4]port default vlan 20
[LSW2-GigabitEthernet0/0/4]quit
```

（3）设置 Trunk。

①配置 LSW1，命令如下：

```
[LSW1]interface g0/0/5
[LSW1-GigabitEthernet0/0/5]port link-type trunk     //配置接口模式为 Trunk
[LSW1-GigabitEthernet0/0/5]port trunk allow-pass vlan 10 20
//配置 Trunk 链路只允许 VLAN 10 和 VLAN 20 的数据通过
[LSW1-GigabitEthernet0/0/5]port trunk pvid vlan 1  //配置接口的默认 VLAN，当接口
转发不带标签的帧时，配置此命令会携带对应的默认 VLAN 标签，由于本条命令是将默认 VLAN 改成1，
设备默认所有接口就是 VLAN 1，因此输入后无法看到配置效果，可以不进行配置
[LSW1-GigabitEthernet0/0/5]quit
```

②配置 LSW2，命令如下：

```
[LSW2]interface g0/0/5
[LSW2-GigabitEthernet0/0/5]port link-type trunk
[LSW2-GigabitEthernet0/0/5]port trunk allow-pass vlan 10 20
[LSW2-GigabitEthernet0/0/5]port trunk pvid vlan 1
[LSW2-GigabitEthernet0/0/5]quit
```

③查看 Trunk，命令如下：

```
[LSW1]display vlan
The total number of vlans is : 3
-------------------------------------------------------------
U: Up;      D: Down; TG: Tagged;    UT: Untagged;
MP: Vlan-mapping;   ST: Vlan-stacking;
#: ProtocolTransparent-vlan; *: Management-vlan;
-------------------------------------------------------------
VID  Type    Ports
-------------------------------------------------------------
1    common  UT:GE0/0/3(D)    GE0/0/4(D)    GE0/0/5(D)    GE0/0/6(D)
                GE0/0/7(D)    GE0/0/8(D)    GE0/0/9(D)    GE0/0/10(D)
                GE0/0/11(D)   GE0/0/12(D)   GE0/0/13(D)   GE0/0/14(D)
                GE0/0/15(D)   GE0/0/16(D)   GE0/0/17(D)   GE0/0/18(D)
                GE0/0/19(D)   GE0/0/20(D)   GE0/0/21(D)   GE0/0/22(D)
                GE0/0/23(D)   GE0/0/24(D)
10   common  UT:GE0/0/1(U)
             TG:GE0/0/5(U)
20   common  UT:GE0/0/2(U)
             TG:GE0/0/5(U)
VID Status Property   MAC-LRN Statistics Description
-------------------------------------------------------------
 1   enable  default enable  disable VLAN 0001
 10  enable  default enable  disable VLAN 0010
 20  enable  default enable  disable VLAN 0020
```

通过以上输出结果可以看出，G0/0/5 接口分别属于 VLAN 10 和 VLAN 20，并且接口前面的标识为 TG，代表 G0/0/5 接口能够转发 VLAN 10 和 VLAN 20 的数据，并且是以带标签的形式进行转发的。

4. 实验调试

PC1 访问 PC3 的结果如图 4-12 所示。

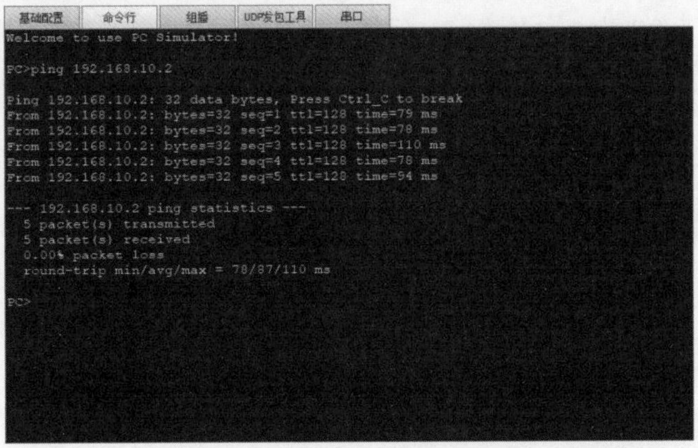

图 4-12　PC1 访问 PC3 的结果

⌘【思考】

　　PC1 访问 PC3 的数据流程是怎样的？

　　解析：当用户主机 PC1 发送报文给用户主机 PC3 时，报文的发送过程如下（假设交换机 LSW1 和 LSW2 上还未建立任何转发表项）：

　　（1）PC1 判断目的 IP 地址跟自己的 IP 地址是否在同一网段，如果在，则发送 ARP 广播请求报文获取目的主机 PC3 的 MAC 地址，报文目的 MAC 地址填写全 F，目的 IP 地址为 PC3 的 IP 地址，即 192.168.10.2。

　　（2）报文到达 LSW2 的 G0/0/1 接口时，发现是 Untagged 帧，给报文添加 VID=10 的 Tag（Tag 的 VID=接口的 PVID），然后将报文的源 MAC 地址+VID 与接口的对应关系（PC1 的 MAC，10，G0/0/1）添加进 MAC 表。

　　（3）LSW1 的 G0/0/5 接口在发出 ARP 请求报文前，因为接口的 PVID=1（默认值）与报文的 VID 不相等，直接透传该报文到 LSW2 的 G0/0/5 接口，不剥除报文的 Tag。

　　（4）LSW2 的 G0/0/5 接口收到该报文后，判断报文的 Tag 中的 VID=10 是否为接口允许通过的 VLAN，并接收该报文。

　　（5）LSW2 的 G0/0/3 接口在发出 ARP 请求报文前，根据接口配置，剥离 VID=10 的 Tag。

　　（6）PC3 收到该 ARP 请求报文，将 PC1 的 MAC 地址和 IP 地址的对应关系记录到 ARP 表中。然后比较目的 IP 地址与自己的 IP 地址，发现两者相同，就发送 ARP 响应报文。报文封装自己的 MAC 地址，目的 IP 地址为 PC1 的 IP 地址，即 192.168.10.1。

　　（7）LSW2 的 G0/0/3 接口收到 ARP 响应报文后，同样给报文添加 VID=10 的 Tag。

　　（8）LSW2 将报文的源 MAC 地址+VID 与接口的对应关系（PC3 的 MAC，10，G0/0/3）添加进 MAC 地址表，然后根据报文的目的 MAC 地址+VID（PC1 的 MAC，10）查找 MAC 地址表，由于前面已记录，查找成功，向 G0/0/5 出接口转发该 ARP 响应报文。因为 G0/0/5 接口为 Trunk 接口且 PVID=1（默认值），与报文的 VID 不相等，直接透传报文到 LSW1 的 G0/0/5 接口。

　　（9）LSW1 的 G0/0/5 接口收到 PC3 的 ARP 响应报文后，判断报文的 Tag 中的 VID=10 是否为接口允许通过的 VLAN，并接收该报文。

　　（10）LSW1 向 G0/0/1 出接口转发前，同样根据接口配置剥离 VID=10 的 Tag。

　　（11）PC1 收到 PC3 的 ARP 响应报文后，将 PC3 的 MAC 地址和 IP 地址的对应关系记录到 ARP 表中。

　　可见，干道链路除可传输多个 VLAN 的数据帧外，还起到透传 VLAN 的作用，即在干道链路上，数据帧只会转发，不会发生 Tag 的添加或剥离。

⌘【延伸思考】

　　如果 PVID=10 会怎样呢？

【技术要点】

Trunk 接口接收和转发数据帧的方式如下：

（1）接收数据帧。

①Untagged 数据帧，打上 PVID，如果 VID 在允许列表中，则接收；如果 VID 不在允许列表中，则丢弃。

②Tagged 数据帧，查看 VID 是否在允许列表中，如果在允许列表中，则接收；如果 VID 不在允许列表中，则丢弃。

（2）发送数据帧。

①ID 在允许列表中，且 VID 与 PVID 一致，则剥离标签发送。

②ID 在允许列表中，但 VID 与 PVID 不一致，则直接带标签发送。

③ID 不在允许列表中，则直接丢弃。

4.4　实验三：Hybrid 配置

扫一扫，看视频

1. 实验目的

（1）掌握 VLAN 的创建方法。

（2）掌握 Access、Trunk 和 Hybrid 类型接口的配置方法。

2. 实验拓扑

Hybrid 配置的实验拓扑如图 4-13 所示。

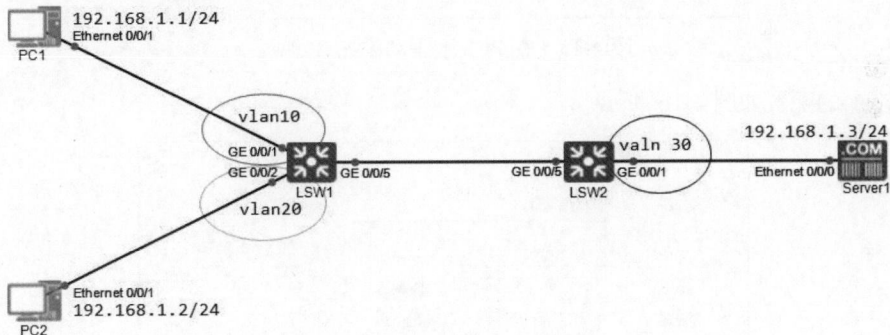

图 4-13　Hybrid 配置的实验拓扑

3. 实验步骤

（1）配置终端设备的 IP 地址。PC1、PC2、Server1 的配置步骤同实验二，在此不再阐述。

①PC1 的配置如图 4-14 所示。

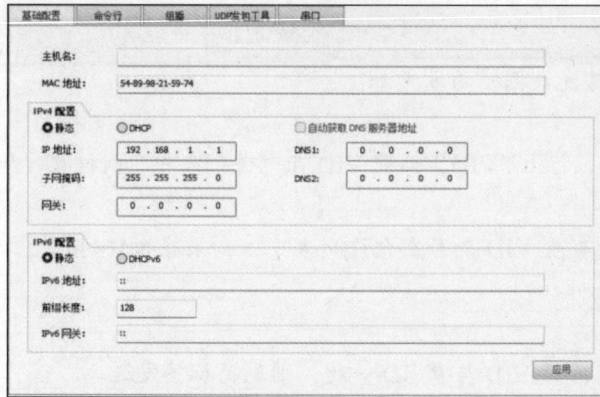

图 4-14　在 PC1 上手动添加 IP 地址

②PC2 的配置如图 4-15 所示。

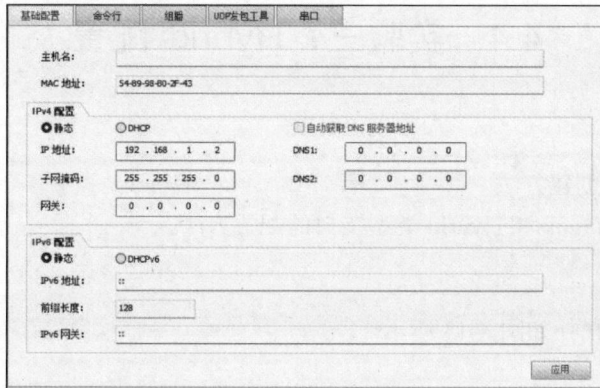

图 4-15　在 PC2 上手动添加 IP 地址

③Server1 的配置如图 4-16 所示。

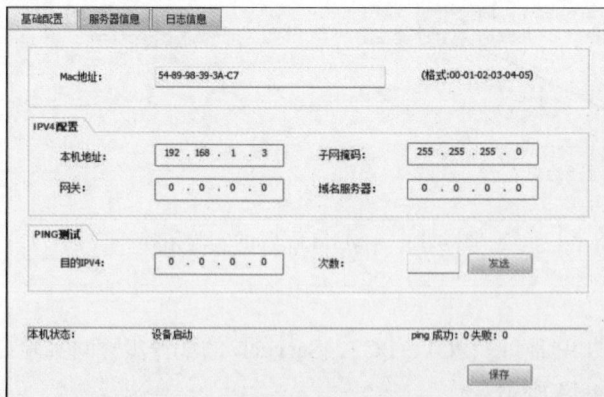

图 4-16　在 Server1 上手动添加 IP 地址

（2）在交换机 LSW1 和 LSW2 上创建 VLAN。

①配置 LSW1，命令如下：

```
<Huawei>system-view
[Huawei]undo info-center enable
[Huawei]sysname LSW1
[LSW1]vlan batch 10 20 30                    //创建 VLAN 10、VLAN 20 和 VLAN 30
```

②配置 LSW2，命令如下：

```
<Huawei>system-view
[Huawei]undo info-center enable
[Huawei]sysname LSW2
[LSW2]vlan batch 10 20 30                    //创建 VLAN 10、VLAN 20 和 VLAN 30
```

（3）将交换机 LSW1 和 LSW2 之间的链路设置成 Trunk。

①配置 LSW1，命令如下：

```
[LSW1]interface g0/0/5
[LSW1-GigabitEthernet0/0/5]port link-type trunk     //端口的类型为 Trunk
[LSW1-GigabitEthernet0/0/5]port trunk allow-pass vlan 10 20 30
//允许 VLAN 10、VLAN 20 和 VLAN 30 通过
```

②配置 LSW2，命令如下：

```
[LSW2]interface g0/0/5
[LSW2-GigabitEthernet0/0/5]port link-type trunk
[LSW2-GigabitEthernet0/0/5]port trunk allow-pass vlan 10 20 30
[LSW2-GigabitEthernet0/0/5]quit
```

（4）设置 Hybrid。

①配置 LSW1，命令如下：

```
[LSW1]interface g0/0/1
[LSW1-GigabitEthernet0/0/1]port link-type hybrid
//配置接口类型为混合接口，华为设备默认的接口类型也为混合接口，此步骤可以省略
[LSW1-GigabitEthernet0/0/1]port hybrid untagged vlan 10 30
//配置 Hybrid 类型接口加入的 VLAN，这些 VLAN 的帧以 Untagged 方式通过接口
[LSW1-GigabitEthernet0/0/1]port hybrid pvid vlan 10 //配置接口的 PVID 为 VLAN 10
[LSW1-GigabitEthernet0/0/1]quit
[LSW1]interface g0/0/2
[LSW1-GigabitEthernet0/0/2]port link-type hybrid
[LSW1-GigabitEthernet0/0/2]port hybrid pvid vlan 20
[LSW1-GigabitEthernet0/0/2]port hybrid untagged vlan 20 30
[LSW1-GigabitEthernet0/0/2]quit
```

②配置 LSW2，命令如下：

```
[LSW2]interface g0/0/1
[LSW2-GigabitEthernet0/0/1]port link-type hybrid
[LSW2-GigabitEthernet0/0/1]port hybrid pvid vlan 30
[LSW2-GigabitEthernet0/0/1]port hybrid untagged vlan 10 20 30
[LSW2-GigabitEthernet0/0/1]quit
```

🖧【技术要点】

（1）port hybrid untagged vlan 10 30 的作用：当端口对数据包进行转发时，会将对应的 VLAN 10 和 VLAN 30 标签剥离发送。

（2）port hybrid pvid vlan 10 的作用：当端口接收到数据包时会为此数据打上对应的数据帧。

在实验二中以 PC1 访问 Server1 为例，PC1 的数据帧到达交换机 LSW1 的 G0/0/1 接口后，由于配置了 port hybrid pvid vlan 10，此时交换机会为此数据包打上 VLAN 10 这个标签。由于 LSW1 和 LSW2 的直连接口配置了 Trunk 并且放行 VLAN 10 的数据通过，此时该数据帧的 VLAN 标签不变且会被 LSW2 接收。LSW2 通过查询 MAC 地址表将此帧发送到 G0/0/1 接口，由于 G0/0/1 接口配置了 port hybrid untagged vlan 10 20 30，意味着 LSW2 会把此数据帧的 VLAN 10 标签剥离，然后发送给 Server1，回包过程反之，从而实现不同 VLAN 间的数据通信。

4. 实验调试

PC1 访问 Server1 的测试结果表明 VLAN 10 的设备能够访问 VLAN 30，如图 4-17 所示。

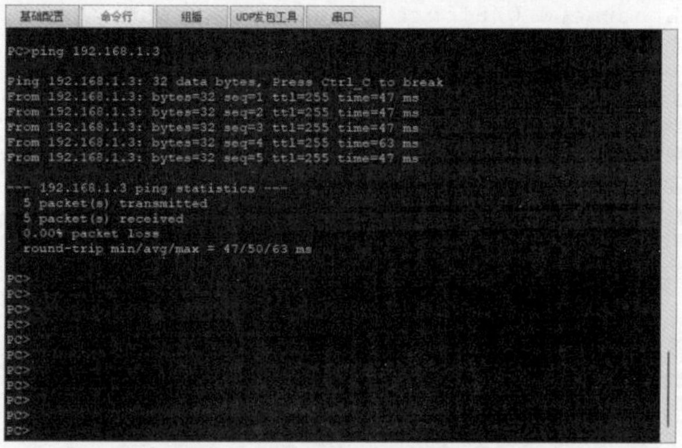

图 4-17　PC1 访问 Server1 的测试结果

PC2 访问 Server1 的测试结果表明 VLAN 20 的设备能够访问 VLAN 30，如图 4-18 所示。

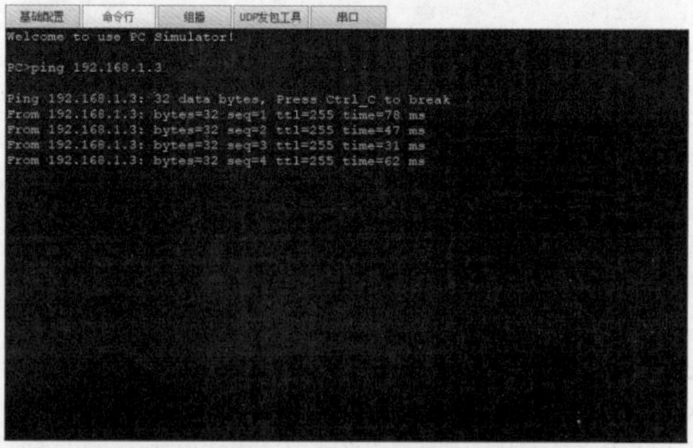

图 4-18　PC2 访问 Server1 的测试结果

【技术要点】

Hybrid 接口接收和转发数据帧的方式如下：

（1）接收数据帧。

①Untagged 数据帧，打上 PVID，如果 VID 在允许列表中，则接收；如果 VID 不在允许列表中，则丢弃。

②Tagged 数据帧，查看 VID 是否在允许列表中，如果在允许列表中，则接收；如果 VID 不在允许列表中，则丢弃。

（2）发送数据帧。

①ID 不在允许列表中，直接丢弃。

②ID 在 Untagged 列表中，剥离标签发送。

③ID 在 Tagged 列表中，带标签直接发送。

4.5 VLAN、Trunk 和 Hybrid 命令汇总

本章使用的 VLAN、Trunk 和 Hybrid 命令见表 4-1。

表 4-1 VLAN、Trunk 和 Hybrid 命令

命　令	作　用
vlan 10	创建 VLAN 10
vlan batch 10 20	批量创建 VLAN 10 和 VLAN 20
port link-type access	配置 Access 接口
port default vlan 10	接口属于 VLAN 10
port link-type trunk	配置接口类型为 Trunk
port trunk pvid vlan 1	配置 Trunk 的 PVID 为 VLAN 1
port trunk allow-pass vlan 10 20	配置 Trunk 只允许 VLAN 10 和 VLAN 20 通过
display vlan	查看 VLAN 的相关信息
port link-type hybrid	配置接口类型为混合接口
port hybrid untagged vlan 10 100	VLAN 10、VLAN 100 的帧以 Untagged 方式通过接口
port hybrid tagged vlan 10 20 100	VLAN 10、VLAN 20 和 VLAN 100 的帧以 Tagged 方式通过接口

‖ 第 5 章 ‖

STP 原理与配置

    STP（Spanning Tree Protocol，生成树协议）是一个用于在局域网中消除环路的协议，它的标准是 IEEE 802.1d。STP 通过强制使部分冗余链路处于阻塞状态，其他链路处于转发状态，将环形网络结构修剪成无环的树形网络结构，可实现消除环路。当处于转发状态的链路不可用时，STP 重新配置网络，并激活合适的备用链路状态，恢复网络连通性。

5.1　STP 概述

以太网交换网络中为了进行链路备份，提高网络可靠性，通常会使用冗余链路。但是使用冗余链路会在交换网络上产生环路，引发广播风暴以及 MAC 地址表不稳定等故障现象，从而导致用户通信质量较差，甚至通信中断。为解决交换网络中的环路问题，提出了 STP。

1．STP 的作用

解决二层环路，二层环路具体表现为广播风暴、MAC 地址表不稳定和多帧复制。

2．STP 的专业术语

（1）桥 ID：IEEE 802.1d 标准中规定 BID 由 16 位的桥优先级（Bridge Priority 默认为 32768）与桥 MAC 地址构成。

（2）Cost：每一个激活了 STP 的接口都维护着一个 Cost，接口的 Cost 主要用于计算根路径开销，也就是到达根的开销。

不同标准定义的路径开销见表 5-1。

表 5-1　不同标准定义的路径开销

端口速率	IEEE 802.1d 标准	IEEE802.1t 标准	华为计算方法
10 Mbit/s	100	2000000	2000
100 Mbit/s	19	200000	200
1000 Mbit/s	4	20000	20
10 Gbit/s	2	2000	2
40 Gbit/s	1	500	1

（3）根路径开销（Root Path Cost，RPC）：一台设备从某个接口到达根桥的 RPC 等于从根桥到该设备沿途所有入方向接口的 Cost 累加。

（4）接口 ID（Port ID，PID）：接口 ID 由两部分构成，高 4 位是接口优先级（默认为 128），低 12 位是接口编号。

（5）BPDU（Bridge Protocol Data Unit，网桥协议数据单元）：STP 交换机之间会交互 BPDU 报文，这些 BPDU 报文携带着一些重要信息，正是基于这些信息，STP 才能够顺利工作。

3．BPDU 的报文格式

BPDU 的报文格式见清单 5-1。

清单 5-1　BPDU 的报文格式

PID	PVI	BPDU Type	Flags	Root ID	RPC	Bridge ID	Port ID	Message Age	Max Age	Hello Time	Forward Delay

（1）PID：协议 ID，对于 STP 而言，该字段的值总为 0。

（2）PVI：协议版本 ID，为 0 代表 STP，为 2 代表 RSTP，为 3 代表 MSTP。

（3）BPDU Type：指示本 BPDU 的类型，若值为 0x00，则表示本报文是配置 BPDU 报文；若值为 0x80，则是 TCN BPDU 报文。

（4）Flags：标志，STP 只使用了该字段的最高及最低两个位，最低位是 TC（Topology Change，拓扑变更）标志，最高位是 TCA（Topology Change Acknowledgment，拓扑变更确认）标志。

（5）Root ID：根网桥的桥 ID。

（6）RPC：根路径开销，到达根桥的 STP Cost。

（7）Bridge ID：BPDU 发送网桥的 ID。

（8）Port ID：BPDU 发送网桥的接口 ID（优先级 + 接口号）。

（9）Message Age：消息寿命，从根网桥发出 BPDU 之后的秒数，每经过一个网桥都加 1，所以它本质上是到达根网桥的跳数。

（10）Max Age：最大寿命，当一段时间未收到任何 BPDU，生存期到达最大寿命时，网桥认为该接口连接的链路发生故障，默认为 20s。

（11）Hello Time：根网桥连续发送的 BPDU 之间的时间间隔，默认为 2s。

（12）Forward Delay：转发延迟，在侦听和学习状态所停留的时间间隔，默认为 15s。

4．STP 的选择原则

（1）选择根网桥的原则如下：

①比较优先级（默认为 32768），数值越小越优。

②优先级相同，比较 MAC 地址，数值越小越优。

（2）选择根端口的原则如下：

①比较到达根网桥的根路径开销（RPC），优选 RPC 小的。

②比较 BPDU 报文发送者（即上游交换机）的网桥 ID，优选网桥 ID 小的。

③比较 BPDU 报文发送者的端口 ID，优选端口 ID 小的。

（3）选择指定端口的原则如下：

①比较到达根网桥的根路径开销（RPC），优选 RPC 小的。

②比较端口所在交换机的网桥 ID，优选网桥 ID 小的。

③比较本地端口的端口 ID，优选端口 ID 小的。

5．端口状态

端口状态见表 5-2。

表 5-2　端口状态

端口状态	状态描述
禁用（Disabled）	该接口不能收发 BPDU，也不能收发业务数据帧，如接口状态为 down 时
阻塞（Blocking）	该接口被 STP 阻塞。处于阻塞状态的接口不能发送 BPDU，但是会持续侦听 BPDU，而且不能收发业务数据帧，也不会进行 MAC 地址学习

续表

端口状态	状态描述
侦听（Listening）	当接口处于该状态时，表明 STP 初步认定该接口为根接口或指定接口，但接口依然处于 STP 计算的过程中，此时接口可以收发 BPDU，但是不能收发业务数据帧，也不会进行 MAC 地址学习
学习（Learning）	当接口处于该状态时，会侦听业务数据帧（但是不能转发业务数据帧），并且在收到业务数据帧后进行 MAC 地址学习
转发（Forwarding）	处于该状态的接口可以正常地收发业务数据帧，也会进行 BPDU 处理。接口的角色必须是根接口或指定接口才能进入转发状态

6．STP 的报文类型

（1）配置 BPDU：BPDU 类型的值被设置为 0x00。其主要作用如下：

①用于选举根网桥及端口角色。

②根桥每 2s 发送一次配置 BPDU 报文，用于维护端口状态。

③用于确认收到的 TCN BPDU 报文。

（2）TCN BPDU：TCN BPDU 类型的值被设置为 0x80，作用是通告网络中的拓扑发生了变化。

7．STP 的收敛时间

（1）端口状态从 Blocking 状态迁移到 Forwarding 状态至少要两倍的 Forward Delay（15s）。

（2）直连链路发生故障，重新收敛需要 30s。

（3）非直连链路发生故障，重新收敛需要 50s。

5.2　实验一：STP 的基本配置

扫一扫，看视频

1．实验目的

（1）掌握修改交换机 STP 模式的方法。

（2）掌握修改桥优先级、控制根桥选举的方法。

（3）掌握修改端口优先级、控制根端口和指定端口选举的方法。

2．实验拓扑

STP 基本配置的实验拓扑如图 5-1 所示。

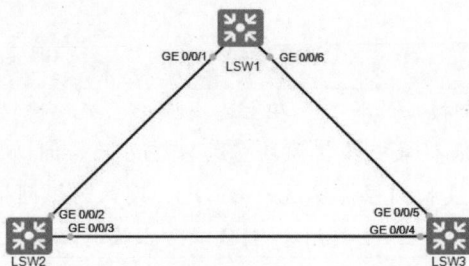

图 5-1　STP 基本配置的实验拓扑

3. 实验步骤

（1）在交换机 LSW1、LSW2 和 LSW3 上开启 STP。

①配置 LSW1，命令如下：

```
<Huawei>system-view
[Huawei]undo info-center enable
[Huawei]sysname LSW1
[LSW1]stp mode stp                                    //STP 的模式为 STP，默认为 MSTP
```

②配置 LSW2，命令如下：

```
<Huawei>system-view
[Huawei]undo info-center enable
[Huawei]sysname LSW2
[LSW2]stp mode stp
```

③配置 LSW3，命令如下：

```
<Huawei>system-view
[Huawei]undo info-center enable
[Huawei]sysname LSW3
[LSW3]stp mode stp
```

（2）查看 STP。查看生成树的状态，以 LSW1 为例，命令如下：

```
[LSW1]display stp
-------[CIST Global Info][Mode STP]-------
    CIST Bridge         :32768.4c1f-ccea-2663                    //自身的桥 ID
    Config Times        :Hello 2s MaxAge 20s FwDly 15s MaxHop 20//设备配置的时间参数
    Active Times        :Hello 2s MaxAge 20s FwDly 15s MaxHop 20//设备正在运行的时间参数
    CIST Root/ERPC      :32768.4c1f-cc06-69ba / 20000 //当前的根桥 ID 与根路径开销
    CIST RegRoot/IRPC   :32768.4c1f-ccea-2663 / 0
    CIST RootPortId     :128.1          //根端口的 PortId
    BPDU-Protection     :Disabled       //BPDU 保护功能，Disabled 为未开启状态
    TC or TCN received  :110            //收到 TC 或 TCN 报文的数量
    TC count per hello  0
    STP Converge Mode   :Normal
    Time since last TC  :0 days 0h:2m:41s
    Number of TC        12
    Last TC occurred    :GigabitEthernet0/0/1
```

【技术要点】

（1）显示信息还包括各个接口的状态，在上述输出中已经按快捷键 Ctrl+C 结束显示。

（2）时间参数解释。Hello 代表交换机周期发送 BPDU 的时间，每2s 发送一次。MaxAge 默认为20s，非根交换机20s 内没收到根桥发送的 BPDU，则认为根网桥失效，将重新选举根网桥。FwDly 默认为15s，代表转发延迟，主要用于 STP 以防止临时环路。

（3）查看各交换机上生成树的状态信息摘要，命令如下：

```
[LSW1]display stp brief
MSTID    Port                        Role    STP State      Protection
    0    GigabitEthernet0/0/1        ROOT    FORWARDING     NONE
    0    GigabitEthernet0/0/6        ALTE    DISCARDING     NONE
[LSW2]display stp brief
MSTID Port                           Role    STP State      Protection
    0    GigabitEthernet0/0/2        DESI    FORWARDING     NONE
    0    GigabitEthernet0/0/3        DESI    FORWARDING     NONE
[LSW3]display stp brief
MSTID Port                           Role    STP State      Protection
    0    GigabitEthernet0/0/4        ROOT    FORWARDING     NONE
    0    GigabitEthernet0/0/5        DESI    FORWARDING     NONE
```

以上输出结果表明端口的角色、状态以及保护功能。

①Role：该端口在 STP 的端口角色。ROOT 为根端口，ALTE 为预备端口，DESI 为指定端口。

②STP State：该端口在 STP 的端口状态。FORWARDING 为转发状态，DISCARDING 为阻塞状态，LISTENING 为侦听状态，LEARNING 为学习状态。

③Protection：该端口开启的保护功能，NONE 表示没有开启。

综合根网桥 ID 信息以及各个交换机上的端口信息，可得到当前拓扑，如图 5-2 所示。

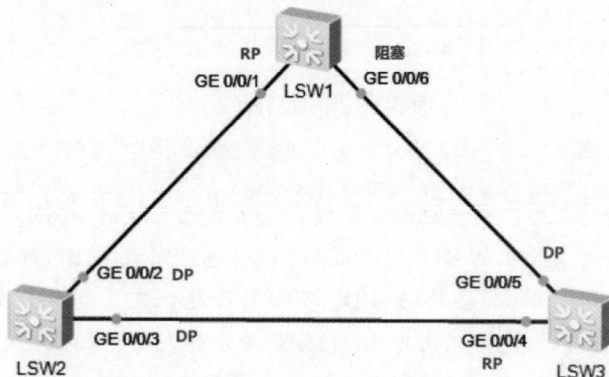

图 5-2　当前拓扑（1）

4．实验调试

（1）把 LSW1 的优先级改成 0，把 LSW3 的优先级改成 4096。

①LSW1 的配置，命令如下：

```
LSW1]stp root primary          //把 LSW1 变成主根网桥
```

【技术要点】

stp root primary 命令的作用是把交换机的优先级设置为 0，相当于 stp priority 0 命令。

②LSW3 的配置，命令如下：

```
[LSW3]stp root secondary          //把 LSW3 变成备用根网桥
```

【技术要点】

stp root secondary 命令的作用是把交换机的优先级设置为 4096，相当于 stp priority 4096 命令。

（2）查看交换机 LSW2 上生成树的状态信息摘要，命令如下：

```
[LSW2]display stp brief
MSTID   Port                     Role     STP State      Protection
   0    GigabitEthernet0/0/2     ROOT     FORWARDING     NONE
   0    GigabitEthernet0/0/3     ALTE     DISCARDING     NONE
```

综合根网桥 ID 信息以及各个交换机上的端口信息，可得到当前拓扑，如图 5-3 所示。

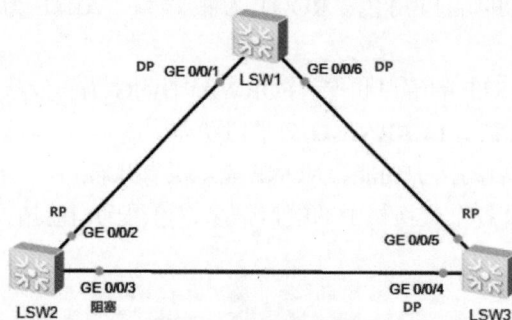

图 5-3　当前拓扑（2）

【技术要点】

交换机选举根桥的过程为：交换机相互之间会泛洪自己产生的 BPDU，BPDU 包含了本交换机的 BID 等信息，BID 由交换机的 STP 优先级和 MAC 地址组成，BID 的取值范围为 0～65535，默认为 32768。设备之间互相比较各自的 BID，数值越小越优先。具体过程为：先比较优先级的大小，优先级越小越优先；优先级相同再比较 MAC 地址的大小，数值越小越优先。因此在本例中，当 LSW1 的优先级配置为 0 时，将会成为这个交换网络的根网桥。

5.3　实验二：修改 STP 的 Cost

1. 实验目的

学会通过端口的 Cost（开销）来控制端口角色以及端口状态。

2. 实验拓扑

修改 STP 的 Cost 的实验拓扑如图 5-4 所示。

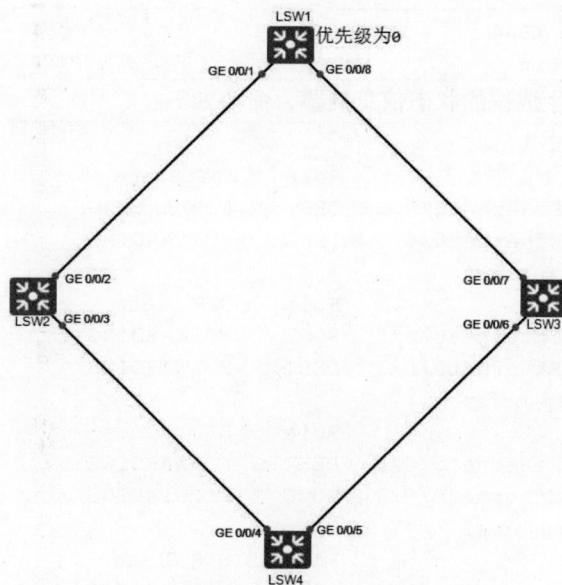

图 5-4 修改 STP 的 Cost 的实验拓扑

3. 实验步骤

（1）开启所有交换机的 STP，并把 LSW1 的优先级设置为 0。

①LSW1 的配置，命令如下：

```
<Huawei>system-view
[Huawei]undo info-center enable
[Huawei]sysname LSW1
[LSW1]stp mode stp
[LSW1]stp priority 0                    //让 LSW1 成为根网桥
```

②LSW2 的配置，命令如下：

```
<Huawei>system-view
[Huawei]undo info-center enable
Info: Information center is disabled.
[Huawei]sysname LSW2
[LSW2]stp mode stp
```

③LSW3 的配置，命令如下：

```
<Huawei>system-view
[Huawei]undo info-center enable
[Huawei]sysname LSW3
[LSW3]stp mode stp
```

④LSW4 的配置，命令如下：

```
<Huawei>system-view
[Huawei]undo info-center en
[Huawei]undo info-center enable
```

```
[Huawei]sysname LSW4
[LSW4]stp mode stp
```

（2）查看所有交换机生成树的状态信息摘要，命令如下：

```
[LSW1]display stp brief
MSTID Port                        Role    STP State      Protection
    0  GigabitEthernet0/0/1       DESI    FORWARDING     NONE
    0  GigabitEthernet0/0/8       DESI    FORWARDING     NONE
[LSW2]display stp brief
MSTID Port                        Role    STP State      Protection
    0  GigabitEthernet0/0/2       ROOT    FORWARDING     NONE
    0  GigabitEthernet0/0/3       DESI    FORWARDING     NONE
[LSW3]display stp brief
MSTID Port                        Role    STP State      Protection
    0  GigabitEthernet0/0/6       DESI    FORWARDING     NONE
    0  GigabitEthernet0/0/7       ROOT    FORWARDING     NONE
[LSW4]display stp brief
MSTID Port                        Role    STP State      Protection
    0  GigabitEthernet0/0/4       ROOT    FORWARDING     NONE
    0  GigabitEthernet0/0/5       ALTE    DISCARDING     NONE
```

综合根网桥 ID 信息以及各个交换机上的端口信息，可得到当前拓扑，如图 5-5 所示。

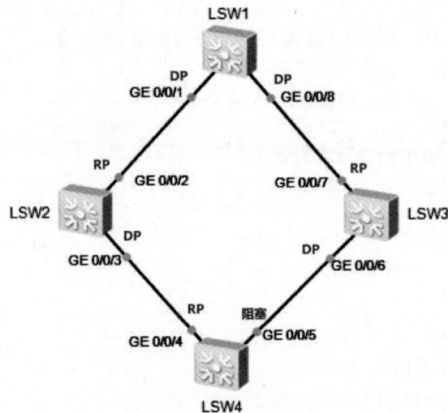

图 5-5　当前拓扑

4．实验调试

（1）修改 LSW4 的 G0/0/5 接口的 Cost 为 1，命令如下：

```
[LSW4]interface g0/0/5
[LSW4-GigabitEthernet0/0/5]stp cost 1
```

（2）查看交换机 LSW4 上生成树的状态信息摘要，命令如下：

```
[LSW4]display stp brief
MSTID  Port                       Role    STP State      Protection
    0  GigabitEthernet0/0/4       ALTE    DISCARDING     NONE
    0  GigabitEthernet0/0/5       ROOT    FORWARDING     NONE
```

通过以上输出结果发现 G0/0/4 接口被阻塞了。

🖧【技术要点】

根端口的选举原则（每台非根交换机都会选举一个端口作为根端口）如下：

（1）比较端口到根网桥的根路径开销，即到根网桥的途径链路的总开销。

（2）如果根路径开销一样，则比较对端设备的 BID，BID 数值越小越优先。

（3）如果对端设备的 BID 一致，则比较与本端口相连的对端端口的 PID，PID 数值越小越优先。因此在实验二中，默认情况下每个千兆以太网口的端口开销为 10000，将 G0/0/5 接口的 STP 开销改成 1，此接口的根路径开销就为 10001，而 G0/0/4 接口的根路径开销为 20000。因此，G0/0/5 接口将被选举成根端口。

⌘【思考】

如果不修改 G0/0/5 接口的开销，是否有其他方法能够让此接口作为根端口呢？

解析： 如果不修改接口的开销，可以修改对端设备的 BID，因为如果根路径开销一样，设备会比较该接口所连接的对端设备的 BID，BID 数值越小越优先，由于 G0/0/5 接口连接的是 LSW3，此时可以将 LSW3 的优先级改为 4096，而 G0/0/4 接口所连接的 LSW2 设备的优先级默认为 32768，此时 G0/0/5 接口的对端 BID 更优，将会被选举成根端口。

5.4　STP 命令汇总

本章使用的 STP 命令见表 5-3。

表 5-3　STP 命令

命　令	作　用
stp enable	开启 STP
stp mode stp	STP 的模型为 IEEE 802.1d
stp priority 0	修改设置 STP 的优先级为 0
display stp brief	查看 STP 接口的状态信息摘要
stp cost 1	修改 STP 接口的开销为 1

    IPv4（Internet Protocol version 4，网际协议版本 4）协议族是 TCP/IP 协议族中最为核心的协议族。它工作在 TCP/IP 协议栈的网络层，该层与 OSI 参考模型的网络层相对应。网络层提供了无连接数据传输服务，即网络在发送分组时不需要先建立连接，每一个分组（也就是 IP 数据报文）独立发送。

6.1　IP 地址概述

网络层位于数据链路层与传输层之间。网络层中包含了许多协议，其中最为重要的协议就是 IP 协议。网络层提供了 IP 路由功能。理解 IP 路由除了要熟悉 IP 协议的工作机制之外，还必须理解 IP 编址以及如何合理地使用 IP 地址来设计网络。

1. IPv4 的报头结构

IPv4 的报头结构见清单 6-1。

清单 6-1　IPv4 的报头结构

Version	Header Length	Type of Service	Total Length		
Identification		Flags		Fragment Offset	
TTL	Protocol		Header Checksum		
Source IP Address					
Destination IP Address					
Options					Padding

（1）4 位版本号（Version）指定 IP 协议的版本。对于 IPv4 来说，其值为 4，对于 IPv6 来说，其值为 6。

（2）4 位头部长度（Header Length）表示 IP 报文头部的长度，以 32 比特为单位递增，最小值为 5，最大值为 15，所以 IP 报文头部长度最小为 20 字节，最大为 60 字节。

（3）8 位服务类型（Type of Service，ToS）只有在有 QoS 差分服务要求时才起作用。

（4）16 位总长度（Total Length）是指整个 IP 数据报的长度，以字节为单位，因此 IP 数据报的最大长度为 65535 字节。但由于 MTU 的限制，长度超过 MTU 的数据报都将被分片传输，所以实际传输的 IP 数据报（或分片）的长度远远没有达到最大值。接下来的 3 个字段则描述了如何实现分片。

（5）16 位标识（Identification）唯一地标识主机发送的每一个数据报。其初始值由系统随机生成；每发送一个数据报，其值就加 1。该值在数据报分片时被复制到每个分片中，因此同一个数据报的所有分片都具有相同的标识值。

（6）3 位标志字段的第 1 位保留。第 2 位（Don't Fragment，DF）表示"禁止分片"。如果设置了这一位，IP 模块将不对数据报进行分片。在这种情况下，如果 IP 数据报长度超过 MTU，IP 模块将丢弃该数据报并返回一个 ICMP（Internet Control Message Protocol，Internet 控制报文协议）差错报文。第 3 位（More Fragment，MF）表示"更多分片"。除了数据报的最后一个分片外，其他分片都要把这一位设置为 1。

（7）13 位分片偏移（Fragment Offset）是分片相对原始 IP 数据报开始处（仅指数据部分）的偏移。实际的偏移值是该值左移 3 位（乘以 8）后得到的。因此，除了最后一个 IP 分片外，每个 IP 分片的数据部分的长度必须是 8 的整数倍（这样才能保证后面的 IP 分片拥有一个合适的偏移值）。

（8）8 位生存时间（Time To Live，TTL）是数据报到达目的地之前允许经过的路由器跳数。TTL 值被发送端设置（常见的值是 64）。数据报在转发过程中每经过一个路由，该值就被路由器减 1。当 TTL 值减为 0 时，路由器将丢弃数据报，并向源端发送一个 ICMP 差错报文。TTL 值可以防止数据报陷入路由循环。

（9）8 位协议（Protocol）用来区分上层协议，其中，ICMP 是 1，TCP 是 6，UDP 是 17。

（10）16 位头部校验和（Header Checksum）由发送端填充，接收端对其使用 CRC 算法以检验 IP 数据报头部（注意，仅检验头部）在传输过程中是否损坏。

（11）32 位源 IP 地址（Source IP Address）表示发送者的 IP 地址。

（12）32 位目的 IP 地址（Destination IP Address）表示接收者的 IP 地址。

（13）选项字段（Options）主要用于测试、调试和保证安全等。

（14）填充（Padding）长度可变，在使用选项的过程中，有可能造成数据报报头部分不是 32 比特的整数倍，那么需要填充数据来补齐。

2．IP 地址分类

IP 地址分类见表 6-1。

表 6-1　IP 地址分类

类　别	强　制	地址范围	应用场景
A	0xxxxxxx.xxxxxxxx.xxxxxxxx.xxxxxxxx	0.0.0.0　~　127.255.255.255	大型企业
B	10xxxxxx.xxxxxxxx.xxxxxxxx.xxxxxxxx	128.0.0.0　~　191.255.255.255	中型企业
C	110xxxxx.xxxxxxxx.xxxxxxxx.xxxxxxxx	192.0.0.0　~　223.255.255.255	小型企业
D	1110xxxx.xxxxxxxx.xxxxxxxx.xxxxxxxx	224.0.0.0　~　239.255.255.255	组播
E	1111xxxx.xxxxxxxx.xxxxxxxx.xxxxxxxx	240.0.0.0　~　255.255.255.255	科学研究

3．IP 地址专业术语

（1）网络位：用于标识一个网络，代表 IP 地址所属网络。

（2）主机位：用于区分一个网络内的不同主机，能唯一标识网段上的某台设备。

（3）网络地址：用于标识一个网络。

（4）广播地址：用于向该网络中的所有主机发送数据的特殊地址。

（5）子网掩码：子网掩码一般与 IP 地址结合使用，其中值为 1 的部分对应 IP 地址中的网络位；值为 0 的部分对应 IP 地址中的主机位，以此来辅助识别一个 IP 地址中的网络位与主机位，即子网掩码中 1 的个数就是 IP 地址的网络号的位数，0 的个数就是 IP 地址的主机号的位数。

4．私有 IP 地址

（1）A 类：10.0.0.0~10.255.255.255。

（2）B 类：172.16.0.0~172.31.255.255。

（3）C 类：192.168.0.0~192.168.255.255。

6.2　实验一：IP 地址配置

1．实验目的

掌握接口 IPv4 地址的配置方法。

2．实验拓扑

IP 地址配置的实验拓扑如图 6-1 所示。

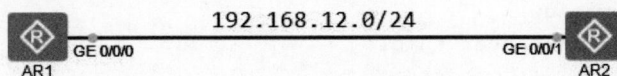

图 6-1　IP 地址配置的实验拓扑

3．实验步骤

（1）R1 的配置，命令如下：

```
<Huawei>system-view                              //进入系统视图
[Huawei]undo info-center enable                  //关闭路由器输出信息
[Huawei]sysname R1                               //修改设备名为 R1
[R1]interface g0/0/0                             //进入接口 G0/0/0
[R1-GigabitEthernet0/0/0]ip address 192.168.12.1 24    //配置 IP 地址和子网掩码
[R1-GigabitEthernet0/0/0]undo shutdown           //打开接口
[R1-GigabitEthernet0/0/0]quit                    //退出
```

（2）查看 R1 接口的 IP 地址，命令如下：

```
[R1] display ip interface brief //查看接口的 IP 简要信息
*down: administratively down     // "*" 表示该接口被管理员手动关闭, 如在接口执行命令 shutdown
^down: standby                   // "^" 表示该接口是备份接口
(l): loopback                    //(l) 表示环回
(s): spoofing                    //(s) 表示欺骗
The number of interface that is UP in Physical is 2 //表示物理状态 UP 的接口数量为 2
The number of interface that is DOWN in Physical is 2 //表示物理状态 DOWN 的接口数量为 2
The number of interface that is UP in Protocol is 2 //表示协议状态 UP 的接口数量为 2
The number of interface that is DOWN in Protocol is 2 //表示协议状态 DOWN 的接口数量为 2

Interface                IP Address/Mask        Physical      Protocol
GigabitEthernet0/0/0     192.168.12.1/24        up            up
GigabitEthernet0/0/1     unassigned             down          down
GigabitEthernet0/0/2     unassigned             down          down
NULL0                    unassigned             up            up(s)
```

🖧【技术要点】

华为设备上支持两种配置子网掩码的方式，具体如下：

（1）点分十进制，命令如下：

```
[R1-GigabitEthernet0/0/0]ip address 192.168.12.1 255.255.255.0 //配置 IP 地址和子网掩码
```

（2）前缀长度，命令如下：

```
[R1-GigabitEthernet0/0/0]ip address 192.168.12.1 24          //配置 IP 地址和子网掩码
```

（3）R2 的配置，命令如下：

```
<Huawei>system-view
[Huawei]undo info-center enable
[Huawei]sysname R2
[R2]interface g0/0/1
[R2-GigabitEthernet0/0/1]ip address 192.168.12.2 24
[R2-GigabitEthernet0/0/1]undo shutdown
[R2-GigabitEthernet0/0/1]quit
```

4. 实验调试

R1 访问 R2，使用 ping 命令进行调试，命令如下：

```
<R1>ping 192.168.12.2              //使用 ping 命令测试 192.168.12.2 的连通性
  PING 192.168.12.2: 56 data bytes, press CTRL_C to break //使用 CTRL_C 终止测试
    Reply from 192.168.12.2: bytes=56 Sequence=1 ttl=255 time=70 ms
    Reply from 192.168.12.2: bytes=56 Sequence=2 ttl=255 time=40 ms
    Reply from 192.168.12.2: bytes=56 Sequence=3 ttl=255 time=90 ms
    Reply from 192.168.12.2: bytes=56 Sequence=4 ttl=255 time=30 ms
    Reply from 192.168.12.2: bytes=56 Sequence=5 ttl=255 time=30 ms

  --- 192.168.12.2 ping statistics ---
  5 packet(s) transmitted    //发送了 5 个包
  5 packet(s) received       //接收到 5 个包
  0.00% packet loss          //丢包率为 0
  round-trip min/avg/max = 30/52/90 ms //来回旅程延迟分别为最小30ms、最大90ms、平
均52ms
```

🖧【技术要点】

ping 命令是最常见的用于检测网络设备可访问性的调试工具，它可以使用 ICMP 报文信息检测以下内容：

（1）远程设备是否可用。

（2）与远程主机通信的来回旅程（round-trip）的延迟（delay）。

（3）包（packet）的丢失情况。

6.3　实验二：子网地址配置

1. 实验目的

掌握子网地址的配置方法。

2. 实验拓扑

子网地址配置的实验拓扑如图 6-2 所示。

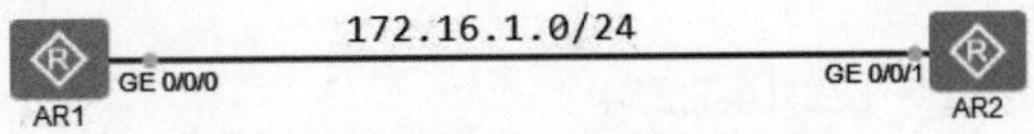

图 6-2　子网地址配置的实验拓扑

3. 实验步骤

（1）路由器 R1 的配置，命令如下：

```
<Huawei>system-view
[Huawei]undo info-center enable
[Huawei]sysname R1
[R1]interface g0/0/0
[R1-GigabitEthernet0/0/0]ip address 172.16.1.1 24
[R1-GigabitEthernet0/0/0]undo shutdown
[R1-GigabitEthernet0/0/0]quit
```

（2）路由器 R2 的配置，命令如下：

```
<Huawei>system-view
[Huawei]undo info-center enable
[Huawei]sysname R2
[R2]interface g0/0/1
[R2-GigabitEthernet0/0/1]ip address 172.16.1.2 24
[R2-GigabitEthernet0/0/1]undo shutdown
[R2-GigabitEthernet0/0/1]quit
```

4. 实验调试

调试的命令如下：

```
<R1>ping 172.16.1.2
  PING 172.16.1.2: 56 data bytes, press CTRL_C to break
    Reply from 172.16.1.2: bytes=56 Sequence=1 ttl=255 time=100 ms
    Reply from 172.16.1.2: bytes=56 Sequence=2 ttl=255 time=60 ms
    Reply from 172.16.1.2: bytes=56 Sequence=3 ttl=255 time=40 ms
    Reply from 172.16.1.2: bytes=56 Sequence=4 ttl=255 time=30 ms
    Reply from 172.16.1.2: bytes=56 Sequence=5 ttl=255 time=70 ms

  --- 172.16.1.2 ping statistics ---
```

```
5 packet(s) transmitted
5 packet(s) received
0.00% packet loss
round-trip min/avg/max = 30/60/100 ms
```

🖧【技术要点】

172.16.1.0/24 是 172.16.0.0/16 的一个子网。

（1）子网掩码：255.255.255.0。

（2）网络地址：172.16.1.0。

（3）广播地址：172.16.1.255。

（4）主机地址：172.16.1.1～172.16.1.254。

扫一扫，看视频

6.4 实验三：节点地址配置

1. 实验目的

掌握节点地址的配置方法。

2. 实验拓扑

节点地址配置的实验拓扑如图 6-3 所示。

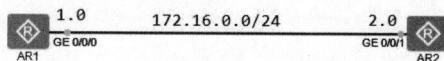

图 6-3 节点地址配置的实验拓扑

3. 实验步骤

（1）路由器 R1 的配置，命令如下：

```
<Huawei>system-view
[Huawei]sysname R1
[Huawei]undo info-center enable
[Huawei]sysname R1
[R1]interface g0/0/0
[R1-GigabitEthernet0/0/0]ip address 172.16.1.0 16
[R1-GigabitEthernet0/0/0]undo shutdown
[R1-GigabitEthernet0/0/0]quit
```

（2）路由器 R2 的配置，命令如下：

```
<Huawei>system-view
[Huawei]undo info-center enable
[Huawei]sysname R2
[R2]interface g0/0/1
[R2-GigabitEthernet0/0/1]ip address 172.16.2.0 16
```

```
[R2-GigabitEthernet0/0/1]undo shutdown
[R2-GigabitEthernet0/0/1]quit
```

4. 实验调试

调试的命令如下：

```
<R1>ping 172.16.2.0
  PING 172.16.2.0: 56 data bytes, press CTRL_C to break
    Reply from 172.16.2.0: bytes=56 Sequence=1 ttl=255 time=60 ms
    Reply from 172.16.2.0: bytes=56 Sequence=2 ttl=255 time=30 ms
    Reply from 172.16.2.0: bytes=56 Sequence=3 ttl=255 time=40 ms
    Reply from 172.16.2.0: bytes=56 Sequence=4 ttl=255 time=30 ms
    Reply from 172.16.2.0: bytes=56 Sequence=5 ttl=255 time=30 ms

  --- 172.16.2.0 ping statistics --- 5 packet(s) transmitted
    5 packet(s) received
    0.00% packet loss
  round-trip min/avg/max = 30/38/60 ms
```

📠【技术要点】

很多初学者觉得上面的内容比较难理解，可能会有这样的疑惑："最后一位数为 0 了，这难道还是一个 IP 地址吗，如 172.16.0.0/16？"

通过计算可以知道以下内容：

（1）子网掩码：255.255.0.0。

（2）网络地址：172.16.0.0。

（3）广播地址：172.16.255.255。

（4）主机地址：172.16.0.1 ~ 172.16.255.254。

由此可知，172.16.0.0 后面 16 位主机位不是全 0，也不是全 1，所以它是一个可用的 IP 地址。同理，172.16.1.0 也是一个可用的 IP 地址。

6.5　IP 地址配置命令汇总

本章使用的 IP 地址配置命令见表 6-2。

表 6-2　IP 地址配置命令

命　令	作　用
interface g0/0/0	进入接口 G0/0/0
ip address	配置 IP 地址
undo shutdown	打开接口
display ip interface brief	查看接口的 IP 简要信息

‖ 第7章 ‖

静态路由

　　转发数据包是路由器最主要的功能。路由器转发数据包时需要查找路由表，管理员可以通过手工的方法在路由器中直接配置路由表，这就是静态路由。虽然静态路由不适合在大的网络中使用，但是由于静态路由简单、路由器负载小、可控性强等，在许多场合中还是经常使用。

7.1　静态路由概述

静态路由配置简单，广泛应用于网络中。另外，静态路由还可以实现负载均衡和路由备份。因此，学习并掌握好静态路由的应用与配置是非常必要的。

1. 路由信息获取方式

（1）直连路由：直连接口所在网段的路由，由设备自动生成。

（2）静态路由：由网络管理员手工配置的路由条目。

（3）动态路由：路由器通过动态路由协议（如 RIP、OSPF、IS-IS、BGP 等）学习到的路由。

①RIP：Routing Information Protocol 的缩写，即路由信息协议。

②OSPF：Open Shortest Path First 的缩写，即开放式最短路径优先。

③IS-IS：Intermediate System to Intermediate System 的缩写，即中间系统到中间系统。

④BGP：Border Gateway Protocol 的缩写，即边界网关协议。

2. 路由表的参数

（1）Destination/Mask：此路由的目的网络地址与子网掩码。将目的地址和子网掩码"逻辑与"后可得到目的主机或路由器所在网段的地址。例如，目的地址为 1.1.1.1，子网掩码为 255.255.255.0 的主机或路由器所在网段的地址为 1.1.1.0。

（2）Proto（Protocol）：该路由的协议类型，即路由器是通过什么协议获知该路由的。

（3）Pre（Preference）：此路由的路由协议优先级。针对同一目的地，可能存在不同下一跳、出接口等多条路由，这些不同的路由可以是由不同的路由协议发现的，也可以是手工配置的静态路由。优先级最高（数值最小）者将成为当前的最优路由。

（4）Cost：路由开销。当到达同一目的地的多条路由具有相同的路由优先级时，路由开销最小的将成为当前的最优路由。

（5）NextHop：对于本路由而言，到达该路由指向的目的网络的下一跳地址。该字段指明了数据转发的下一个设备。

（6）Interface：此路由的出接口。指明数据将从本路由器的某个接口转发出去。

3. 路由协议的优先级

各种路由协议的优先级见表 7-1。

表 7-1　各种路由协议的优先级

路由来源	路由类型	默认优先级
直连	直连路由	0
静态	静态路由	60

续表

路由来源	路由类型	默认优先级
动态	RIP	100
	OSPF	内部为 10、外部为 150
	IS-IS	15
	BGP	IBGP 为 255、EBGP 为 255

4．最优路由条目优先

当路由器从多种不同的途径获知到达同一个目的网段的路由时，通过比较优先级和度量值来使路由优先，具体方法如下：

（1）比较优先级，优先级越低越优先。

（2）优先级相同，比较度量值，度量值越小越优先。

5．最长前缀匹配原则

当路由器收到一个 IP 数据包时，会将数据包的目的 IP 地址与本地路由表中的所有路由表项进行逐位（bit-by-bit）比对，直到找到匹配度最长的条目，这就是最长前缀匹配原则。

扫一扫，看视频

7.2 实验一：静态路由

1．实验目的

（1）掌握路由表的概念。

（2）掌握 route-static 命令的使用方法。

（3）理解根据需求正确配置静态路由的方法。

2．实验拓扑

配置静态路由的实验拓扑如图 7-1 所示。

图 7-1　配置静态路由的实验拓扑

3．实验步骤

（1）配置网络连通性。

①R1 的配置如下：

```
<Huawei>system-view
Enter system view, return user view with Ctrl+Z.
[Huawei]undo info-center enable
[Huawei]sysname R1
```

```
[R1]interface g0/0/0
[R1-GigabitEthernet0/0/0]ip address 12.1.1.1 24
[R1-GigabitEthernet0/0/0]undo shutdown
[R1-GigabitEthernet0/0/0]quit
```

②R2 的配置如下：

```
<Huawei>system-view
[Huawei]undo info-center enable
[Huawei]sysname R2
[R2]interface g0/0/1
[R2-GigabitEthernet0/0/1]ip address 12.1.1.2 24
[R2-GigabitEthernet0/0/1]undo shutdown
[R2-GigabitEthernet0/0/1]quit
[R2]interface g0/0/0
[R2-GigabitEthernet0/0/0]ip address 23.1.1.2 24
[R2-GigabitEthernet0/0/0]undo shutdown
[R2-GigabitEthernet0/0/0]quit
```

③R3 的配置如下：

```
<Huawei>system-view
[Huawei]undo info-center enable
[Huawei]sysname R3
[R3]interface g0/0/1
[R3-GigabitEthernet0/0/1]ip address 23.1.1.3 24
[R3-GigabitEthernet0/0/1]undo shutdown
[R3-GigabitEthernet0/0/1]quit
```

（2）测试网络连通性。

①R1 访问 R2，命令如下：

```
[R1]ping 12.1.1.2
  PING 12.1.1.2: 56 data bytes, press CTRL_C to break
    Reply from 12.1.1.2: bytes=56 Sequence=1 ttl=255 time=60 ms
    Reply from 12.1.1.2: bytes=56 Sequence=2 ttl=255 time=60 ms
    Reply from 12.1.1.2: bytes=56 Sequence=3 ttl=255 time=50 ms
    Reply from 12.1.1.2: bytes=56 Sequence=4 ttl=255 time=40 ms
    Reply from 12.1.1.2: bytes=56 Sequence=5 ttl=255 time=30 ms

  --- 12.1.1.2 ping statistics ---
    5 packet(s) transmitted
    5 packet(s) received
    0.00% packet loss
    round-trip min/avg/max = 30/48/60 ms
```

从 ping 的显示结果可以看出网络连通性没有问题。

②R2 访问 R3，命令如下：

```
[R2]ping 23.1.1.3
  PING 23.1.1.3: 56 data bytes, press CTRL_C to break
    Reply from 23.1.1.3: bytes=56 Sequence=1 ttl=255 time=70 ms
```

```
Reply from 23.1.1.3: bytes=56 Sequence=2 ttl=255 time=40 ms
Reply from 23.1.1.3: bytes=56 Sequence=3 ttl=255 time=60 ms
Reply from 23.1.1.3: bytes=56 Sequence=4 ttl=255 time=30 ms
Reply from 23.1.1.3: bytes=56 Sequence=5 ttl=255 time=20 ms

--- 23.1.1.3 ping statistics ---
5 packet(s) transmitted
5 packet(s) received
0.00% packet loss
round-trip min/avg/max = 20/44/70 ms
```

从 ping 的显示结果可以看出网络连通性没有问题。

【技术要点】

对于初学者来说，每次配置完 IP 地址以后，最好按以上方式测试网络连通性。以此来确认 IP 地址配置是否有问题，如果网络不能访问，则可能存在以下问题。

（1）接口没有打开，显示结果如图 4-2 所示，Physical 下显示为"*down"。

```
[R1]display ip int b
*down: administratively down
!down: FIB overload down
^down: standby
(l): loopback
(s): spoofing
(d): Dampening Suppressed
The number of interface that is UP in Physical is 2
The number of interface that is DOWN in Physical is 10
The number of interface that is UP in Protocol is 2
The number of interface that is DOWN in Protocol is 10

Interface              IP Address/Mask    Physical    Protocol
Ethernet0/0/0          unassigned         down        down
Ethernet0/0/1          unassigned         down        down
GigabitEthernet0/0/0   12.1.1.1/24        *down       down
GigabitEthernet0/0/1   unassigned         down        down
```

图 4-2　接口没有打开

（2）接口没有配置 IP 地址或者 IP 地址配置错误，显示结果如图 4-3 所示，IP Address/Mask 下显示为 unassigned。

```
[R1]display ip int b
*down: administratively down
!down: FIB overload down
^down: standby
(l): loopback
(s): spoofing
(d): Dampening Suppressed
The number of interface that is UP in Physical is 3
The number of interface that is DOWN in Physical is 9
The number of interface that is UP in Protocol is 2
The number of interface that is DOWN in Protocol is 10

Interface              IP Address/Mask    Physical    Protocol
Ethernet0/0/0          unassigned         down        down
Ethernet0/0/1          unassigned         down        down
GigabitEthernet0/0/0   unassigned         up          down
GigabitEthernet0/0/1   unassigned         down        down
```

图 4-3　接口没有配置 IP 地址

（3）配置静态路由。

①R1 的配置如下：

```
[R1]ip route-static 23.1.1.0 255.255.255.0 12.1.1.2
//配置静态路由目录网络为 23.1.1.0，下一跳为 12.1.1.2
```

【技术要点】

配置静态路由的方式有三种。

（1）关联下一跳的方式，命令如下：

```
[Huawei] ip route-static ip-address { mask | mask-length } nexthop-address
```

（2）关联出接口的方式，命令如下：

```
[Huawei] ip route-static ip-address { mask | mask-length } interface-type
interface-number
```

（3）关联出接口和下一跳的方式，命令如下：

```
[Huawei] ip route-static ip-address { mask | mask-length } interface-type
interface-number [ nexthop-address ]
```

在创建静态路由时，可以同时指定出接口和下一跳。对于不同的出接口类型，也可以只指定出接口或只指定下一跳。

对于点到点接口（如串口），只需指定出接口。

对于广播接口（如以太网接口）和 VT（Virtual-Template）接口，必须指定下一跳。

对于以太网，如果要成功封装数据帧，就必须知道下一跳 IP 地址的 MAC 地址，如果不指定下一跳地址而只指定出接口，设备无法通过 ARP 协议获取下一跳的 MAC 地址，从而无法完成数据帧的封装。广域网协议封装帧不需要 MAC 地址，因此对于以太网接口必须指定下一跳地址。

综上所述，R1 上的静态路由理论上有三种配置方式，命令如下：

```
[R1]ip route-static 23.1.1.0 255.255.255.0 12.1.1.2           //关联下一跳
[R1]ip route-static 23.1.1.0 255.255.255.0 g0/0/0            //关联出接口
[R1]ip route-static 23.1.1.0 255.255.255.0 g0/0/0 12.1.1.2  //关联出接口和下一跳
```

②R3 的配置如下：

```
[R3]ip route-static 12.1.1.0 24 23.1.1.2
```

4. 实验调试

（1）在 R1 上查看路由表，命令如下：

```
[R1]display ip routing-table  //查看路由表
Route Flags: R - relay, D-download to fib
------------------------------------------------------------------------
Routing Tables: Public
    Destinations : 5  Routes : 5

Destination/Mask Proto   Pre Cost Flags NextHop     Interface

    12.1.1.0/24    Direct  0   0    D     12.1.1.1    GigabitEthernet0/0/0
    12.1.1.1/32    Direct  0   0    D     127.0.0.1   GigabitEthernet0/0/0
    23.1.1.0/24    Static  60  0    RD    12.1.1.2    GigabitEthernet0/0/0
    127.0.0.0/8    Direct  0   0    D     127.0.0.1   InLoopBack0
    127.0.0.1/32   Direct  0   0    D     127.0.0.1   InLoopBack0
```

从以上输出结果可以看出一个路由表有一条 23.1.1.0/24 的静态路由。

【技术要点】

路由 23.1.1.0 的各种参数解析如下：

（1）Destination/Mask：23.1.1.0/24（目标网络为 23.1.1.0，子网掩码为 255.255.255.0）。

（2）Proto：Static（此路由是通过静态路由学习到的）。

（3）Pre：60（静态路由的优先级为 60）。

（4）Cost：0（路由的开销为 0）。

（5）Flags：RD（R 代表此路由条目为迭代的路由条目，D 代表此路由条目下发到 FIB 表中）。

（6）NextHop：12.1.1.2（路由的下一跳为 12.1.1.2）。

（7）Interface：GigabitEthernet0/0/0（路由的出接口为 G0/0/0）。

（2）在 R2 上查看路由表，命令如下：

```
<R2>display ip routing-table
Route Flags: R - relay, D - download to fib
------------------------------------------------------------------------
Routing Tables: Public
    Destinations : 6  Routes : 6

Destination/Mask Proto  Pre Cost Flags  NextHop      Interface

    12.1.1.0/24 Direct  0   0    D      12.1.1.2     GigabitEthernet0/0/1
    12.1.1.2/32 Direct  0   0    D      127.0.0.1    GigabitEthernet0/0/1
    23.1.1.0/24 Direct  0   0    D      23.1.1.2     GigabitEthernet0/0/0
    23.1.1.2/32 Direct  0   0    D      127.0.0.1    GigabitEthernet0/0/0
    127.0.0.0/8 Direct  0   0    D      127.0.0.1    InLoopBack0
    127.0.0.1/32Direct  0   0    D      127.0.0.1    InLoopBack0
```

【思考】

为什么 R2 上不用配置静态路由？

解析： 因为 R2 上有 12.1.1.0/24 和 23.1.1.0/24 的直连路由。

【技术要点】

直连路由是由数据链路层协议发现的，是指去往路由器的接口地址所在网段的路径，该路径信息不需要网络管理员维护，也不需要路由器通过某种算法进行计算获得，只要该接口处于激活状态，路由器就会把直连接口所在的网段路由信息填写到路由表中。数据链路层只能发现接口所在的直连网段的路由，无法发现跨网段的路由。跨网段的路由需要用其他方法获得。

（3）在 R3 上查看路由表，命令如下：

```
<R3>display ip routing-table
Route Flags: R - relay, D - download to fib
```

```
-------------------------------------------------------------------
Routing Tables: Public
  Destinations : 5    Routes : 5
Destination/Mask Proto  Pre Cost Flags  NextHop        Interface

  12.1.1.0/24    Static 60  0    RD     23.1.1.2       GigabitEthernet0/0/1
  23.1.1.0/24    Direct 0   0    D      23.1.1.3       GigabitEthernet0/0/1
  23.1.1.3/32    Direct 0   0    D      127.0.0.1      GigabitEthernet0/0/1
  127.0.0.0/8    Direct 0   0    D      127.0.0.1      InLoopBack0
  127.0.0.1/32   Direct 0   0    D      127.0.0.1      InLoopBack0
```

（4）R1 访问 R3，命令如下：

```
<R1>ping 23.1.1.3
PING 23.1.1.3: 56 data bytes, press CTRL_C to break
  Reply from 23.1.1.3: bytes=56 Sequence=1 ttl=254 time=70 ms
  Reply from 23.1.1.3: bytes=56 Sequence=2 ttl=254 time=60 ms
  Reply from 23.1.1.3: bytes=56 Sequence=3 ttl=254 time=80 ms
  Reply from 23.1.1.3: bytes=56 Sequence=4 ttl=254 time=50 ms
  Reply from 23.1.1.3: bytes=56 Sequence=5 ttl=254 time=50 ms

--- 23.1.1.3 ping statistics ---
  5 packet(s) transmitted
  5 packet(s) received
  0.00% packet loss
  round-trip min/avg/max = 50/62/80 ms
```

从 ping 的显示结果可以看出，R1 可以访问 R3。

7.3　实验二：默认路由

1. 实验目的

（1）掌握默认路由的使用场合。
（2）掌握默认路由的配置方法。

2. 实验拓扑

配置默认路由的实验拓扑如图 7-4 所示。

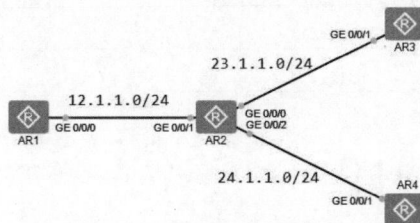

图 7-4　配置默认路由的实验拓扑

3. 实验步骤

（1）配置网络连通性。

①R1 的配置如下：

```
<Huawei>system-view
Enter system view, return user view with Ctrl+Z.
[Huawei]undo info-center enable
[Huawei]sysname R1
[R1]interface g0/0/0
[R1-GigabitEthernet0/0/0]ip address 12.1.1.1 24
[R1-GigabitEthernet0/0/0]undo shutdown
[R1-GigabitEthernet0/0/0]quit
```

②R2 的配置如下：

```
<Huawei>system-view
Enter system view, return user view with Ctrl+Z.
[Huawei]undo info-center enable
[Huawei]sysname R2
[R2]interface g0/0/1
[R2-GigabitEthernet0/0/1]ip address 12.1.1.2 24
[R2-GigabitEthernet0/0/1]undo shutdown
[R2-GigabitEthernet0/0/1]quit
[R2]interface g0/0/0
[R2-GigabitEthernet0/0/0]ip address 23.1.1.2 24
[R2-GigabitEthernet0/0/0]undo shutdown
[R2-GigabitEthernet0/0/0]quit
[R2]interface g0/0/2
[R2-GigabitEthernet0/0/2]ip address 24.1.1.2 24
[R2-GigabitEthernet0/0/2]undo shutdown
[R2-GigabitEthernet0/0/2]quit
```

③R3 的配置如下：

```
<Huawei>system-view
Enter system view, return user view with Ctrl+Z.
[Huawei]undo info-center enable
[Huawei]sysname R3
[R3]interface g0/0/1
[R3-GigabitEthernet0/0/1]ip address 23.1.1.3 24
[R3-GigabitEthernet0/0/1]undo shutdown
[R3-GigabitEthernet0/0/1]quit
```

④R4 的配置如下：

```
<Huawei>system-view
Enter system view, return user view with Ctrl+Z.
[Huawei]undo info-center enable
[Huawei]sysname R4
[R4]interface g0/0/1
[R4-GigabitEthernet0/0/1]ip address 24.1.1.4 24
```

```
[R4-GigabitEthernet0/0/1]undo shutdown
[R4-GigabitEthernet0/0/1]quit
```

（2）配置静态路由。

①R1 的配置如下：

```
[R1]ip route-static 0.0.0.0 0.0.0.0 12.1.1.2 //配置默认路由到任何网段的下一跳为12.1.1.2
```

【技术要点】

在本实验中，如果使用静态路由，那么要配置两条静态路由，具体配置如下：

```
[R1]ip route-static 23.1.1.0 255.255.255.0 12.1.1.2
[R1]ip route-static 24.1.1.0 255.255.255.0 12.1.1.2
```

想一想，如果有 1000 条路由，配置过程会特别复杂，所以针对与下一跳相同的多条静态路由，可以使用默认路由来简化配置。

②R3 的配置如下：

```
[R3]ip route-static 12.1.1.0 255.255.255.0 23.1.1.2
```

③R4 的配置如下：

```
[R4]ip route-static 12.1.1.0 255.255.255.0 24.1.1.2
```

4. 实验调试

（1）查看 R1 的路由表，命令如下：

```
[R1]display ip routing-table
Route Flags: R - relay, D - download to fib
------------------------------------------------------------------------------
Routing Tables: Public
    Destinations : 5   Routes : 5

Destination/Mask Proto  Pre Cost Flags  NextHop        Interface

     0.0.0.0/0    Static 60  0    RD     12.1.1.2       GigabitEthernet0/0/0
     12.1.1.0/24  Direct 0   0    D      12.1.1.1       GigabitEthernet0/0/0
     12.1.1.1/32  Direct 0   0    D      127.0.0.1      GigabitEthernet0/0/0
     127.0.0.0/8  Direct 0   0    D      127.0.0.1      InLoopBack0
     127.0.0.1/32 Direct 0   0    D      127.0.0.1      InLoopBack0
```

通过查看 R1 的路由表，可以看出一条默认路由，虽然简化了配置，但仍然需要测试一下网络连通性。

（2）R1 访问 R3，命令如下：

```
[R1]ping 23.1.1.3
  PING 23.1.1.3: 56 data bytes, press CTRL_C to break
    Reply from 23.1.1.3: bytes=56 Sequence=1 ttl=254 time=100 ms
    Reply from 23.1.1.3: bytes=56 Sequence=2 ttl=254 time=60 ms
```

```
        Reply from 23.1.1.3: bytes=56 Sequence=3 ttl=254 time=50 ms
        Reply from 23.1.1.3: bytes=56 Sequence=4 ttl=254 time=70 ms
        Reply from 23.1.1.3: bytes=56 Sequence=5 ttl=254 time=80 ms

    --- 23.1.1.3 ping statistics ---
        5 packet(s) transmitted
        5 packet(s) received
        0.00% packet loss
        round-trip min/avg/max = 50/72/100 ms
```

（3）R1 访问 R4，命令如下：

```
    [R1]ping 24.1.1.4
    PING 24.1.1.4: 56 data bytes, press CTRL_C to break
        Reply from 24.1.1.4: bytes=56 Sequence=1 ttl=254 time=60 ms
        Reply from 24.1.1.4: bytes=56 Sequence=2 ttl=254 time=90 ms
        Reply from 24.1.1.4: bytes=56 Sequence=3 ttl=254 time=60 ms
        Reply from 24.1.1.4: bytes=56 Sequence=4 ttl=254 time=80 ms
        Reply from 24.1.1.4: bytes=56 Sequence=5 ttl=254 time=80 ms

    --- 24.1.1.4 ping statistics ---
        5 packet(s) transmitted
        5 packet(s) received
        0.00% packet loss
        round-trip min/avg/max = 60/74/90 ms
```

通过测试可以看出，默认路由虽然简化了配置，但是不影响访问，以后再遇到类似的拓扑可以考虑使用默认路由。

扫一扫，看视频

7.4　实验三：浮动静态路由

1. 实验目的

（1）掌握浮动静态路由的使用场景。

（2）掌握浮动静态路由的配置方法。

2. 实验拓扑

浮动静态路由的实验拓扑如图 7-5 所示。

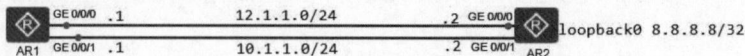

图 7-5　浮动静态路由的实验拓扑

3. 实验步骤

（1）配置网络连通性。

①R1 的配置如下：

```
[Huawei]sysname R1
[R1]interface g0/0/0
[R1-GigabitEthernet0/0/0]ip address 12.1.1.1 24
[R1-GigabitEthernet0/0/0]undo shutdown
[R1-GigabitEthernet0/0/0]quit
[R1]interface g0/0/1
[R1-GigabitEthernet0/0/1]ip address 10.1.1.1 24
[R1-GigabitEthernet0/0/1]undo shutdown
[R1-GigabitEthernet0/0/1]quit
```

②R2 的配置如下：

```
<Huawei>system-view
Enter system view, return user view with Ctrl+Z.
[Huawei]undo info-center enable
[Huawei]sysname R2
[R2]interface g0/0/0
[R2-GigabitEthernet0/0/0]ip address 12.1.1.2 24
[R2-GigabitEthernet0/0/0]undo shutdown
[R2-GigabitEthernet0/0/0]quit
[R2]interface g0/0/1
[R2-GigabitEthernet0/0/1]ip address 10.1.1.2 24
[R2-GigabitEthernet0/0/1]undo shutdown
[R2-GigabitEthernet0/0/1]quit
[R2]interface LoopBack 0                //创建环回口编号为 0
[R2-LoopBack0]ip address 8.8.8.8 32     //配置 IP 地址
[R2-LoopBack0]quit
```

🖧【技术要点】

　　LoopBack 是路由器中的一个逻辑接口。逻辑接口是指能够实现数据交换功能，但是物理上不存在、需要通过配置建立的接口。LoopBack 接口一旦被创建，其物理状态和链路协议状态就永远是 up，即使该接口上没有配置 IP 地址。正是因为这个特性，LoopBack 接口具有特殊的用途。在本实验中 LoopBack 中的 8.8.8.8 相当于公网上的一台服务器。

（2）配置浮动静态路由。

　　如果实验要求 R1 访问 8.8.8.8 的数据都从 G0/0/0 接口出去，只有当 G0/0/0 接口的链路出了问题才会从 G0/0/1 接口出去，就可以通过浮动静态路由来配置，其配置如下：

```
[R1]ip route-static 8.8.8.8 255.255.255.255 12.1.1.2 preference 50
[R1]ip route-static 8.8.8.8 255.255.255.255 10.1.1.2 preference 100
```

⟐【技术要点】

preference 代表一条路由的可信任程度，其值越小，可信任度越高。

4. 实验调试

（1）查看 R1 的路由表，命令如下：

```
<R1>display ip routing-table
Route Flags: R - relay, D - download to fib
------------------------------------------------------------------------
Routing Tables: Public
   Destinations : 7  Routes : 7

Destination/Mask  Proto   Pre Cost Flags NextHop    Interface

   8.8.8.8/32    Static  50  0     RD    12.1.1.2  GigabitEthernet0/0/0
```

通过以上输出，可以看出路由表中只有一条去往 8.8.8.8 的静态路由。

（2）查看路由 8.8.8.8 的详细信息，命令如下：

```
<R1>display ip routing-table 8.8.8.8 verbose
Route Flags: R - relay, D - download to fib
------------------------------------------------------------------------
Routing Table: Public
Summary Count: 2

  Destination: 8.8.8.8/32
     Protocol: Static             Process ID: 0
   Preference: 50                       Cost: 0
      NextHop: 12.1.1.2           Neighbour: 0.0.0.0
        State: Active Adv Relied        Age: 00h12m54s
          Tag: 0                   Priority: medium
        Label: NULL                 QoSInfo: 0x0
   IndirectID: 0x80000001
 RelayNextHop: 0.0.0.0            Interface: GigabitEthernet0/0/0
     TunnelID: 0x0                    Flags: RD

  Destination: 8.8.8.8/32
     Protocol: Static             Process ID: 0
   Preference: 100                      Cost: 0
      NextHop: 10.1.1.2           Neighbour: 0.0.0.0
        State: Inactive Adv Relied      Age: 00h12m41s
          Tag: 0                   Priority: medium
        Label: NULL                 QoSInfo: 0x0
   IndirectID: 0x80000002
 RelayNextHop: 0.0.0.0            Interface: GigabitEthernet0/0/1
     TunnelID: 0x0                    Flags: R
```

通过以上输出，可以看出有两条路由，下一跳为 12.1.1.2 的路由优先级为 50，下一跳为 10.1.1.2

的路由优先级为 100，优先级为 50 的路由被放到了路由表中，优先级为 100 的没有被选中。

（3）关闭 G0/0/0 接口，造成 G0/0/0 接口链路故障，命令如下：

```
[R1]interface g0/0/0
[R1-GigabitEthernet0/0/0]shutdown
[R1-GigabitEthernet0/0/0]quit
```

（4）查看 R1 的路由表，命令如下：

```
[R1]display ip routing-table
Route Flags: R - relay, D - download to fib
------------------------------------------------------------------------
Routing Tables: Public
    Destinations : 5  Routes : 5

Destination/Mask Proto    Pre   Cost  Flags NextHop    Interface

    8.8.8.8/32    Static  100   0     RD    10.1.1.2   GigabitEthernet0/0/1
```

通过以上输出，可以看出优先级为 100 的路由出现在路由表中了，这就是浮动静态路由。

（5）把 R1 的 G0/0/0 接口打开，命令如下：

```
[R1]interface g0/0/0
[R1-GigabitEthernet0/0/0]undo shutdown
[R1-GigabitEthernet0/0/0]quit
```

（6）查看 R1 的路由表，命令如下：

```
[R1]display ip routing-table
Route Flags: R - relay, D - download to fib
------------------------------------------------------------------------
Routing Tables: Public
  Destinations: 7   Routes : 7

Destination/Mask Proto Pre Cost  Flags  NextHop     Interface

    8.8.8.8/32    Static 50  0     RD     12.1.1.2    GigabitEthernet0/0/0
```

通过以上输出，可以看出优先级为 50 的路由又回到了路由表中。

7.5　静态路由命令汇总

本章使用的静态路由命令见表 7-2。

表 7-2　静态路由命令

命　　令	作　　用
ip route-static	配置静态路由
display ip routing-table	查看全局路由表
display ip routing-table x.x.x.x verbose	查看某条路由的详细信息

‖ 第 8 章 ‖

动态路由之 OSPF

OSPF（Open Shortest Path First，开放式最短路径优先）是 IETF（The Internet Engineering Task Force，国际互联网工程任务组）开发的一个基于链路状态的 IGP（Interior Gateway Protocol，内部网关协议）。目前针对 IPv4 协议使用的是 OSPF Version 2（RFC2328），本章只讨论单区域的 OSPF。

8.1　OSPF 概述

动态路由协议因其灵活性高、可靠性强、易于扩展等特点被广泛应用于现网。在动态路由协议中，OSPF 是使用场景非常广泛的动态路由协议之一。

1．OSPF 的特性

（1）版本：V2 支持 IPv4，V3 支持 IPv6。

（2）基于 SPF 算法，也被称为 Dijkstra 算法。

（3）使用组播收发部分协议报文，组播地址为 224.0.0.5、224.0.0.6。

（4）支持区域划分。

（5）支持等价路由。

（6）支持报文认证（明文、密文）。

2．OSPF 的专业术语

（1）router-id：用于在一个 OSPF 域中唯一地标识一台路由器。

（2）area：从逻辑上将设备划分为不同的组，每个组用区域号（Area Id）来标识。

（3）Cost：Cost 值 = 100 Mbit/s 接口带宽。其中 100 Mbit/s 为 OSP 指定的默认参考值。

（4）进程号：OSPF 支持多进程，在同一台设备上可以运行多个不同的 OSPF 进程，它们之间互不影响，彼此独立。

3．OSPF 维护的三张表

（1）邻居表：查看 OSPF 路由器之间的邻居状态，使用命令 display ospf peer 查看。

（2）LSDB 表：保存自己产生的及从邻居收到的 LSA 信息，使用命令 display ospf lsdb 查看。

（3）OSPF 路由表：包含 Destination、Cost 和 NextHop 等指导转发的信息，使用命令 display ospf routing 查看。

4．OSPF 的报文类型

（1）Hello：发现和维护邻居关系。

（2）Database Description：交互链路状态数据库摘要。

（3）Link State Request：请求特定的链路状态信息。

（4）Link State Update：发送详细的链路状态信息。

（5）Link State Ack：发送确认报文。

5．OSPF 的邻居状态

（1）down：邻居的初始状态，表示没有从邻居收到任何信息。

（2）init：收到了 Hello 报文，但是自己不在所收到的 Hello 报文的邻居列表中。

（3）two-way：收到了对方的 Hello 报文，而且在 Hello 报文里看到了自己的 router-id，选

DR/ BDR。

（4）extart：发送 DD 报文，选择主/从。

（5）exchange：相互发送包含链路状态信息摘要的 DD 报文，描述本地 LSDB 的内容。

（6）loading：相互发送 LSR 报文请求 LSA，发送 LSU 通告 LSA。

（7）full：两台路由器的 LSDB 已经同步。

6. DR/BDR 的选择原则

（1）等待 40s。

（2）比较优先级，优先级数值越大越优。优先级数值默认为 1，范围为 0～255，0 不能参与选择。

（3）优先级相同则比较 router-id，router-id 数值越大越优。

8.2　实验一：点到点链路上的 OSPF

扫一扫，看视频

1. 实验目的

（1）学会在路由器上启用 OSPF 路由进程。

（2）学会启用参与路由协议的接口，并且通告网络及所在的区域。

（3）掌握度量值 Cost 的计算方法。

（4）掌握 Hello 相关参数的配置方法。

（5）了解点到点链路上的 OSPF 特征。

（6）学会查看和调试 OSPF 路由协议的相关信息。

2. 实验拓扑

点到点链路上的 OSPF 实验拓扑如图 8-1 所示。

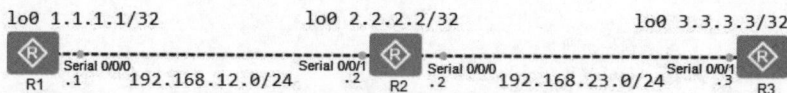

图 8-1　点到点链路上的 OSPF 实验拓扑

3. 实验步骤

（1）IP 地址的配置。

①配置路由器 R1，命令如下：

```
<Huawei>system-view
[Huawei]sysname R1
[R1]interface s0/0/0
[R1-Serial0/0/0]ip address 192.168.12.1 24
[R1-Serial0/0/0]undo shutdown
[R1-Serial0/0/0]quit
```

```
[R1]interface LoopBack 0
[R1-LoopBack0]ip address 1.1.1.1 24
[R1-LoopBack0]quit
```

②配置路由器 R2，命令如下：

```
<Huawei>system-view
[Huawei]undo info-center enable
[Huawei]sysname R2
[R2]interface s0/0/0
[R2-Serial0/0/0]ip address 192.168.23.2 24
[R2-Serial0/0/0]undo shutdown
[R2-Serial0/0/0]quit
[R2]interface s0/0/1
[R2-Serial0/0/1]ip address 192.168.12.2 24
[R2-Serial0/0/1]undo shutdown
[R2-Serial0/0/1]quit
[R2]interface LoopBack 0
[R2-LoopBack0]ip address 2.2.2.2 24
[R2-LoopBack0]quit
```

③配置路由器 R3，命令如下：

```
<Huawei>system-view
[Huawei]undo info-center en
[Huawei]undo info-center enable
[Huawei]sysname R3
[R3]interface s0/0/1
[R3-Serial0/0/1]ip address 192.168.23.3 24
[R3-Serial0/0/1]undo shutdown
Info: Interface Serial0/0/1 is not shutdown.
[R3-Serial0/0/1]quit
[R3]interface LoopBack 0
[R3-LoopBack0]ip address 3.3.3.3 24
[R3-LoopBack0]quit
```

（2）OSPF 路由协议的配置。

①路由器 R1 的配置如下：

```
[R1]ospf router-id 1.1.1.1      //OSPF 的进程为 1, router-id 为 1.1.1.1
[R1-ospf-1]area 0              //进入区域 0
[R1-ospf-1-area-0.0.0.0]network 192.168.12.0 0.0.0.255
//命令 network 192.168.12.0 0.0.0.255 的作用为匹配 192.168.12.0/24 网段的 IP 地址，
//并且将 IP 地址属于本网段的接口全部激活 OSPF，在本例中也可以使用命令 network 192.168.12.1
//0.0.0.0，表示只是匹配 192.168.12.1 这一个 IP 地址，而 s0/0/0 接口的 IP 地址为
//192.168.12.1，此时此接口激活 OSPF，在实际案例中一般使用通配符 0.0.0.0 来匹配某一个接
//口，这样匹配会更加精确
[R1-ospf-1-area-0.0.0.0]network 1.1.1.0 0.0.0.255      //通告网络 1.1.1.0
[R1-ospf-1-area-0.0.0.0]quit                          //退出
```

【技术要点】

（1）OSPF 选择 router-id 的规则：如果手动配置了 router-id，则配置的 router-id 作为本设备的路由器 id，如果已经创建了 OSPF 进程，系统会自动生成设备的 router-id，后续手动配置的 router-id 将不生效，此时如果想使用手动配置的 router-id，可以在用户视图模式下使用 reset ospf process 命令重置 OSPF 进程使新的 router-id 生效。还可以删除当前 OSPF 配置，在重新配置 OSPF 进程时加上对应的 router-id。

（2）当没有手动配置 router-id 时，router-id 的选举原则为：设备上有环回口时，选择环回口地址大的作为本设备的 router-id；设备上没有环回口时，选择接口 IP 地址大的作为 router-id。

（3）network 命令用来指定运行 OSPF 协议的接口和接口所属的区域。network-address 为接口所在的网段地址。wildcard-mask 为 IP 地址的反码，相当于将 IP 地址的掩码反转（0 变 1，1 变 0）。例如，0.0.0.255 表示掩码长度为 24 bit。

②路由器 R2 的配置如下：

```
[R2]ospf router-id 2.2.2.2
[R2-ospf-1]area 0
[R2-ospf-1-area-0.0.0.0]network 192.168.12.0 0.0.0.255
[R2-ospf-1-area-0.0.0.0]network 192.168.23.0 0.0.0.255
[R2-ospf-1-area-0.0.0.0]network 2.2.2.0 0.0.0.255
[R2-ospf-1-area-0.0.0.0]quit
```

③路由器 R3 的配置如下：

```
[R3]ospf router-id 3.3.3.3
[R3-ospf-1]area 0
[R3-ospf-1-area-0.0.0.0]network 192.168.23.0 0.0.0.255
[R3-ospf-1-area-0.0.0.0]network 3.3.3.0 0.0.0.255
[R3-ospf-1-area-0.0.0.0]quit
```

【技术要点】

OSPF 进程是配置 OSPF 协议相关参数的首要步骤。OSPF 支持多进程，在同一台设备上可以运行多个不同的 OSPF 进程，它们之间互不影响，彼此独立。不同 OSPF 进程之间的路由交互相当于不同路由协议之间的路由交互。可以在创建 OSPF 进程时指定进程号，若不指定，默认进程号为 1。

4. 实验调试

（1）查看 R1 的邻居表，命令如下：

```
[R1]display ospf peer brief
OSPF Process 1 with Router ID 1.1.1.1
Peer Statistic Information
--------------------------------------------------------------------
  Area Id      Interface           Neighbor id        State
  0.0.0.0      Serial0/0/0         2.2.2.2            Full
--------------------------------------------------------------------
```

以上输出结果表明路由器 R1 有一个邻居，router-id 为 2.2.2.2。参数解释如下：

①Area Id：表示与邻居在某个区域建立的 OSPF 邻居关系，本例中该值为 0.0.0.0，表示在 Area 0 中与邻居建立了 OSPF 邻居关系。

②Interface：路由器自己和邻居路由器相连的接口，本例中为 s0/0/0 接口与邻居相连。

③Neighbor id：表示邻居的 router-id，本例中代表 R1 的邻居的 router-id 为 2.2.2.2。

④State：邻居的状态，其中 Full 表示已经建立了邻接关系，并且双方的数据库已经同步了，在 P2P 网络中属于最终的状态。当然，在广播型网络中，非指定路由（Drother）之间的状态会停留在 2-Way，后续将会介绍。

（2）查看 R1 的 LSDB 表，命令如下：

```
[R1]display ospf lsdb      //查看 OSPF 的链路状态数据库信息
OSPF Process 1 with Router ID 1.1.1.1 //OSPF 路由器的 router-id 和进程号
Link State Database         //代表查看的是 LSDB（链路状态数据库）
Area: 0.0.0.0               //所属区域为 Area 0
  Type   LinkState ID    AdvRouter      Age   Len  Sequence    Metric
  Router 2.2.2.2         2.2.2.2        374   84   80000005    1562
-------------------------------------------------------------------
  Router 1.1.1.1         1.1.1.1        421   60   80000004    1562
  Router 3.3.3.3         3.3.3.3        372   60   80000003    1562
```

以上输出是 R2 在 Area 0 中的链路状态数据库信息，如果在 R2 中查看，会发现它们的 ISDB 是同步的。而 ISDB 就是由各设备交互的 LSA 组成的，标题行的具体解释如下：

①Type：LSA 的类型。OSPF 的 LSA 有多种类型，如当此数值为 Router 时，代表本 LSA 是路由 LSA，也称为 1 类 LSA，具体类型及作用将在后续章节中介绍。

②LinkState ID：标识每个 LSA。

③AdvRouter：表示通告路由器，代表产生该 LSA 的设备。

④Age：表示本 LSA 的老化时间，范围为 0～3600s，当时间到达 3600s 时本 LSA 将会被移除。

⑤Len：表示 LSA 的大小。

⑥Sequence：代表 LSA 的序列号。OSPF 每隔 1800s（即 30min）会泛洪一次 LSA，此时 LSA 的序列号会加 1，序列号越大，LSA 越新。

⑦Metric：开销值。

以上面的 LSDB 表标记的 LSA 为例，代表此 LSA 为一条路由 LSA，Link State IP 为 2.2.2.2，老化时间为 374s，大小为 84，序列号为 80000005，开销值为 1562，由 router-id 为 2.2.2.2 的路由器产生。

（3）查看 R1 的路由表，命令如下：

```
[R1]display ip routing-table
Route Flags: R - relay, D - download to fib
-------------------------------------------------------------------
Routing Tables: Public
     Destinations : 10      Routes : 10

Destination/Mask   Proto   Pre Cost   Flags NextHop    Interface
```

1.1.1.0/24	Direct	0	0	D	1.1.1.1	LoopBack0
1.1.1.1/32	Direct	0	0	D	127.0.0.1	LoopBack0
2.2.2.2/32	OSPF	10	1562	D	192.168.12.2	Serial0/0/0
3.3.3.3/32	OSPF	10	3124	D	192.168.12.2	Serial0/0/0
127.0.0.0/8	Direct	0	0	D	127.0.0.1	InLoopBack0
127.0.0.1/32	Direct	0	0	D	127.0.0.1	InLoopBack0
192.168.12.0/24	Direct	0	0	D	192.168.12.1	Serial0/0/0
192.168.12.1/32	Direct	0	0	D	127.0.0.1	Serial0/0/0
192.168.12.2/32	Direct	0	0	D	192.168.12.2	Serial0/0/0
192.168.23.0/24	OSPF	10	3124	D	192.168.12.2	Serial0/0/0

可以看出，R1 已经通过 OSPF 学习到了 2.2.2.2/32、3.3.3.3/32、192.168.23.0/24 的路由条目。

🖧【技术要点】

（1）环回接口 OSPF 路由条目的掩码长度都是 32 位，这是环回接口的特性，尽管通告了 24 位。解决的办法是在环回接口下修改网络类型为 broadcast（广播），操作如下：

```
[R3]interface LoopBack 0
[R3-LoopBack0]ospf network-type broadcast          //修改网络类型为 broadcast
```

（2）路由条目 3.3.3.3 的度量值为 3124，计算过程如下：

计算公式为：接口开销＝带宽参考值/接口带宽，取计算结果的整数部分作为接口开销值（当结果小于 1 时取 1）。通过改变带宽参考值可以间接改变接口开销值。默认情况下，OSPF 的带宽参考值为 100Mbit/s，根据公式，Ethernet（100Mbit/s）接口开销的默认值是 1。根据公式可计算各种接口开销的默认值。例如，56Kbit/s 串口的接口开销的默认值是 1785；64Kbit/s 串口的接口开销的默认值是 1562；E1（2.048Mbit/s）的接口开销的默认值是 48；Ethernet（100Mbit/s）的接口开销的默认值是 1。

R1 到达目标网段 3.3.3.3/32 流量所经过的路径为 R1—R2—R3，由于 3.3.3.3/32 是环回口，开销值默认为 0，因此 R1 去往 3.3.3.3/32 只需要计算两段链路的开销值总和即可。设备之间的互联接口串口是带宽为 64Kbit/s 的接口，因此总开销值应该为两段串口的开销值总和，即 1562+1562=3124。

（4）查看 R1 接口状态，命令如下：

```
[R1]display ospf interface s0/0/0
OSPF Process 1 with Router ID 1.1.1.1
Interfaces
Interface: 192.168.12.1 (Serial0/0/0) --> 192.168.12.2
Cost: 1562    State: P-2-P Type: P2P    MTU: 1500
Timers: Hello 10 , Dead 40 , Poll 120 , Retransmit 5 , Transmit Delay 1
```

以上输出的关键字解释如下：

①Cost：接口度量值为 1562。

②State：链路类型为 P-2-P。

③Type：网络类型为 P2P。

④MTU：最大传输单元为 1500B。

⑤Hello 10：Hello 报文的间隔时间为 10s。

⑥Dead 40：Hello 报文的死亡时间为 40s。

【技术要点】

OSPF 邻接关系不能建立的常见原因如下：

（1）Hello 报文间隔时间和 Dead 报文间隔时间不同。同一链路上的 Hello 报文间隔时间和 Dead 报文间隔时间相同才能建立邻接关系。默认 Dead 报文间隔时间是 Hello 报文间隔时间的 4 倍，可以在接口下通过命令 ospf timer hello 和 ospf timer dead 进行调整。

（2）区域号码不一致。

（3）特殊区域（如 stub 和 nssa 等）的区域类型不匹配。

（4）认证类型或密码不一致。

（5）路由器 ID 相同。

（6）Hello 包被 ACL deny（拒绝通行）。

（7）链路上的 MTU 不匹配。

（8）接口下的 OSPF 网络类型不匹配。

8.3　实验二：MA 网络上的 OSPF

扫一扫，看视频

1. 实验目的

（1）学会在路由器上启动 OSPF 进程。

（2）学会启用参与路由协议的接口，并且通告网络及所在的区域。

（3）学会修改参考带宽。

（4）学会 DR 选举的控制。

2. 实验拓扑

MA 网络上的 OSPF 实验拓扑如图 8-2 所示。

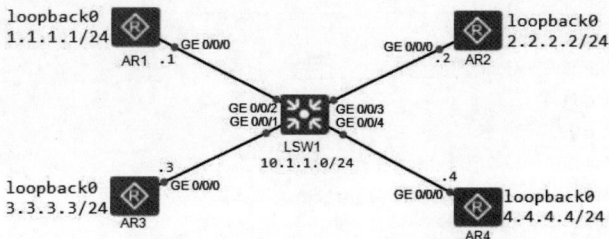

图 8-2　MA 网络上的 OSPF 实验拓扑

3. 实验步骤

（1）配置 IP 地址。

①配置路由器 R1，命令如下：

```
<Huawei>system-view
[Huawei]undo info-center enable
[Huawei]sysname R1
[R1]interface g0/0/0
[R1-GigabitEthernet0/0/0]ip address 10.1.1.1 24
[R1-GigabitEthernet0/0/0]undo shutdown
R1-GigabitEthernet0/0/0]quit
[R1]interface LoopBack 0
[R1-LoopBack0]ip address 1.1.1.1 24
[R1-LoopBack0]quit
```

②配置路由器 R2，命令如下：

```
<Huawei>system-view
[Huawei]sysname R2
[R2]interface g0/0/0
[R2-GigabitEthernet0/0/0]ip address 10.1.1.2 24
[R2-GigabitEthernet0/0/0]undo shutdown
[R2-GigabitEthernet0/0/0]quit
[R2]interface LoopBack 0
[R2-LoopBack0]ip address 2.2.2.2 24
[R2-LoopBack0]quit
```

③配置路由器 R3，命令如下：

```
<Huawei>system-view
[Huawei]undo info-center enable
[Huawei]sysname R3
[R3]interface g0/0/0
[R3-GigabitEthernet0/0/0]ip address 10.1.1.3 24
[R3-GigabitEthernet0/0/0]undo shutdown
[R3-GigabitEthernet0/0/0]quit
[R3]interface LoopBack 0
[R3-LoopBack0]ip address 3.3.3.3 24
[R3-LoopBack0]quit
```

④配置路由器 R4，命令如下：

```
<Huawei>system-view
[Huawei]undo info-center enable
[Huawei]sysname R4
[R4]interface g0/0/0
[R4-GigabitEthernet0/0/0]ip address 10.1.1.4 24
[R4-GigabitEthernet0/0/0]undo shutdown
[R4-GigabitEthernet0/0/0]quit
[R4]interface LoopBack 0
[R4-LoopBack0]ip address 4.4.4.4 24
```

```
[R4-LoopBack0]quit
```

（2）OSPF 的配置。

①配置路由器 R1，命令如下：

```
[R1]ospf router-id 1.1.1.1
[R1-ospf-1]area 0
[R1-ospf-1-area-0.0.0.0]network 10.1.1.0 0.0.0.255
[R1-ospf-1-area-0.0.0.0]network 1.1.1.0 0.0.0.255
[R1-ospf-1-area-0.0.0.0]quit
```

②配置路由器 R2，命令如下：

```
[R2]ospf router-id 2.2.2.2
[R2-ospf-1]area 0
[R2-ospf-1-area-0.0.0.0]network 10.1.1.0 0.0.0.255
[R2-ospf-1-area-0.0.0.0]network 2.2.2.0 0.0.0.255
[R2-ospf-1-area-0.0.0.0]quit
```

③配置路由器 R3，命令如下：

```
[R3]ospf router-id 3.3.3.3
[R3-ospf-1]area 0
[R3-ospf-1-area-0.0.0.0]network 10.1.1.0 0.0.0.255
[R3-ospf-1-area-0.0.0.0]network 3.3.3.0 0.0.0.255
[R3-ospf-1-area-0.0.0.0]quit
```

④配置路由器 R4，命令如下：

```
[R4]ospf router-id 4.4.4.4
[R4-ospf-1]area 0
[R4-ospf-1-area-0.0.0.0]network 10.1.1.0 0.0.0.255
[R4-ospf-1-area-0.0.0.0]network 4.4.4.0 0.0.0.255
[R4-ospf-1-area-0.0.0.0]quit
```

4. 实验调试

（1）查看 R1 接口的 OSPF 状态，命令如下：

```
[R1]display ospf interface g0/0/0        //查看 G0/0/0 接口的 OSPF 状态
OSPF Process 1 with Router ID 1.1.1.1 //本设备的 OSPF 进程号为 1，Router ID 为 1.1.1.1
Interfaces
Interface: 10.1.1.1 (GigabitEthernet0/0/0) //接口为 G0/0/0，IP 地址为 10.1.1.1
Cost: 1 State: DR Type: Broadcast MTU: 1500
//该接口的开销值为 1，状态为本 MA 网络中的 DR，链路类型为广播型网络，接口的 MTU 值为 1500
    Priority: 1                          //接口的 DR 优先级为 1
    Designated Router: 10.1.1.1          //该 MA 网络中的 DR 为 10.1.1.1
    Backup Designated Router: 10.1.1.2   //该 MA 网络中的 BDR 为 10.1.1.2
    Timers: Hello 10 , Dead 40 , Poll 120 , Retransmit 5 , Transmit Delay 1
    //Hello 报文的时间间隔为 10s，设备失效时间为 40s（40s 内没收到邻居发送的 Hello 报文
则认为邻居失效），Poll 代表轮询时间间隔，Retransmit 代表 LSA 的重传间隔，Transmit
Delay 代表接口的传输延迟时间
```

📠【技术要点】

　　DR 的选举只在广播型网络或者非广播型多路访问网络中出现，选举原则为比较该网络中接口的优先级，数值越大越优先，数值为 0 不参与选举，如果优先级一样，则比较 Router ID，Router ID 越大越优先。次之的设备选举为 BDR，没被选举上的设备为 Drother。DR 是无法被抢占的，也就意味着在网络运行正常时，即使修改设备的优先级也不会影响该网络中 DR 的角色变化。所有的 Drother 与 DR 和 BDR 建立邻接关系（Full 状态），Drother 之间的状态为邻居状态（2-Way）。

⌘【思考】

　　按照所学的理论知识，4 台路由器的优先级都为 1，那么比较 Rouer ID，根据这个原则，R4 会成为 DR，R3 会成为 BDR。为什么 R1 成了 DR，R2 成了 BDR？

　　解析：因为最先配置 R1，然后配置 R2。如果邻居路由器没有相关 DR 和 BDR 字段，就等待 40s，然后开始选举 DR/BDR（此时比较优先级与 Router ID 参数）。

（2）查看 R3 与 R4 的邻居关系，命令如下：

```
[R3]display ospf peer brief
    OSPF Process 1 with Router ID 3.3.3.3
        Peer Statistic Information
--------------------------------------------------------------------
Area Id      Interface                   Neighbor id      State
0.0.0.0      GigabitEthernet0/0/0        1.1.1.1          Full
0.0.0.0      GigabitEthernet0/0/0        2.2.2.2          Full
0.0.0.0      GigabitEthernet0/0/0        4.4.4.4          2-Way
--------------------------------------------------------------------
```

可以看出 R3 与 R4 的邻居关系为 2-Way。

8.4　实验三：OSPF 下发默认路由

扫一扫，看视频

1. 实验目的

（1）学会在路由器上启动 OSPF 进程。

（2）学会启用参与路由协议的接口，并且通告网络及所在的区域。

（3）掌握 OSPF 下发默认路由的配置。

2. 实验拓扑

OSPF 下发默认路由的实验拓扑如图 8-3 所示。

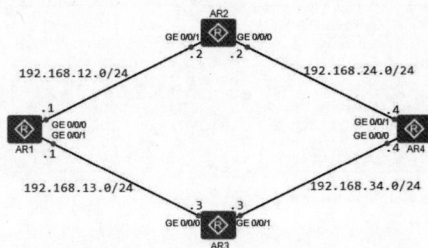

图 8-3 OSPF 下发默认路由的实验拓扑

3. 实验步骤

（1）IP 地址的配置。

①配置路由器 R1，命令如下：

```
<Huawei>system-view
[Huawei]undo info-center enable
[Huawei]sysname R1
[R1]interface g0/0/0
[R1-GigabitEthernet0/0/0]ip address 192.168.12.1 24
[R1-GigabitEthernet0/0/0]undo shutdown
Info: Interface GigabitEthernet0/0/0 is not shutdown.
[R1-GigabitEthernet0/0/0]quit
[R1]interface g0/0/1
[R1-GigabitEthernet0/0/1]ip address 192.168.13.1 24
[R1-GigabitEthernet0/0/1]undo shutdown
[R1-GigabitEthernet0/0/1]quit
```

②配置路由器 R2，命令如下：

```
<Huawei>system-view
[Huawei]undo info-center enable
[Huawei]sysname R2
[R2]interface g0/0/1
[R2-GigabitEthernet0/0/1]ip address 192.168.12.2 24
[R2-GigabitEthernet0/0/1]undo shutdown
[R2-GigabitEthernet0/0/1]quit
[R2]interface g0/0/0
[R2-GigabitEthernet0/0/0]ip address 192.168.24.2 24
[R2-GigabitEthernet0/0/0]undo shutdown
[R2-GigabitEthernet0/0/0]quit
```

③配置路由器 R3，命令如下：

```
<Huawei>system-view
[Huawei]undo info-center enable
[Huawei]sysname R3
[R3]interface g0/0/0
[R3-GigabitEthernet0/0/0]ip address 192.168.13.3 24
[R3-GigabitEthernet0/0/0]undo shutdown
```

```
[R3-GigabitEthernet0/0/0]quit
[R3]interface g0/0/1
[R3-GigabitEthernet0/0/1]ip address 192.168.34.3 24
[R3-GigabitEthernet0/0/1]undo shutdown
[R3-GigabitEthernet0/0/1]quit
```

④配置路由器 R4，命令如下：

```
<Huawei>system-view
[Huawei]undo info-center enable
[Huawei]sysname R4
[R4]interface g0/0/0
[R4-GigabitEthernet0/0/0]ip address 192.168.34.4 24
[R4-GigabitEthernet0/0/0]undo shutdown
[R4-GigabitEthernet0/0/0]quit
[R4]interface g0/0/1
[R4-GigabitEthernet0/0/1]ip address 192.168.24.4 24
[R4-GigabitEthernet0/0/1]undo shutdown
[R4-GigabitEthernet0/0/1]quit
```

（2）OSPF 的配置。

①配置路由器 R1，命令如下：

```
[R1]ospf router-id 1.1.1.1
[R1-ospf-1]area 0
[R1-ospf-1-area-0.0.0.0]network 192.168.12.0 0.0.0.255
[R1-ospf-1-area-0.0.0.0]network 192.168.13.0 0.0.0.255
[R1-ospf-1-area-0.0.0.0]quit
```

②配置路由器 R2，命令如下：

```
[R2]ospf router-id 2.2.2.2
[R2-ospf-1]area 0
[R2-ospf-1-area-0.0.0.0]network 192.168.12.0 0.0.0.255
[R2-ospf-1-area-0.0.0.0]network 192.168.24.0 0.0.0.255
[R2-ospf-1-area-0.0.0.0]quit
```

③配置路由器 R3，命令如下：

```
[R3]ospf router-id 3.3.3.3
[R3-ospf-1]area 0
[R3-ospf-1-area-0.0.0.0]network 192.168.13.0 0.0.0.255
[R3-ospf-1-area-0.0.0.0]network 192.168.34.0 0.0.0.255
[R3-ospf-1-area-0.0.0.0]quit
```

④配置路由器 R4，命令如下：

```
[R4]ospf router-id 4.4.4.4
[R4-ospf-1]area 0
[R4-ospf-1-area-0.0.0.0]network 192.168.24.0 0.0.0.255
[R4-ospf-1-area-0.0.0.0]network 192.168.34.0 0.0.0.255
[R4-ospf-1-area-0.0.0.0]quit
```

（3）配置默认路由（假如 R4 为企业网的出口，出口编号为 NULL 0），命令如下：

```
[R4]ip route-static 0.0.0.0 0.0.0.0 NULL 0        //配置默认路由，出口为 NULL 0
                                                  （可以理解为垃圾桶）
```

①查看 R4 的路由表，命令如下：

```
[R4]display ip routing-table
Route Flags: R - relay, D - download to fib
------------------------------------------------------------------------
Routing Tables: Public
         Destinations : 9    Routes : 9

Destination/Mask Proto    Pre  Cost  Flags NextHop        Interface

        0.0.0.0/0  Static   60   0     D    0.0.0.0        NULL0
      127.0.0.0/8  Direct   0    0     D    127.0.0.1      InLoopBack0
     127.0.0.1/32  Direct   0    0     D    127.0.0.1      InLoopBack0
   192.168.12.0/24 OSPF     10   2     D    192.168.24.2   GigabitEthernet0/0/1
   192.168.13.0/24 OSPF     10   2     D    192.168.34.3   GigabitEthernet0/0/0
   192.168.24.0/24 Direct   0    0     D    192.168.24.4   GigabitEthernet0/0/1
   192.168.24.4/32 Direct   0    0     D    127.0.0.1      GigabitEthernet0/0/1
   192.168.34.0/24 Direct   0    0     D    192.168.34.4   GigabitEthernet0/0/0
   192.168.34.4/32 Direct   0    0     D    127.0.0.1      GigabitEthernet0/0/0
```

通过以上输出结果，可以看出 R4 上有一条默认路由。

②查看 R1 的路由表，命令如下：

```
[R1]display ip routing-table
Route Flags: R - relay, D - download to fib

Routing Tables: Public
         Destinations : 8    Routes : 8

Destination/Mask Proto    Pre Cost  Flags NextHop        Interface

      127.0.0.0/8  Direct   0   0     D    127.0.0.1      InLoopBack0
     127.0.0.1/32  Direct   0   0     D    127.0.0.1      InLoopBack0
   192.168.12.0/24 Direct   0   0     D    192.168.12.1   GigabitEthernet0/0/0
   192.168.12.1/32 Direct   0   0     D    127.0.0.1      GigabitEthernet0/0/0
   192.168.13.0/24 Direct   0   0     D    192.168.13.1   GigabitEthernet0/0/1
   192.168.13.1/32 Direct   0   0     D    127.0.0.1      GigabitEthernet0/0/1
   192.168.24.0/24 OSPF     10  2     D    192.168.12.2   GigabitEthernet0/0
   192.168.34.0/24 OSPF     10  2     D    192.168.13.3   GigabitEthernet0/0/1
```

可以看出只有 R4 上有静态路由，在 R1、R2、R3 上是没有静态路由的，如果一条一条地进行配置，就比较麻烦，可以使用 OSPF 下发默认路由，命令如下：

```
[R4]ospf
[R4-ospf-1]default-route-advertise       //下发默认路由
[R4-ospf-1]quit
```

【技术要点】

　　OPSF 网络注入默认路由的命令为 default-route-advertise，表示其他的 OSPF 设备可以收到该设备下发的默认路由，从而减少配置量，在此命令后可以加上 always 参数，表示无论进行默认路由下发的设备是否有默认路由，都会下发。不加此参数时，则表示如果配置的默认路由下发的设备路由表中没有默认路由，则不下发；如果有默认路由，则下发。一般情况下，如果企业网络只有单出口，则加 always 参数；如果有多出口冗余，则不加该参数，以免出现路由黑洞。

4. 实验调试

查看 R1 的路由表，命令如下：

```
[R1]display ip routing-table
Route Flags: R - relay, D - download to fib
------------------------------------------------------------------------------
Routing Tables: Public
        Destinations : 9    Routes : 10

Destination/Mask Proto    Pre Cost Flags NextHop        Interface

        0.0.0.0/0  O_ASE    150  1     D    192.168.12.2  GigabitEthernet0/0/0
                   O_ASE    150  1     D    192.168.13.3  GigabitEthernet0/0/1
       127.0.0.0/8 Direct   0    0     D    127.0.0.1     InLoopBack0
      127.0.0.1/32 Direct   0    0     D    127.0.0.1     InLoopBack0
    192.168.12.0/24 Direct  0    0     D    192.168.12.1  GigabitEthernet0/0/0
    192.168.12.1/32 Direct  0    0     D    127.0.0.1     GigabitEthernet0/0/0
    192.168.13.0/24 Direct  0    0     D    192.168.13.1  GigabitEthernet0/0/1
    192.168.13.1/32 Direct  0    0     D    127.0.0.1     GigabitEthernet0/0/1
    192.168.24.0/24 OSPF    10   2     D    192.168.12.2  GigabitEthernet0/0/0
    192.168.34.0/24 OSPF    10   2     D    192.168.13.3  GigabitEthernet0/0/1
```

通过以上输出结果，可以看出路由器 R4 下发了默认路由并让 R1 学习到了。

8.5 OSPF 命令汇总

本章使用的 OSPF 命令见表 8-1。

表 8-1 OSPF 命令

命 令	作 用
display ospf brief	查看 OSPF 的概要信息
display ospf interface	显示 OSPF 的接口信息
display ospf lsdb	显示 OSPF 的 LSDB 信息
display ospf peer	显示 OSPF 中各区域邻居的信息
display ospf routing	显示 OSPF 路由表的信息
ospf	启动 OSPF 路由进程
rouer-id	配置路由器 ID
Area	设置区域
Network	通告网络
default-route-advertise	下发默认路由

‖ 第 9 章 ‖

VLAN 间的通信

　　划分 VLAN 后，由于广播报文只在同一个 VLAN 内转发，所以不同 VLAN 的用户间不能二层互访，这样能起到隔离广播的作用。但实际应用中，不同 VLAN 的用户又常有互访的需求，此时就需要实现不同 VLAN 的用户互访，简称 VLAN 间的通信。

9.1   VLAN 通信概述

实际网络部署中一般会将不同 IP 地址段划分到不同的 VLAN，同 VLAN 且同网段的 PC 之间可直接进行通信，无须借助三层转发设备，该通信方式被称为二层通信，VLAN 之间需要通过三层通信实现互访，三层通信需借助三层设备。

1. Dot1q 终结子接口（单臂路由）

（1）Dot1q 终结子接口是一种三层的逻辑接口，可以实现 VLAN 间的三层通信。

（2）Dot1q 终结子接口适用于通过一个三层以太网接口下接多个 VLAN 网络的环境。由于不同 VLAN 的数据流会争用同一个以太网主接口的带宽，网络繁忙时，会导致通信故障。

2. VLANIF 接口

（1）VLANIF 接口是一种三层的逻辑接口，可以实现 VLAN 间的三层通信。

（2）VLANIF 配置简单，是实现 VLAN 间互相访问最常用的一种技术。一个 VLAN 对应一个 VLANIF，在为 VLANIF 接口配置 IP 地址后，该接口即可作为本 VLAN 内用户的网关，对需要跨网段的报文进行基于 IP 地址的三层转发。但每个 VLAN 需要配置一个 VLANIF，并在接口上指定一个 IP 子网网段，比较浪费 IP 地址。

9.2   实验一：Dot1q 终结子接口

1. 实验目的

（1）掌握通过配置 Dot1q 终结子接口的方法实现 VLAN 间互相访问的方法。

（2）深入理解 VLAN 间互相访问的转发流程。

2. 实验拓扑

Dot1q 终结子接口的实验拓扑如图 9-1 所示。

3. 实验步骤

（1）配置 PC 机的网络。在【IPv4 配置】栏中选中【静态】单选按钮，输入对应的【IP 地址】【子网掩码】和【网关】，然后单击【应用】按钮。PC2 的配置步骤与此相同，不同的是修改配置参数。PC1 和 PC2 的配置分别如图 9-2 和图 9-3 所示。

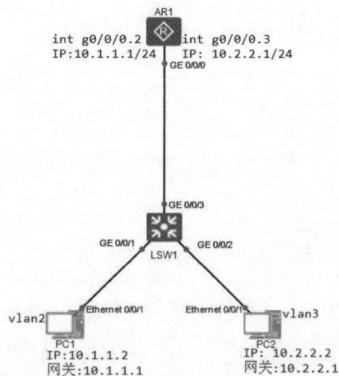

图 9-1   Dot1q 终结子接口的实验拓扑

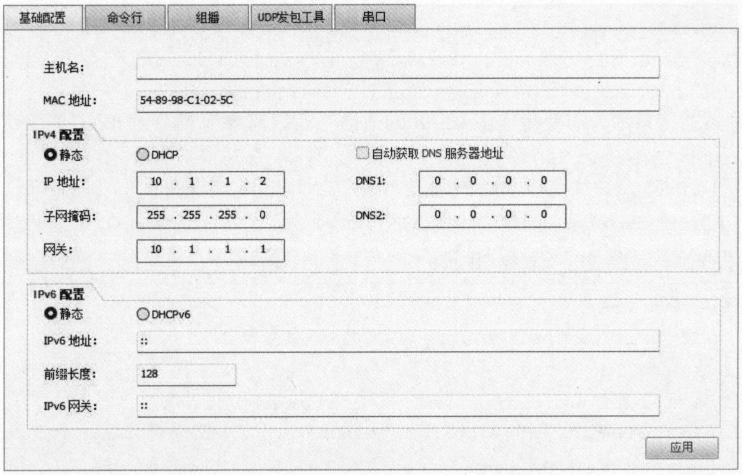

图 9-2　在 PC1 上手动添加 IP 地址

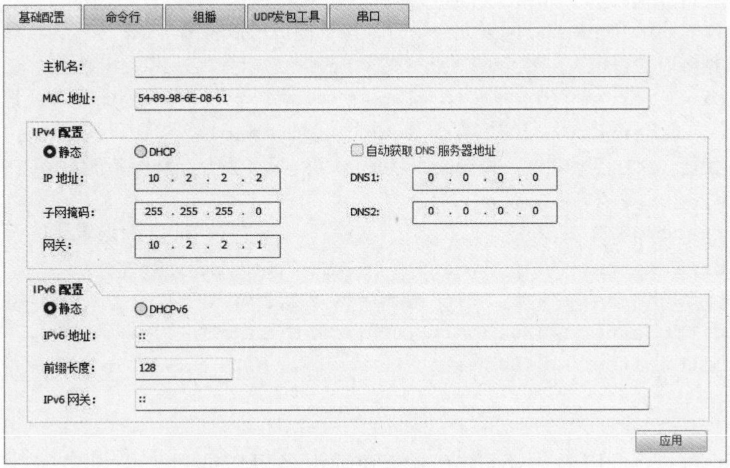

图 9-3　在 PC2 上手动添加 IP 地址

（2）在 LSW1 上创建 VLAN 2 和 VLAN 3，把 G0/0/1 接口划入 VLAN 2，把 G0/0/2 接口划入 VLAN 3，把 G0/0/3 接口设置成 Trunk，命令如下：

```
<Huawei>system-view
[Huawei]undo info-center enable
[Huawei]sysname LSW1
[LSW1]vlan batch 2 3                                    //创建 VLAN 2 和 VLAN 3
[LSW1]interface g0/0/1
[LSW1-GigabitEthernet0/0/1]port link-type access
[LSW1-GigabitEthernet0/0/1]port default vlan 2          //把 G0/0/1 接口划入 VLAN 2
[LSW1-GigabitEthernet0/0/1]quit
[LSW1]interface g0/0/2
[LSW1-GigabitEthernet0/0/2]port link-type access
[LSW1-GigabitEthernet0/0/2]port default vlan 3          //把 G0/0/2 接口划入 VLAN 3
```

```
[LSW1-GigabitEthernet0/0/2]quit
[LSW1]interface g0/0/3
[LSW1-GigabitEthernet0/0/3]port link-type trunk
//连接路由器的接口因为需要传递多 VLAN 的数据，所以需要配置 Trunk
[LSW1-GigabitEthernet0/0/3]port trunk allow-pass vlan 2 3
//Trunk 接口允许 VLAN 2 和 VLAN 3 通过
[LSW1-GigabitEthernet0/0/3]quit
```

（3）在 R1 上设置单臂路由，命令如下：

```
<Huawei>system-view
[Huawei]undo info-center enable
[Huawei]sysname R1
[R1]interface g0/0/0
[R1-GigabitEthernet0/0/0]undo shutdown        //主接口打开后，不做其他任何配置
[R1-GigabitEthernet0/0/0]quit
[R1]interface g0/0/0.2                          //设置子接口 G0/0/0.2
[R1-GigabitEthernet0/0/0.2]dot1q termination vid 2
//配置 Dot1q 终结 VLAN 2，配置此命令后，该子接口可以剥离 Tag 标签为 VLAN 2 的数据帧，
并且发送数据帧时会打上 VLAN 2 的 Tag 标签
[R1-GigabitEthernet0/0/0.2]ip address 10.1.1.1 24  //配置 IP 地址
[R1-GigabitEthernet0/0/0.2]arp broadcast enable     //开启 ARP 广播功能，如果终结
子接口上未使能 ARP 广播功能，系统会直接把该 IP 报文丢弃，从而不能对该 IP 报文进行转发
[R1-GigabitEthernet0/0/0.2]quit
[R1]interface g0/0/0.3                          //设置子接口 G0/0/0.3
[R1-GigabitEthernet0/0/0.3]dot1q termination vid 3
[R1-GigabitEthernet0/0/0.3]ip address 10.2.2.1 24
[R1-GigabitEthernet0/0/0.3]arp broadcast enable
[R1-GigabitEthernet0/0/0.3]quit
```

4. 实验调试

使用 PC1 访问 PC2，可以看出不同 VLAN 间的设备可以通过路由设备实现互相通信，结果如图 9-4 所示。

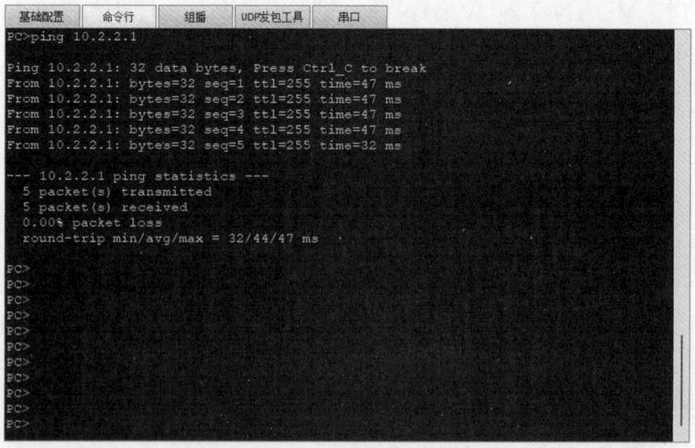

图 9-4   PC1 访问 PC2 的结果

9.3　实验二：VLANIF 接口

1. 实验目的

（1）掌握通过配置 VLANIF 接口方法实现 VLAN 间的互相访问。

（2）深入理解 VLAN 间互相访问的转发流程。

2. 实验拓扑

VLANIF 接口的实验拓扑如图 9-5 所示。

图 9-5　VLANIF 接口的实验拓扑

3. 实验步骤

（1）配置 PC 机的 IP 地址。配置步骤与实验一相同，在此不再赘述。

①PC1 的配置如图 9-6 所示。

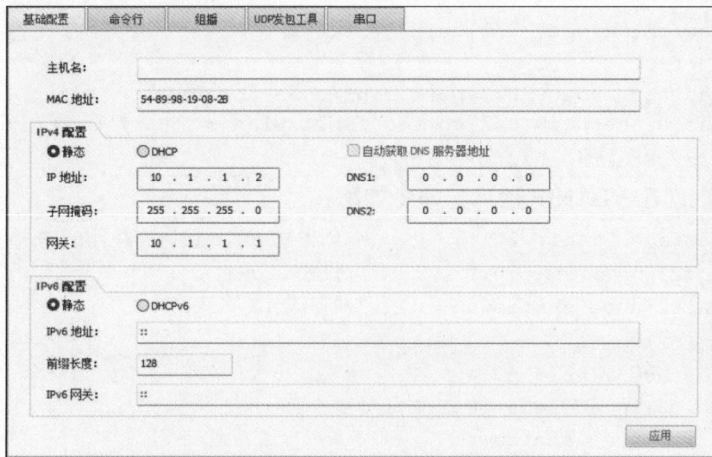

图 9-6　在 PC1 上手动添加 IP 地址

②PC2 的配置如图 9-7 所示。

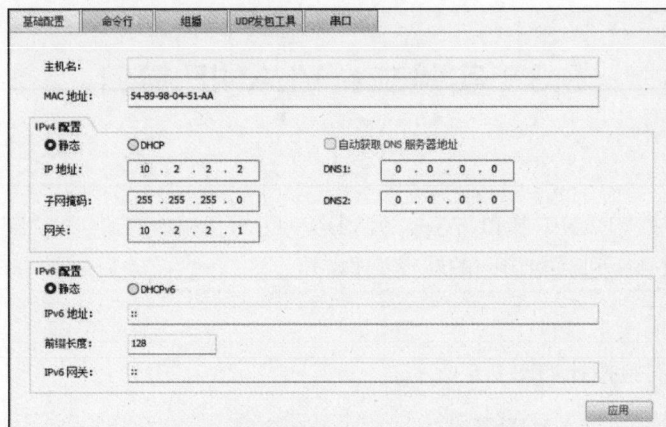

图 9-7　在 PC2 上手动添加 IP 地址

（2）在 LSW1 上创建 VLAN，把接口划入 VLAN，命令如下：

```
<Huawei>system-view
[Huawei]undo info-center enable
[Huawei]sysname LSW1
[LSW1]vlan batch 2 3                              //创建 VLAN 2 和 VLAN 3
[LSW1]interface g0/0/1
[LSW1-GigabitEthernet0/0/1]port link-type access
[LSW1-GigabitEthernet0/0/1]port default vlan 2   //G0/0/1 属于 VLAN 2
[LSW1-GigabitEthernet0/0/1]quit
[LSW1]interface g0/0/2
[LSW1-GigabitEthernet0/0/2]port link-type access
[LSW1-GigabitEthernet0/0/2]port default vlan 3   //G0/0/2 属于 VLAN 3
[LSW1-GigabitEthernet0/0/2]quit
```

（3）在 LSW1 上创建 VLANIF 接口，命令如下：

```
[LSW1]interface Vlanif 2             //创建 VLANIF 接口，并且在 VLANIF 接口配置 IP 地址
[LSW1-Vlanif2]ip address 10.1.1.1 24 //设置 IP 地址
[LSW1-Vlanif2]undo shutdown          //打开接口
[LSW1-Vlanif2]quit
[LSW1]interface Vlanif 3
[LSW1-Vlanif3]ip address 10.2.2.1 24
[LSW1-Vlanif3]undo shutdown
[LSW1-Vlanif3]quit
```

【技术要点】

　　使用交换机的三层 VLAN 间的路由实现不同 VLAN 间的通信时，在网关设备上配置对应 VLAN 的 VLANIF 接口作为此 VLAN 的网关，并且在 VLANIF 接口配置对应的网关 IP 地址中实现不同网段的数据通信。VLANIF 接口是一种三层的逻辑接口，支持 VLAN Tag 的剥离和添加，因此可以通过 VLANIF 接口实现 VLAN 之间的通信。

4．实验调试

PC1 访问 PC2，可以看出使用 VLANIF 接口也能够实现不同 VLAN 间的通信，结果如图 9-8 所示。

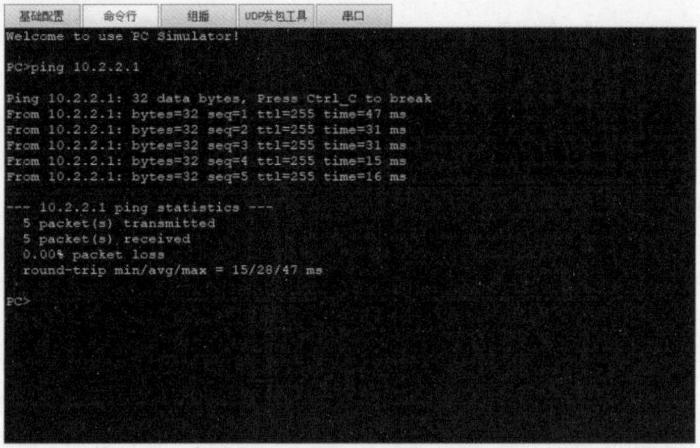

图 9-8　PC1 访问 PC2 的结果

⌘【思考】

数据怎么转发？

当用户主机 PC1 发送报文给用户主机 PC2 时，报文的发送过程如下（假设三层交换机 Switch 上还未建立任何转发表项）：

（1）PC1 判断目的 IP 地址跟自己的 IP 地址是否在同一网段，如果不在，则发出请求网关 MAC 地址的 ARP 请求报文，目的 IP 地址为网关 IP 10.1.1.1，目的 MAC 地址为全 F。

（2）报文到达 Switch 的 G0/0/1 接口，Switch 给报文添加 VID=2 的 Tag（Tag 的 VID=接口的 PVID），然后将报文的源 MAC 地址+VID 与接口的对应关系（1-1-1,2, IF_1）添加进 MAC 表。

（3）Switch 确定报文为 ARP 请求报文，且目的 IP 地址是自己 VLANIF 2 接口的 IP 地址，给 PC1 以应答，并将 VLANIF 2 接口的 MAC 地址 3-3-3 封装在应答报文中，应答报文从 G0/0/1 接口发出。同时，Switch 会将 PC1 的 IP 地址与 MAC 地址的对应关系记录到 ARP 表中。

（4）PC1 收到 Switch 的应答报文，将 Switch 的 VLANIF 2 接口的 IP 地址与 MAC 地址的对应关系记录到自己的 ARP 表中，并向 Switch 发送目的 MAC 地址为 3-3-3、目的 IP 地址为 PC2 的 IP 地址，即 10.2.2.2 的报文。

（5）报文到达 Switch 的 G0/0/1 接口，同样给报文添加 VID=2 的 Tag。

（6）Switch 根据报文的源 MAC 地址+VID 与接口的对应关系更新 MAC 表，并比较报文的目的 MAC 地址与 VLANIF 2 的 MAC 地址，发现两者相等，进行三层转发，根据目的 IP 地址查找三层转发表，没有找到匹配项，向上传送给 CPU，并使其查找路由表。

（7）CPU 根据报文的目的 IP 地址去找路由表，发现匹配了一个直连网段（VLANIF 3 对应的网段），于是继续查找 ARP 表，没有找到，Switch 会在目的网段对应的 VLAN 3 的所有接口发送 ARP 请求报文，目的 IP 地址是 10.2.2.2，从 G0/0/2 接口发出。

（8）PC2 收到 ARP 请求报文，发现请求 IP 地址是自己的 IP 地址，就发送 ARP 应答报文，将自己的 MAC 地址包含在其中。同时，将 VLANIF 3 的 MAC 地址与 IP 地址的对应关系记录到自己的 ARP 表中。

（9）Switch 的 G0/0/2 接口收到 PC2 的 ARP 应答报文后，给报文添加 VID=3 的 Tag，并将 PC2 的 MAC 地址和 IP 地址的对应关系记录到自己的 ARP 表中。然后，将 PC1 的报文转发给 PC2，发送前，同样剥离报文中的 Tag。同时，将 PC2 的 IP、MAC、VID 及出接口的对应关系记录到三层转发表中。

至此，PC1 完成对 PC2 的单向访问。PC2 访问 PC1 的过程与此类似。这样，后续 PC1 与 PC2 之间的往返报文都先发送给网关 Switch，由 Switch 检查三层转发表进行三层转发。

9.4 VLAN 间的通信命令汇总

本章使用的 VLAN 间的通信命令见表 9-1。

表 9-1 VLAN 间的通信命令

命　　令	作　　用
dot1q termination vid 10	配置 Dot1q 终结子接口的单层 VLAN ID
arp broadcast enable	使能终结子接口的 ARP 广播功能
interface Vlanif 10	创建 VLANIF 10

‖ 第 10 章 ‖
以太网链路聚合

　　Eth-Trunk（以太网链路聚合）技术可以在不进行硬件升级的情况下，通过将多个物理端口捆绑为一个逻辑端口，达到增大链路带宽的目的；在实现增大带宽目的的同时，链路聚合采用备份链路的机制，可以有效地提高设备之间链路的可靠性。另外，在生成树中，聚合链路被看作一条链路，所有链路都可以转发业务流量，从而提高交换机之间链路的利用率。

10.1 Eth-Trunk 概述

Eth-Trunk 通过将多条以太网物理链路捆绑在一起作为一条逻辑链路，从而实现增加链路带宽的目的。捆绑在一起的链路通过相互间的动态备份，可以有效地提高链路的可靠性。

1. Eth-Trunk 的优势

Eth-Trunk 的优势如下：

（1）增加带宽。

（2）提高可靠性。

（3）负载分担。

2. Eth-Trunk 术语

（1）链路聚合组 LAG：将若干条以太网链路捆绑在一起所形成的逻辑链路。

（2）链路聚合组的成员接口包括活动接口和非活动接口。

①活动接口：转发数据的接口。

②非活动接口：不转发数据的接口。

（3）活动接口数上限阈值：当前活动接口数目达到上限阈值时，再向 Eth-Trunk 中添加成员接口，不会增加 Eth-Trunk 活动接口的数目，超过上限阈值的链路状态将被置为 Down，作为备份链路。

（4）活动接口下限阈值：设置活动接口数目下限阈值是为了保证最小带宽，当前活动链路数目小于下限阈值时，Eth-Trunk 接口的状态转为 Down。

3. Eth-Trunk 的模式

Eth-Trunk 的模式分为两种：手工模式和 LACP 模式。

4. LACP 模式 Eth-Trunk 的优势

LACP 模式 Eth-Trunk 的优势如下：

（1）主动端：值越小越优。

①比较系统优先级（默认为 32768）。

②优先级相同，比较 MAC 地址。

（2）活动接口：值越小越优。

①比较接口优先级（默认为 32768）。

②接口优先级相同，比较接口编号。

（3）负载分担。负载分担的方式如下：

①根据源 MAC 地址进行负载分担。

②根据目的 MAC 地址进行负载分担。

③根据源 MAC 地址和目的 MAC 地址进行负载分担。

④根据源 IP 地址进行负载分担。

⑤根据目的 IP 地址进行负载分担。

⑥根据源 IP 地址和目的 IP 地址进行负载分担。

⑦根据 VLAN 和源物理端口等（对 L2、IPv4、IPv6 和 MPLS 报文）进行增强型负载分担。

10.2　实验一：手工模式

1．实验目的

掌握使用手工模式配置 Eth-Trunk 的方法。

2．实验拓扑

使用手工模式配置 Eth-Trunk 的实验拓扑如图 10-1 所示。

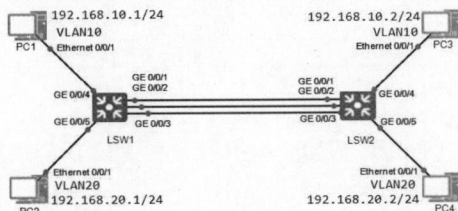

图 10-1　使用手工模式配置 Eth-Trunk 的实验拓扑

3．实验步骤

（1）配置 PC 机的 IP 地址。在【IPv4 配置】栏中选中【静态】单选按钮，输入对应的【IP 地址】【子网掩码】和【网关】，然后单击【应用】按钮。PC2、PC3、PC4 的配置步骤与此相同，在此不再赘述。

①PC1 的配置如图 10-2 所示。

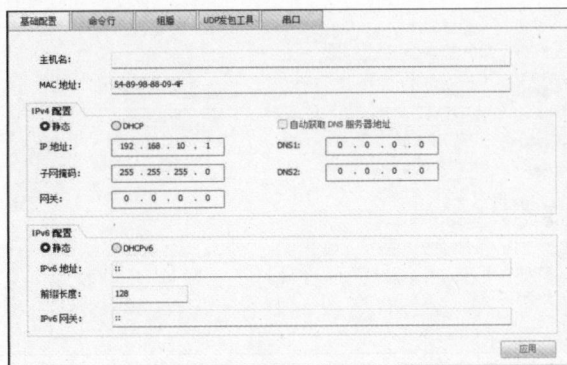

图 10-2　在 PC1 上手动添加 IP 地址

②PC2 的配置如图 10-3 所示。

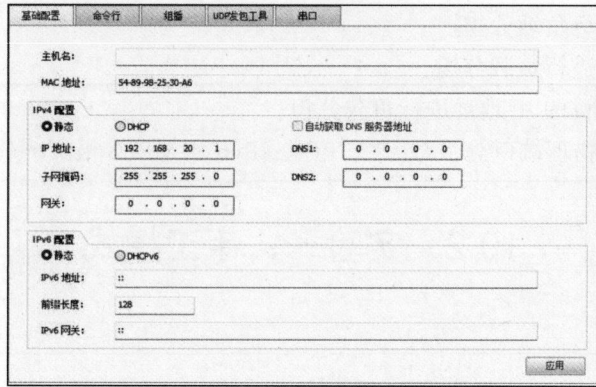

图 10-3　在 PC2 上手动添加 IP 地址

③PC3 的配置如图 10-4 所示。

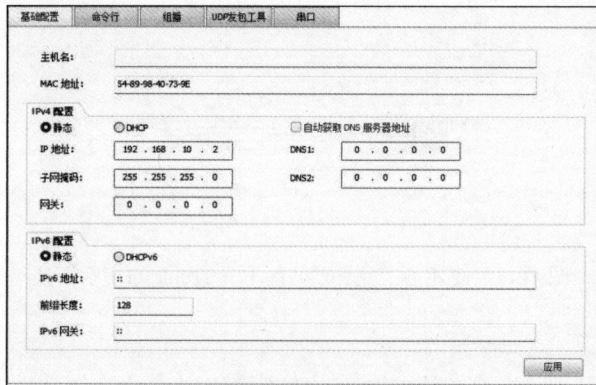

图 10-4　在 PC3 上手动添加 IP 地址

④PC4 的配置如图 10-5 所示。

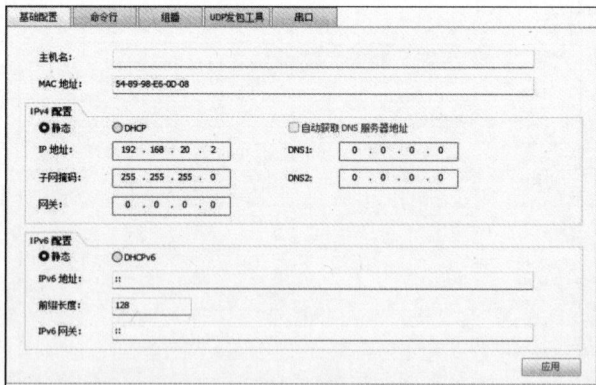

图 10-5　在 PC4 上手动添加 IP 地址

（2）在 LSW1 和 LSW2 上创建 Eth-Trunk 接口并加入成员接口，命令如下：

```
<Huawei>system-view
[Huawei]undo info-center enable
[Huawei]sysname LSW1
[LSW1]interface Eth-Trunk 1              //创建 Eth-Trunk 1
[LSW1-Eth-Trunk1]trunkport GigabitEthernet 0/0/1 to 0/0/3
                                //将 G0/0/1 到 G0/0/3 加入 Eth-Trunk 1
[LSW1-Eth-Trunk1]quit
<Huawei>system-view
[Huawei]undo info-center enable
[Huawei]sysname LSW2
[LSW2]interface Eth-Trunk 1              //创建 Eth-Trunk 1
[LSW2-Eth-Trunk1]trunkport GigabitEthernet 0/0/1 to 0/0/3
                                //将 G0/0/1 到 G0/0/3 加入 Eth-Trunk 1
[LSW2-Eth-Trunk1]quit
```

（3）在 LSW1 和 LSW2 上创建 VLAN 并将接口加入 VLAN。

①配置 LSW1，命令如下：

```
[LSW1]vlan batch 10 20
[LSW1]interface g0/0/4
[LSW1-GigabitEthernet0/0/4]port link-type access
[LSW1-GigabitEthernet0/0/4]port default vlan 10
[LSW1-GigabitEthernet0/0/4]quit
[LSW1]interface g0/0/5
[LSW1-GigabitEthernet0/0/5]port link-type access
[LSW1-GigabitEthernet0/0/5]port default vlan 20
[LSW1-GigabitEthernet0/0/5]quit
```

②配置 LSW2，命令如下：

```
[LSW2]vlan batch 10 20
[LSW2]interface g0/0/4
[LSW2-GigabitEthernet0/0/4]port link-type access
[LSW2-GigabitEthernet0/0/4]port default vlan 10
[LSW2-GigabitEthernet0/0/4]quit
[LSW2]interface g0/0/5
[LSW2-GigabitEthernet0/0/5]port link-type access
[LSW2-GigabitEthernet0/0/5]port default vlan 20
[LSW2-GigabitEthernet0/0/5]quit
```

（4）在 LSW1 和 LSW2 上配置 Eth-Trunk 1 接口，允许 VLAN 10 和 VLAN 20 通过。

①配置 LSW1，命令如下：

```
[LSW1]interface Eth-Trunk 1
[LSW1-Eth-Trunk1]port link-type trunk
[LSW1-Eth-Trunk1]port trunk allow-pass vlan 10 20
[LSW1-Eth-Trunk1]quit
```

②配置 LSW2，命令如下：

```
[LSW2]interface Eth-Trunk 1
```

```
[LSW2-Eth-Trunk1]port link-type trunk
[LSW2-Eth-Trunk1]port trunk allow-pass vlan 10 20
[LSW2-Eth-Trunk1]quit
```

📟【技术要点】

　　Eth-Trunk 接口为设备的逻辑接口，交换机 LSW1 和 LSW2 的实际接口 G0/0/1 到 G0/0/3 都属于 Eth-Trunk 的成员接口，对于交换机 LSW1 和 LSW2 而言，相当于使用 Eth-Trunk 1 连接在一起，因此交换机 LSW1 和 LSW2 的链路类型配置以及其他相关配置，只需要在 Eth-Trunk 中进行，无须到实际接口中进行。

（5）配置 Eth-Trunk 1 的负载分担方式。

①配置 LSW1，命令如下：

```
[LSW1]interface Eth-Trunk 1
[LSW1-Eth-Trunk1]load-balance src-dst-mac
//配置负载分担方式为基于源 MAC 地址和目的 MAC 地址进行 Hash 计算选择路径
[LSW1-Eth-Trunk1]quit
```

②配置 LSW2，命令如下：

```
[LSW2]interface Eth-Trunk 1
[LSW2-Eth-Trunk1]load-balance src-dst-mac
[LSW2-Eth-Trunk1]quit
```

📟【技术要点】

　　（1）数据流是指一组具有某个或某些相同属性的数据包。这些属性有源 MAC 地址、目的 MAC 地址、源 IP 地址、目的 IP 地址、TCP/UDP 的源端口号、TCP/UDP 的目的端口号等。

　　（2）对于负载分担，可以分为逐包的负载分担和逐流的负载分担。

　　①逐包的负载分担。在使用 Eth-Trunk 转发数据时，由于 Eth-Trunk 两端设备之间有多条物理链路，就会产生同一数据流的第一个数据帧在一条物理链路上传输，而第二个数据帧在另外一条物理链路上传输的情况。这样一来，同一数据流的第二个数据帧就有可能比第一个数据帧先到达对端设备，从而产生接收数据包乱序的情况。

　　②逐流的负载分担。这种机制把数据帧中的地址通过 Hash 算法生成 Hash-Key 值，然后根据这个数值在 Eth-Trunk 转发表中寻找对应的出接口，不同的 MAC 地址或 IP 地址 Hash 计算得出的 Hash-Key 值不同，从而出接口也就不同，这样既保证了同一数据流的帧在同一条物理链路转发，又实现了流量在 Eth-Trunk 内各物理链路上的负载分担。逐流负载分担能保证包的顺序，但不能保证带宽利用率。

4. 实验调试

（1）在 LSW1 上检查创建的 Eth-Trunk，命令如下：

```
[LSW1]display Eth-Trunk 1
```

```
Eth-Trunk1's state information is:
WorkingMode: NORMAL          Hash arithmetic: According to SA-XOR-DA
Least Active-linknumber: 1   Max Active-linknumber: 8
Operate status: up           Number Of Up Port In Trunk: 3
----------------------------------------------------------------------
PortName                 Status  Weight
GigabitEthernet0/0/1     Up      1
GigabitEthernet0/0/2     Up      1
GigabitEthernet0/0/3     Up      1
```

以上输出表明编号为 1 的聚合链路已经形成。每个字段代表的含义如下：

①WorkingMode 表示工作模式，NORMAL 为手工负载分担模式。

②Hash arithmetic 表示负载分担的 Hash 算法，SA-XOR-DA 表示基于源 MAC 地址和目的 MAC 地址进行 Hash 计算。

③Least Active-linknumber 表示处于 Up 状态的成员链路的下限阈值。

④Max Active-linknumber 表示处于 Up 状态的成员链路的上限阈值。

⑤Operate status 表示聚合链路的状态，Up 为正常启动状态，Down 为物理上出现故障。

⑥Status 表示本地成员接口的状态。

⑦Weight 表示接口的权重值。

（2）在 LSW1 上查看 Eth-Trunk 的带宽，命令如下：

```
[LSW1]display interface Eth-Trunk 1
Eth-Trunk1 current state : UP
Line protocol current state : UP
Description:
Switch Port, PVID : 1, Hash arithmetic : According to SA-XOR-DA,
Maximal BW: 3G, Current BW: 3G, The Maximum Frame Length is 9216
IP Sending Frames' Format is PKTFMT_ETHNT_2, Hardware address is 4c1f-cce5-1fa5
Current system time: 2022-04-03 14:29:28-08:00
Input bandwidth utilization :     0%
Output bandwidth utilization :    0%
----------------------------------------------------------------------
PortName                 Status  Weight
GigabitEthernet0/0/1     UP      1
GigabitEthernet0/0/2     UP      1
GigabitEthernet0/0/3     UP      1
----------------------------------------------------------------------
The Number of Ports in Trunk : 3
The Number of UP Ports in Trunk : 3
```

以上输出结果表明 Eth-Trunk 1 的当前接口状态为 UP，协议状态也为 UP，最大能够支持的带宽为 3Gbit/s。

10.3 实验二：LACP 模式

1. 实验目的

（1）掌握使用静态 LACP 模式配置 Eth-Trunk 的方法。

（2）掌握在静态 LACP 模式下控制活动链路的方法。

（3）掌握静态 LACP 模式的部分特性的配置。

2. 实验拓扑

使用静态 LACP 模式配置 Eth-Trunk 的实验拓扑如图 10-6 所示。

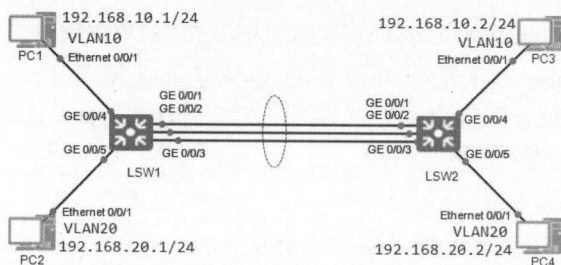

图 10-6 使用静态 LACP 模式配置 Eth-Trunk 的实验拓扑

3. 实验步骤

（1）配置 PC 机的 IP 地址。PC1、PC2、PC3、PC4 的配置步骤同实验一，在此不再赘述。

①PC1 的配置如图 10-7 所示。

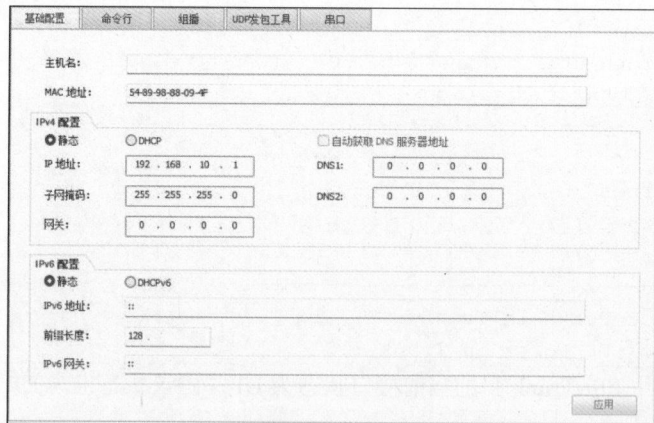

图 10-7 在 PC1 上手动添加 IP 地址

②PC2 的配置如图 10-8 所示。

③PC3 的配置如图 10-9 所示。

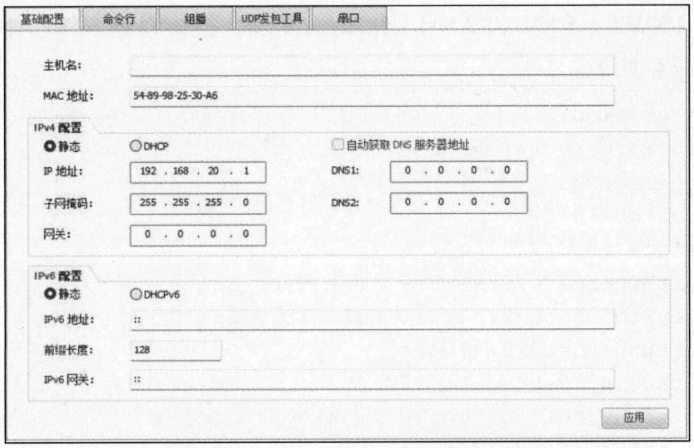

图 10-8　在 PC2 上手动添加 IP 地址

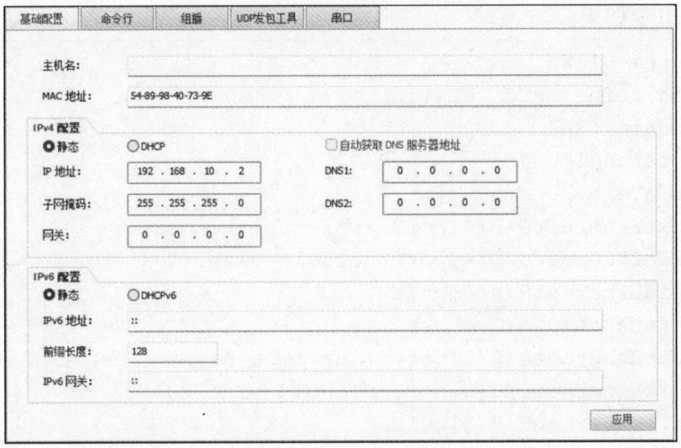

图 10-9　在 PC3 上手动添加 IP 地址

④PC4 的配置如图 10-10 所示。

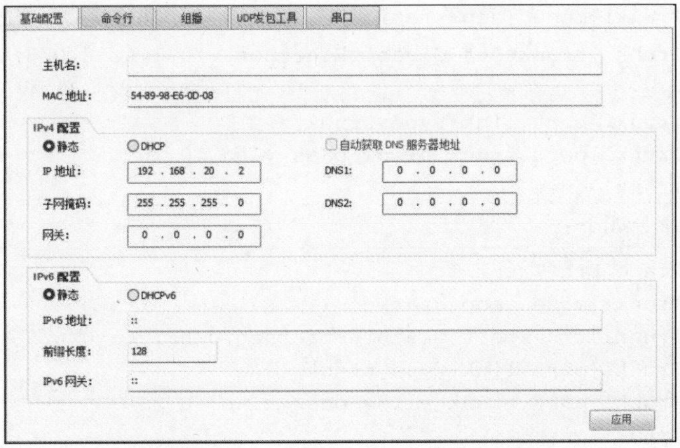

图 10-10　在 PC4 上手动添加 IP 地址

（2）在 LSW1 和 LSW2 上创建 VLAN 10 和 VLAN 20，把接口划入 VLAN。

①配置 LSW1，命令如下：

```
<Huawei>system-view
[Huawei]undo info-center enable
[Huawei]sysname LSW1
[LSW1]vlan batch 10 20
[LSW1]interface g0/0/4
[LSW1-GigabitEthernet0/0/4]port link-type access
[LSW1-GigabitEthernet0/0/4]port default vlan 10
[LSW1-GigabitEthernet0/0/4]quit
[LSW1]interface g0/0/5
[LSW1-GigabitEthernet0/0/5]port link-type access
[LSW1-GigabitEthernet0/0/5]port default vlan 20
[LSW1-GigabitEthernet0/0/5]quit
```

②配置 LSW2，命令如下：

```
<Huawei>system-view
[Huawei]undo info-center enable
[Huawei]sysname LSW2
[LSW2]vlan batch 10 20
[LSW2]interface g0/0/4
[LSW2-GigabitEthernet0/0/4]port link-type access
[LSW2-GigabitEthernet0/0/4]port default vlan 10
[LSW2-GigabitEthernet0/0/4]quit
[LSW2]interface g0/0/5
[LSW2-GigabitEthernet0/0/5]port link-type access
[LSW2-GigabitEthernet0/0/5]port default vlan 20
[LSW2-GigabitEthernet0/0/5]quit
```

（3）在 LSW1 和 LSW2 上设置 Eth-Trunk。

①配置 LSW1，命令如下：

```
[LSW1]interface Eth-Trunk 1
[LSW1-Eth-Trunk1]mode lacp-static              //配置工作模式为静态 LACP 模式
[LSW1-Eth-Trunk1]trunkport GigabitEthernet 0/0/1 to 0/0/3
                                               //将 G0/0/1 到 G0/0/3 加入成员接口
[LSW1-Eth-Trunk1]port link-type trunk
[LSW1-Eth-Trunk1]port trunk allow-pass vlan 10 20
[LSW1-Eth-Trunk1]quit
```

②配置 LSW2，命令如下：

```
[LSW2]interface Eth-Trunk 1
[LSW2-Eth-Trunk1]mode lacp-static
[LSW2-Eth-Trunk1]trunkport GigabitEthernet 0/0/1 to 0/0/3
[LSW2-Eth-Trunk1]port link-type trunk
[LSW2-Eth-Trunk1]port trunk allow-pass vlan 10 20
[LSW2-Eth-Trunk1]quit
```

4．实验调试

（1）查看 Eth-Trunk 的相关信息，命令如下：

```
[LSW1]display eth-trunk
Eth-Trunk1's state information is:
Local:
LAG ID: 1                   WorkingMode: STATIC
Preempt Delay: Disabled    Hash arithmetic: According to SIP-XOR-DIP
System Priority: 32768     System ID: 4c1f-cce5-1fa5
Least Active-linknumber:1 Max Active-linknumber: 8
Operate status: up         Number Of Up Port In Trunk: 3
--------------------------------------------------------------------------
ActorPortName        Status    PortType PortPri PortNo PortKey PortState Weight
GigabitEthernet0/0/1 Selected  1GE      32768   2      305     10111100  1
GigabitEthernet0/0/2 Selected  1GE      32768   3      305     10111100  1
GigabitEthernet0/0/3 Selected  1GE      32768   4      305     10111100  1
Partner:
--------------------------------------------------------------------------
ActorPortName        SysPri  SystemID        PortPri PortNo PortKey PortState
GigabitEthernet0/0/1 32768   4c1f-cc26-065f  32768   2      305     10111100
GigabitEthernet0/0/2 32768   4c1f-cc26-065f  32768   3      305     10111100
GigabitEthernet0/0/3 32768   4c1f-cc26-065f  32768   4      305     10111100
```

以上输出结果表明基于静态 LACP 模式的 Eth-Trunk 已经形成，具体参数及其含义如下：

①LAG ID 表示该 Eth-Trunk 的编号为 1。

②WorkingMode：STATIC 表示该 Eth-Trunk 的工作模式为静态 LACP 模式。

③System Priority：32768 表示 LSW1 的系统 LACP 的优先级为 32768。

④Max Active-linknumber：8 表示最大的活动链路数量为 8 个。

⑤Status 表示活动接口的状态，Selected 表示该成员接口被选中，成为活动接口；Unselect 表示该成员接口未被选中。

⑥PortType 表示本地成员接口的类型。

⑦PortPri 表示成员接口的 LACP 优先级。

⑧PortNo 表示成员接口在 LACP 中的编号。

⑨PortKey 表示成员接口在 LACP 中的 Key 值。

⑩PortState 表示成员接口的状态变量。

（2）手动定义活动接口阈值，命令如下：

```
[LSW1]interface Eth-Trunk 1
[LSW1-Eth-Trunk1]max active-linknumber 2
[LSW1-Eth-Trunk1]quit
```

（3）查看配置结果，命令如下：

```
[LSW1]display eth-trunk
Eth-Trunk1's state information is:
Local:
```

```
LAG ID: 1                       WorkingMode: STATIC
Preempt Delay: Disabled         Hash arithmetic: According to SIP-XOR-DIP
System Priority: 32768          System ID: 4c1f-cce5-1fa5
Least Active-linknumber:1 Max Active-linknumber: 2
Operate status: up              Number Of Up Port In Trunk: 2
--------------------------------------------------------------------
ActorPortName           Status PortType PortPri PortNo PortKey PortState  Weight
GigabitEthernet0/0/1 Selected 1GE        32768    2      305    10111100   1
GigabitEthernet0/0/2 Selected 1GE        32768    3      305    10111100   1
GigabitEthernet0/0/3 Unselect 1GE        32768    4      305    10100000   1

Partner:
--------------------------------------------------------------------
ActorPortName          SysPri SystemID        PortPri PortNo PortKey PortState
GigabitEthernet0/0/1 32768  4c1f-cc26-065f 32768    2      305    10111100
GigabitEthernet0/0/2 32768  4c1f-cc26-065f 32768    3      305    10111100
GigabitEthernet0/0/3 32768  4c1f-cc26-065f 32768    4      305    10110000
```

通过以上输出结果可以看出，将最大活动链路的数目修改为 2，现在有 3 条链路，所以有一条链路为非活动链路，根据端口号，默认选择 G0/0/3 为非活动接口。

（4）在 LSW1 上把系统 LACP 的优先级修改为 99，让其成为主动端，命令如下：

```
[LSW1]lacp priority 99
```

（5）在 LSW1 上查看结果，命令如下：

```
[LSW1]display eth-trunk
Eth-Trunk1's state information is:
Local:
LAG ID: 1                       WorkingMode: STATIC
Preempt Delay: Disabled         Hash arithmetic: According to SIP-XOR-DIP
System Priority: 99             System ID: 4c1f-cce5-1fa5
Least Active-linknumber: 1      Max Active-linknumber: 2
Operate status: up              Number Of Up Port In Trunk: 2
--------------------------------------------------------------------
ActorPortName           Status PortType PortPri PortNo PortKey PortState  Weight
GigabitEthernet0/0/1 Selected 1GE        32768    2      305    10111100   1
GigabitEthernet0/0/2 Selected 1GE        32768    3      305    10111100   1
GigabitEthernet0/0/3 Unselect 1GE        32768    4      305    10100000   1

Partner:
--------------------------------------------------------------------
ActorPortName          SysPri SystemID        PortPri PortNo PortKey PortState
GigabitEthernet0/0/1 32768  4c1f-cc26-065f 32768    2      305    10111100
GigabitEthernet0/0/2 32768  4c1f-cc26-065f 32768    3      305    10111100
GigabitEthernet0/0/3 32768  4c1f-cc26-065f 32768    4      305    10110000
```

通过以上输出结果可以看出，LSW1 的优先级变成了 99，成了主动端。

（6）在 LSW1 上把接口 G0/0/2 和 G0/0/3 的优先级修改为 88，让这两个接口成为活动接口，命令如下：

```
[LSW1]interface g0/0/2
[LSW1-GigabitEthernet0/0/2]lacp priority 88
[LSW1-GigabitEthernet0/0/2]quit
[LSW1]interface g0/0/3
[LSW1-GigabitEthernet0/0/3]lacp priority 88
[LSW1-GigabitEthernet0/0/3]quit
```

（7）查看结果，命令如下：

```
[LSW1]display eth-trunk
Eth-Trunk1's state information is:
Local:
LAG ID: 1                  WorkingMode: STATIC
Preempt Delay: Disabled    Hash arithmetic: According to SIP-XOR-DIP
System Priority: 99        System ID: 4c1f-cce5-1fa5
Least Active-linknumber:1 Max Active-linknumber: 2
Operate status: up         Number Of Up Port In Trunk: 2
--------------------------------------------------------------------------
ActorPortName          Status    PortType PortPri PortNo PortKey PortState  Weight
GigabitEthernet0/0/1 Selected 1GE      32768   2      305     10111100   1
GigabitEthernet0/0/2 Selected 1GE      88      3      305     10111100   1
GigabitEthernet0/0/3 Unselect 1GE      88      4      305     10100000   1

Partner:
--------------------------------------------------------------------------
ActorPortName          SysPri SystemID       PortPri PortNo PortKey PortState
GigabitEthernet0/0/1 32768  4c1f-cc26-065f 32768   2      305     10111100
GigabitEthernet0/0/2 32768  4c1f-cc26-065f 32768   3      305     10111100
GigabitEthernet0/0/3 32768  4c1f-cc26-065f 32768   4      305     10110000
```

通过以上输出结果可以看出，接口的优先级虽然变成了 88，但是 G0/0/3 还是没有成为活动接口，因为并没有开启抢占功能。

（8）开启抢占功能，命令如下：

```
[LSW1]interface Eth-Trunk 1
[LSW1-Eth-Trunk1]lacp preempt enable
[LSW1-Eth-Trunk1]quit
```

（9）查看结果，命令如下：

```
[LSW1]display eth-trunk
Eth-Trunk1's state information is:
Local:
LAG ID: 1                  WorkingMode: STATIC
Preempt Delay Time: 30     Hash arithmetic: According to SIP-XOR-DIP
System Priority: 99        System ID: 4c1f-cce5-1fa5
Least Active-linknumber:1 Max Active-linknumber: 2
Operate status: up         Number Of Up Port In Trunk: 2
--------------------------------------------------------------------------
ActorPortName          Status    PortType PortPri PortNo PortKey PortState Weight
```

```
GigabitEthernet0/0/1 Unselect 1GE        32768   2      305     10100000  1
GigabitEthernet0/0/2 Selected 1GE        88      3      305     10111100  1
GigabitEthernet0/0/3 Selected 1GE        88      4      305     10111100  1

Partner:
--------------------------------------------------------------------------------
ActorPortName       SysPri SystemID       PortPri PortNo PortKey PortState
GigabitEthernet0/0/1 32768  4c1f-cc26-065f 32768   2      305     10110000
GigabitEthernet0/0/2 32768  4c1f-cc26-065f 32768   3      305     10111100
GigabitEthernet0/0/3 32768  4c1f-cc26-065f 32768   4      305     10111100
```

通过以上输出结果可以看出，G0/0/3 已经成了活动接口。

【技术要点】

　　LACP 为交换数据的设备提供一种标准的协商方式，以供设备根据自身配置自动形成聚合链路并启动聚合链路收发数据。聚合链路形成以后，LACP 负责维护链路状态，在聚合条件发生变化时，自动调整或解散聚合链路。

　　在 LACP 模式中需要选择主动端和被动端，由主动端来决定活动接口数量以及活动接口。系统优先级数值低的为主动端设备；优先级数值一样则比较 MAC 地址的大小，数值越小越优先。活动接口则比较接口优先级，优先级数值低的优选为活动接口；优先级数值一样则比较接口编号的大小，数值越小越优先。

10.4　实验三：三层链路聚合

扫一扫，看视频

1. 实验目的

掌握三层链路聚合的配置方法。

2. 实验拓扑

三层链路聚合的实验拓扑如图 10-11 所示。

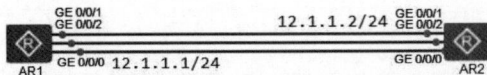

图 10-11　三层链路聚合的实验拓扑

3. 实验步骤

（1）创建 Eth-Trunk。

①配置 AR1，命令如下：

```
<Huawei>system-view
Enter system view, return user view with Ctrl+Z.
[Huawei]undo info-center enable
```

```
Info: Information center is disabled.
[Huawei]sysname R1
[AR1]interface Eth-Trunk 1                    //创建 Eth-Trunk 1
[AR1-Eth-Trunk1]undo portswitch              //开启三层链路聚合
[AR1-Eth-Trunk1]ip address 12.1.1.1 24       //配置 IP 地址[AR1-Eth-Trunk1]quit
```

②配置 AR2，命令如下：

```
<Huawei>system-view
Enter system view, return user view with Ctrl+Z.
[Huawei]undo info-center enable
Info: Information center is disabled.
[Huawei]sysname AR2
[AR2]interface Eth-Trunk 1
[AR2-Eth-Trunk1]undo portswitch
[AR2-Eth-Trunk1]ip address 12.1.1.2 24
[AR2-Eth-Trunk1]quit
```

（2）配置模式为静态 LACP。

①配置 AR1，命令如下：

```
[AR1]interface Eth-Trunk 1
[AR1-Eth-Trunk1]mode lacp-static
[AR1-Eth-Trunk1]quit
```

②配置 AR2，命令如下：

```
[AR2]interface Eth-Trunk 1
[AR2-Eth-Trunk1]mode lacp-static
[AR2-Eth-Trunk1]quit
```

（3）将端口加入 Eth-Trunk。

①配置 AR1，命令如下：

```
[AR1]interface Eth-Trunk 1
[AR1-Eth-Trunk1]trunkport GigabitEthernet 0/0/0 to 0/0/2
[AR1-Eth-Trunk1]quit
```

②配置 AR2，命令如下：

```
[AR2]interface Eth-Trunk 1
[AR2-Eth-Trunk1]trunkport GigabitEthernet 0/0/0 to 0/0/2
[AR2-Eth-Trunk1]quit
```

4. 实验调试

（1）查看 Eth-Trunk 1 的状态，命令如下：

```
[AR1]display Eth-Trunk 1
Eth-Trunk1's state information is:
Local:
LAG ID: 1                  WorkingMode: STATIC
Preempt Delay: Disabled    Hash arithmetic: According to SIP-XOR-DIP
System Priority: 32768     System ID: 00e0-fcd9-60c7
Least Active-linknumber: 1 Max Active-linknumber: 8
```

```
Operate status: up          Number Of Up Port In Trunk: 3
--------------------------------------------------------------------------
ActorPortName     Status    PortType PortPri PortNo PortKey PortState Weight
GigabitEthernet0/0/0 Selected 1GE      32768   1      305     10111100  1
GigabitEthernet0/0/1 Selected 1GE      32768   2      305     10111100  1
GigabitEthernet0/0/2 Selected 1GE      32768   3      305     10111100  1

Partner:
--------------------------------------------------------------------------
ActorPortName     SysPri SystemID       PortPri PortNo PortKey PortState
GigabitEthernet0/0/0 32768  00e0-fc59-0459 32768   1      305     10111100
GigabitEthernet0/0/1 32768  00e0-fc59-0459 32768   2      305     10111100
GigabitEthernet0/0/2 32768  00e0-fc59-0459 32768   3      305     10111100
```

通过以上输出结果可以看出，Eth-Trunk 1 处于工作状态，G0/0/0、G0/0/1、G0/0/2 都处于活动状态。

（2）测试连通性，命令如下：

```
[AR1]ping 12.1.1.2
  PING 12.1.1.2: 56 data bytes, press CTRL_C to break
    Reply from 12.1.1.2: bytes=56 Sequence=1 ttl=255 time=90 ms
    Reply from 12.1.1.2: bytes=56 Sequence=2 ttl=255 time=20 ms
    Reply from 12.1.1.2: bytes=56 Sequence=3 ttl=255 time=30 ms
    Reply from 12.1.1.2: bytes=56 Sequence=4 ttl=255 time=30 ms
    Reply from 12.1.1.2: bytes=56 Sequence=5 ttl=255 time=30 ms

  --- 12.1.1.2 ping statistics ---
    5 packet(s) transmitted
    5 packet(s) received
    0.00% packet loss
    round-trip min/avg/max = 20/40/90 ms
```

通过以上输出结果可以看出 AR1 和 AR2 是可以通信的。

10.5 Eth-Trunk 命令汇总

本章使用的 Eth-Trunk 命令见表 10-1。

表 10-1 Eth-Trunk 命令

命　　令	作　　用
interface Eth-Trunk 1	创建 Eth-Trunk
trunkport gigabitethernet 0/0/1 to 0/0/2	将接口加入 Eth-Trunk 中
mode lacp	配置 Eth-Trunk 的模式为 LACP
max active-linknumber 2	配置最大活动接口数
lacp priority	修改系统优先级
lacp preempt enable	开启抢占功能
display Eth-Trunk	查看 Eth-Trunk 的状态信息

‖ 第 11 章 ‖
访问控制列表

随着网络技术的飞速发展，网络安全问题日益突出。ACL（Access Control List，访问控制列表）可以通过对网络中报文流的精确识别，与其他技术结合，达到控制网络访问行为、防止网络攻击和提高网络带宽利用率的目的，从而切实保障网络环境的安全性和网络服务质量的可靠性。

11.1 ACL 概述

ACL 使用包过滤技术，在路由器上读取第 3 层及第 4 层包头中的信息，如源地址、目的地址、源端口和目的端口等，根据预先定义好的规则对包进行过滤从而达到访问控制的目的。ACL 分很多种，不同场合应用不同种类的 ACL。

1. 基本 ACL

基本 ACL 最简单，其通过使用 IP 包中的源 IP 地址进行过滤，表号范围为 2000～2999。

2. 高级 ACL

高级 ACL 比基本 ACL 具有更多的匹配项，功能更加强大和细化，可以针对包括协议类型、源地址、目的地址、源端口、目的端口和 TCP 连接建立等进行过滤，表号范围为 3000～3999。

3. 基于时间的 ACL

ACL 的生效时间段可以规定 ACL 规则在何时生效，比如某个特定时间段或者每周的某个固定时间段。

4. 自反 ACL

通过自反 ACL 可以实现网络节点的单向访问。

5. ACL 中的术语

（1）通配符掩码：一个 32 位的数字字符串。它规定了当一个 IP 地址与其他的 IP 地址进行比较时，该 IP 地址中哪些位应该被忽略。通配符掩码中的 1 表示忽略 IP 地址中对应的位，0 表示该位必须匹配。两种特殊的通配符掩码是 255.255.255.255 和 0.0.0.0，前者相当于关键字 any，后者相当于关键字 host。

（2）Inbound 和 Outbound：当在接口上应用 ACL 时，用户要指明 ACL 是应用于流入数据，还是应用于流出数据。

11.2 实验一：基本 ACL

1. 实验目的

（1）掌握基本 ACL 的配置方法。

（2）掌握基本 ACL 在接口下的应用方法。

（3）掌握流量过滤的基本方法。

2. 实验拓扑

基本 ACL 的实验拓扑如图 11-1 所示。

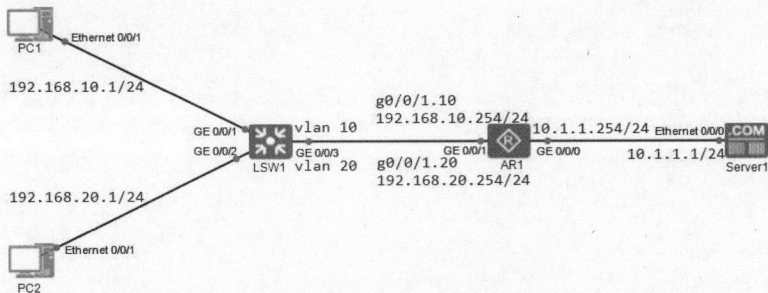

图 11-1　基本 ACL 的实验拓扑

3. 实验步骤

（1）配置 PC 机的 IP 地址。在【IPv4 配置】栏中选中【静态】单选按钮，输入对应的【IP 地址】【子网掩码】和【网关】，然后单击【应用】按钮。PC2 和 Server1 的配置步骤与此相同，在此不再赘述。

①PC1 的配置如图 11-2 所示。

图 11-2　在 PC1 上手动添加 IP 地址

②PC2 的配置如图 11-3 所示。

③Server1 的配置如图 11-4 所示。

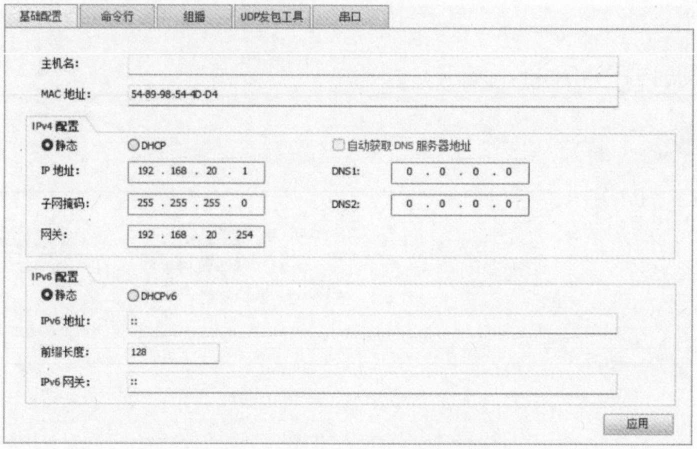

图 11-3　在 PC2 上手动添加 IP 地址

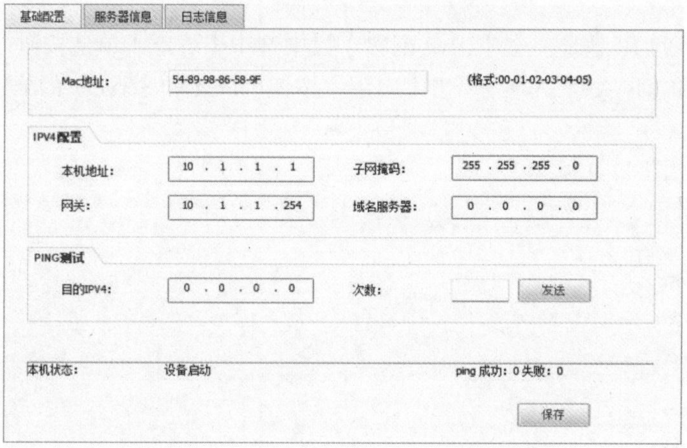

图 11-4　在 Server1 上手动添加 IP 地址

（2）在交换机 LSW1 上创建 VLAN 10 和 VLAN 20，把 G0/0/1 划分到 VLAN 10，把 G0/0/2 划分到 VLAN 20，把 G0/0/3 设置成 Trunk，命令如下：

```
<Huawei>system-view
[Huawei]sysname LSW1
[LSW1]undo info-center enable
[LSW1]vlan batch 10 20
[LSW1]interface g0/0/1
[LSW1-GigabitEthernet0/0/1]port link-type access
[LSW1-GigabitEthernet0/0/1]port default vlan 10
[LSW1-GigabitEthernet0/0/1]quit
[LSW1]interface g0/0/2
[LSW1-GigabitEthernet0/0/2]port link-type access
[LSW1-GigabitEthernet0/0/2]port default vlan 20
[LSW1-GigabitEthernet0/0/2]quit
```

```
[LSW1]interface g0/0/3
[LSW1-GigabitEthernet0/0/3]port link-type trunk
[LSW1-GigabitEthernet0/0/3]port trunk allow-pass vlan 10 20
[LSW1-GigabitEthernet0/0/3]quit
```

（3）在路由器上配置 IP 地址（见图 11-1），并配置单臂路由让 PC1 和 PC2 可以互相访问，命令如下：

```
<Huawei>system-view
[Huawei]undo info-center enable
[Huawei]sysname R1
[R1]interface g0/0/1
[R1-GigabitEthernet0/0/1]undo shutdown
[R1-GigabitEthernet0/0/1]quit

[R1]interface g0/0/1.10
[R1-GigabitEthernet0/0/1.10]dot1q termination vid 10
[R1-GigabitEthernet0/0/1.10]ip address 192.168.10.254 24
[R1-GigabitEthernet0/0/1.10]arp broadcast enable
[R1-GigabitEthernet0/0/1.10]quit

[R1]interface g0/0/1.20
[R1-GigabitEthernet0/0/1.20]dot1q termination vid 20
[R1-GigabitEthernet0/0/1.20]ip address 192.168.20.254 24
[R1-GigabitEthernet0/0/1.20]arp broadcast enable
[R1-GigabitEthernet0/0/1.20]quit

[R1]interface g0/0/0
[R1-GigabitEthernet0/0/0]ip address 10.1.1.254 24
[R1-GigabitEthernet0/0/0]undo shutdown
[R1-GigabitEthernet0/0/0]quit
```

（4）测试 PC1 是否可以访问 Server1，结果如图 11-5 所示。

图 11-5　PC1 访问 Server1 的结果（1）

通过图 11-5 可以看出 PC1 能访问 Server1。

（5）测试 PC2 是否可以访问 Server1，结果如图 11-6 所示。

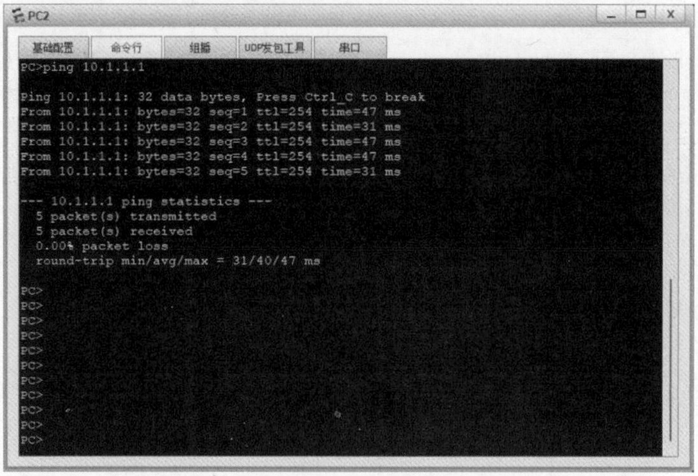

图 11-6　PC2 访问 Server1 的结果（1）

通过图 11-6 可以看出 PC2 也可以访问 Server1。

（6）在 R1 上配置基本 ACL，命令如下：

```
[R1]acl 2000                  //创建 ACL，编号为 2000
[R1-acl-basic-2000]rule 10 deny source 192.168.20.0 0.0.0.255
//拒绝 192.168.20.0 网段
[R1-acl-basic-2000]quit

[R1]interface g0/0/1
[R1-GigabitEthernet0/0/1]traffic-filter inbound acl 2000
//在 G0/0/1 接口的入方向配置流量过滤，当匹配到 ACL 2000 流量时，执行相应的过滤动作
[R1-GigabitEthernet0/0/1]quit
```

【技术要点】

基本 ACL 的配置过程及参数详解。

（1）创建基本 ACL，命令如下：

```
[Huawei] acl [ number ] acl-number [ match-order config ]
```

①acl-number：指定 ACL 的编号。

②match-order config：指定 ACL 规则的匹配顺序，config 表示配置顺序。

（2）配置基本 ACL 的规则，命令如下：

```
[Huawei-acl-basic-2000] rule [ rule-id ] { deny | permit } [ source { source-
address source-wildcard | any } ] | time-range time-name ]
```

①rule-id：指定 ACL 的规则 ID。

②deny：指定拒绝符合条件的报文。

③permit：指定允许符合条件的报文。

④source { source-address source-wildcard | any }：指定 ACL 规则匹配报文的源地址信息。如果不配置，表示报文的任何源地址都匹配。其中：

➥　source-address：指定报文的源地址。

➥　source-wildcard：指定源地址通配符。

➥　any：表示报文的任意源地址。相当于 source-address 为 0.0.0.0 或者 source-wildcard 为 255.255.255.255。

⑤time-range time-name：指定 ACL 规则生效的时间段。其中，time-name 表示 ACL 规则生效时间段的名称。如果不指定时间段，表示任何时间都生效。

（3）traffic-filter 命令用来在接口上配置基于 ACL 对报文进行的过滤。

Inbound 为针对接口入方向进行流量过滤，Outbound 为针对接口出方向进行流量过滤。在接口下执行本命令，设备将会过滤匹配 ACL 规则的报文。

①若报文匹配的规则的动作为 deny，则直接丢掉该报文。

②若报文匹配的规则的动作为 permit，则允许该报文通过。

③若报文没有匹配任何一条规则，则允许该报文通过。

4．实验调试

（1）测试 PC1 是否可以访问 Server1，结果如图 11-7 所示。

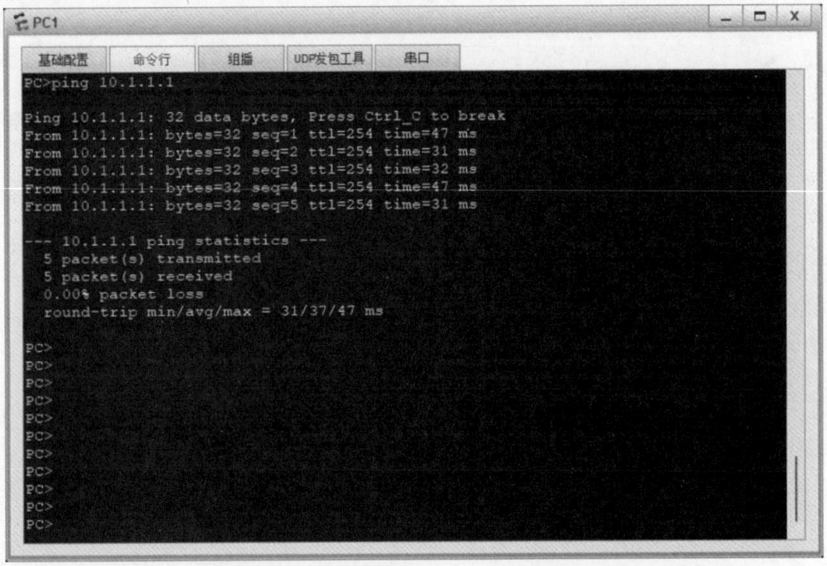

图 11-7　PC1 访问 Server1 的结果（2）

通过图 11-7 可以看出 PC1 不可以访问 Server1。

（2）测试 PC2 是否可以访问 Server1，结果如图 11-8 所示。

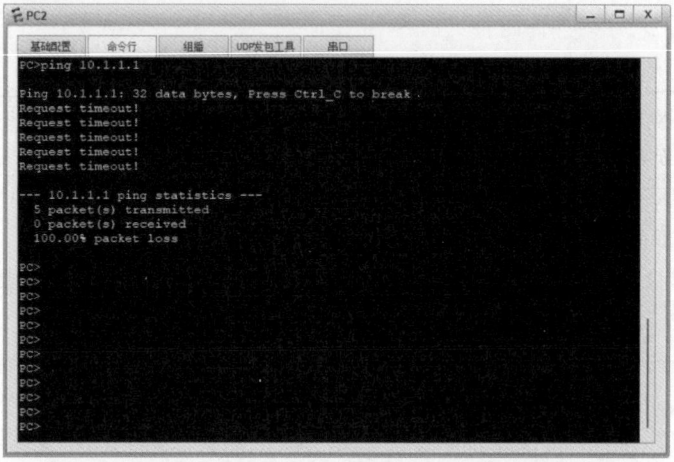

图 11-8 PC2 访问 Server1 的结果（2）

通过图 11-8 可以看出 PC2 可以访问 Server 1，实验结束。

📠【技术要点】

华为 ACL 总结：如果配置在接口上，则默认规则为允许；如果配置在其他地方，则默认规则为拒绝。

⌘【延伸思考】

如果只拒绝 PC2 访问 Server 1，基本的 ACL 应该怎么配置？

扫一扫，看视频

11.3　实验二：高级 ACL

1. 实验目的

（1）掌握高级 ACL 的配置方法。

（2）掌握高级 ACL 在接口下的应用方法。

（3）掌握流量过滤的基本方法。

2. 实验拓扑

高级 ACL 的实验拓扑如图 11-9 所示。

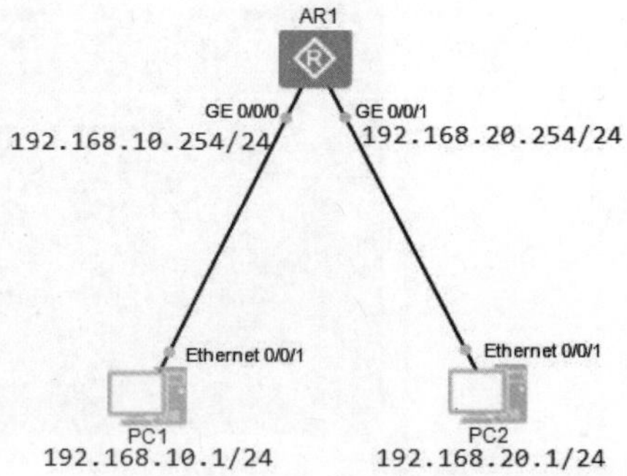

3. 实验步骤

（1）配置 PC 机的 IP 地址。PC1 和 PC2 的配置步骤同实验一，在此不再赘述。

①PC1 的配置如图 11-10 所示。

图 11-9　高级 ACL 的实验拓扑

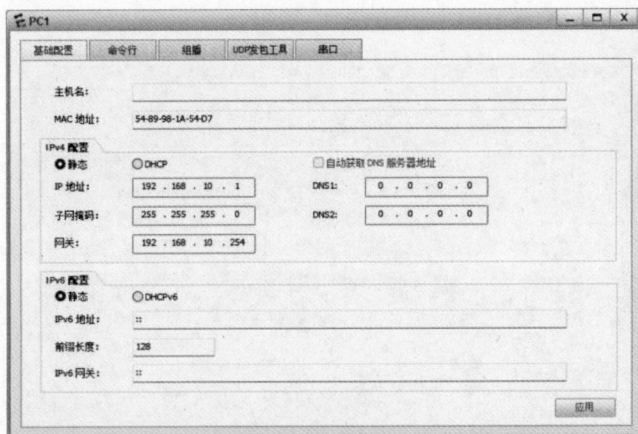

图 11-10　在 PC1 上手动添加 IP 地址

②PC2 的配置如图 11-11 所示。

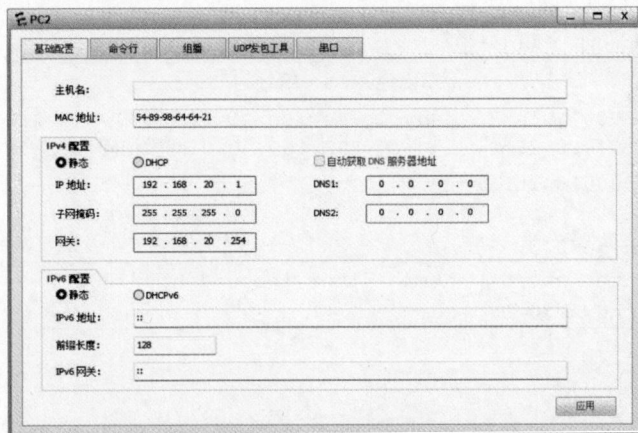

图 11-11　在 PC2 上手动添加 IP 地址

（2）配置路由器 R1 的 IP 地址，命令如下：

```
<Huawei>system-view
[R1]undo info-center enable
[R1]interface g0/0/0
[R1-GigabitEthernet0/0/0]ip address 192.168.10.254 24
[R1-GigabitEthernet0/0/0]undo shutdown
[R1-GigabitEthernet0/0/0]quit
[R1]interface g0/0/1
[R1-GigabitEthernet0/0/1]ip address 192.168.20.254 24
[R1-GigabitEthernet0/0/1]undo shutdown
[R1-GigabitEthernet0/0/1]quit
```

（3）测试 PC1 是否可以访问 PC2，结果如图 11-12 所示。

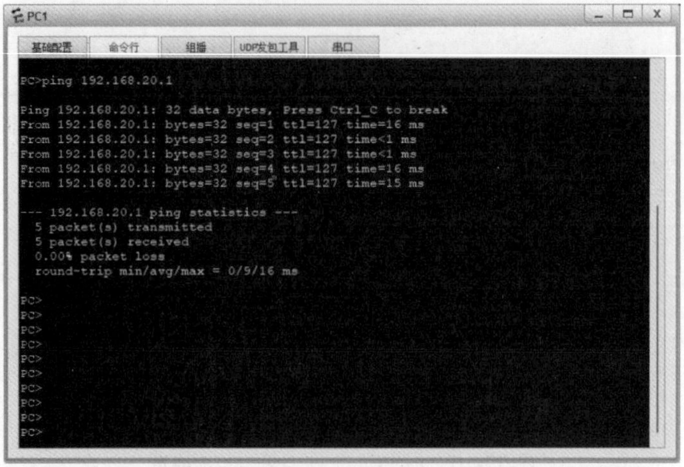

图 11-12　PC1 访问 PC2 的结果（1）

通过图 11-12 看出 PC1 可以访问 PC2。

（4）配置高级 ACL，命令如下：

```
[R1]acl 3000                //创建 ACL，编号为 3000
[R1-acl-adv-3000]rule 10 deny ip source 192.168.10.0 0.0.0.255 destination
192.168.20.0 0.0.0.255     //拒绝 192.168.10.0 网段访问 192.168.20.0 网段
[R1-acl-adv-3000]quit

[R1]interface g0/0/0
[R1-GigabitEthernet0/0/0]traffic-filter inbound acl 3000
[R1-GigabitEthernet0/0/0]quit
```

【技术要点】

高级 ACL 的配置过程及参数详解。

（1）创建高级 ACL，命令如下：

```
[Huawei] acl [ number ] acl-number [ match-order config ]
```

①acl-number：指定 ACL 的编号。

②match-order config：指定 ACL 规则的匹配顺序，config 表示配置顺序。

（2）配置高级 ACL 的规则。

①当参数 protocol 为 IP 时，命令如下：

```
rule [ rule-id ] { deny | permit } ip [ destination { destination-address
destination-wildcard | any } | source { source-address source-wildcard | any }|
time-range time-name | [ dscp dscp | [ tos tos | precedence precedence ] ] ]
```

➘　ip：指定 ACL 规则匹配报文的协议类型为 IP。

➘　destination { destination-address destination-wildcard | any }：指定 ACL 规则匹配报文的目
的地址信息。如果不配置，表示报文的任何目的地址都匹配。

- dscp dscp：指定 ACL 规则匹配报文时，区分服务代码点（Differentiated Services Code Point，DSCP），取值为 0~63。
- tos tos：指定 ACL 规则匹配报文时，依据服务类型字段进行过滤，取值为 0~15。
- precedence precedence：指定 ACL 规则匹配报文时，依据优先级字段进行过滤。precedence 表示优先级字段值，取值为 0~7。

②当参数 protocol 为 TCP 时，命令如下：

```
rule [ rule-id ] { deny | permit } { protocol-number | tcp } [ destination
{ destination-address destination-wildcard | any } | destination-port { eq
port | gt port | lt port | range port-start port-end } | source { source-
address source- wildcard | any } | source-port { eq port | gt port | lt port |
range port-start
port-end } | tcp-flag { ack | fin | syn } * | time-range time-name ] *
```

- protocol-number | tcp：指定 ACL 规则匹配报文的协议类型为 TCP。可以采用数值 6 表示指定 TCP 协议。
- destination-port { eq port | gt port | lt port | range port-start port-end} | tcp-flag：指定 ACL 规则匹配报文的 UDP 或 TCP 报文的目的端口，仅在报文协议是 TCP 或 UDP 时有效。如果不指定，表示 TCP 或 UDP 报文的任何目的端口都匹配。其中：
  - eq port：指定等于目的端口。
  - gt port：指定大于目的端口。
  - lt port：指定小于目的端口。
  - range port-start port-end：指定源端口的范围。
  - tcp-flag：指定 ACL 规则匹配报文的 TCP 报文头中的 SYN Flag。

4. 实验调试

（1）测试 PC1 和 PC2 是否可以互相访问，结果如图 11-13 所示。

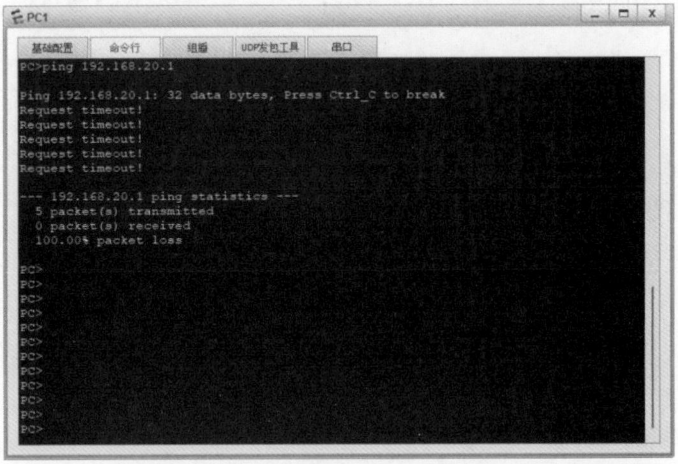

图 11-13 PC1 访问 PC2 的结果（2）

通过图 11-13 可以看出 PC1 和 PC2 不能互相访问了。

（2）为了减少带宽浪费，在 R1 上进行如下配置：

```
[R1]acl 3001
[R1-acl-adv-3001]rule 10 deny ip source 192.168.20.0 0.0.0.255 destination
192.168.10.0 0.0.0.255
[R1-acl-adv-3001]quit

[R1]interface g0/0/1
[R1-GigabitEthernet0/0/1]traffic-filter inbound acl 3001
[R1-GigabitEthernet0/0/1]quit
```

PC2 访问 PC1 的流量到达了 PC1，PC1 的回应包到达了 R1 的 G0/0/0 接口，然后丢弃，这样会浪费带宽，所以要加上 ACL 3001，这样 PC2 访问 PC1 的流量时，在 R1 的 G0/0/1 接口上就丢弃了。

11.4　实验三：基于时间的 ACL

扫一扫，看视频

1. 实验目的

（1）掌握基于时间的 ACL 的配置方法。

（2）掌握基于时间的 ACL 在接口下的应用方法。

（3）掌握流量过滤的基本方法。

2. 实验拓扑

基于时间的 ACL 的实验拓扑如图 11-14 所示。

图 11-14　基于时间的 ACL 的实验拓扑

3. 实验步骤

（1）配置 IP 地址。PC1 的配置步骤同实验一，在此不再赘述。

①PC1 的配置如图 11-15 所示。

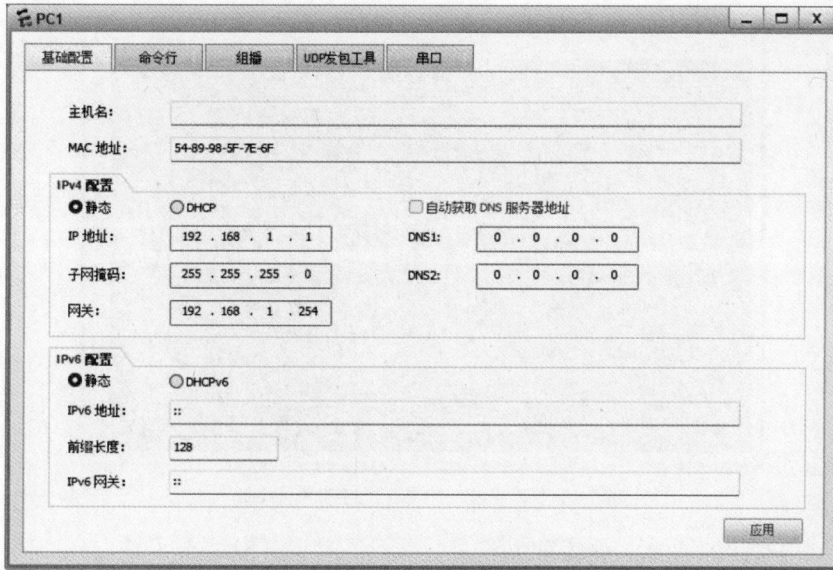

图 11-15　在 PC1 上手动添加 IP 地址

②配置 R1，命令如下：

```
<Huawei>system-view
[Huawei]undo info-center enable
[Huawei]sysname R1
[R1]interface g0/0/0
[R1-GigabitEthernet0/0/0]ip address 192.168.1.254 24
[R1-GigabitEthernet0/0/0]undo shutdown
[R1-GigabitEthernet0/0/0]quit
[R1]interface g0/0/1
[R1-GigabitEthernet0/0/1]ip address 100.1.1.1 24
[R1-GigabitEthernet0/0/1]undo shutdown
[R1-GigabitEthernet0/0/1]quit
```

③配置 R2，命令如下：

```
<Huawei>system-view
[Huawei]undo info-center enable
[Huawei]sysname R2
[R2]interface g0/0/0
[R2-GigabitEthernet0/0/0]ip address 100.1.1.2 24
[R2-GigabitEthernet0/0/0]undo shutdown
[R2-GigabitEthernet0/0/0]quit

[R2]ip route-static 192.168.1.0 24 100.1.1.1    //配置 PC1 所在网段的静态路由
```

（2）测试 PC1 是否可以访问 R2，结果如图 11-16 所示。

通过图 11-16 看出 PC1 可以访问 R2。

图 11-16　PC1 访问 R2 的结果（1）

（3）配置基于时间的 ACL，命令如下：

```
[R1]time-range hw 8:00 to 17:00 working-day
//配置时间段名字为 hw，设定时间为工作日的早上 8 点到下午 5 点
[R1]acl 3000
[R1-acl-adv-3000]rule 10 permit ip source 192.168.1.0 0.0.0.255 destination
100.1.1.0 0.0.0.255 time-range hw
//在 ACL 3000 中调用名字为 hw 的时间段，该规则表示的意义为匹配源 IP 地址 192.168.1.0/24
和目的 IP 地址 100.1.1.0/24 在每个工作日早上 8 点到下午 5 点的流量，执行动作为允许
[R1-acl-adv-3000]rule 20 deny ip         //华为的 ACL 默认为允许所有，必须要设置这一条

[R1]interface g0/0/0
[R1-GigabitEthernet0/0/0]traffic-filter inbound acl 3000    //在接口下调用
[R1-GigabitEthernet0/0/0]quit
```

4. 实验调试

（1）查看路由器时间，命令如下：

```
[R1]display clock
2022-04-09 12:38:29
Saturday
Time Zone(China-Standard-Time) : UTC-08:00
```

通过以上输出结果可以看出设备显示为 Saturday（星期六）。

（2）测试 PC1 是否可以访问 R2，结果如图 11-17 所示。

通过图 11-17 可以看出，PC1 不能访问 R2，因为 Saturday 不在 time-range hw 范围内。

（3）修改 R1 的时间，命令如下：

```
<R1>clock datetime 12:00:00 2022-04-08
```

（4）测试 PC1 是否可以访问 R2，结果如图 11-18 所示。

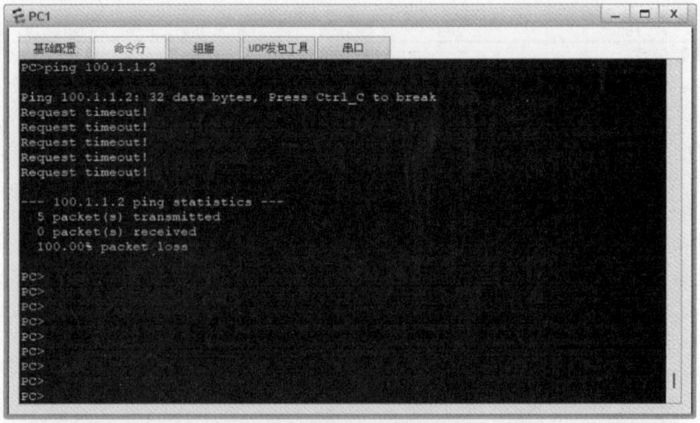

图 11-17　PC1 访问 R2 的结果（2）

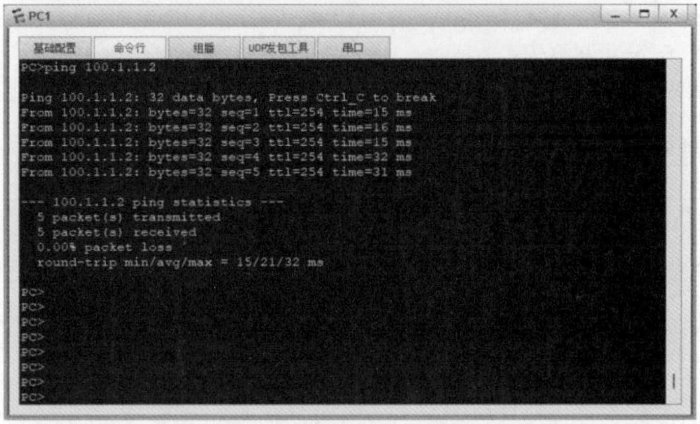

图 11-18　PC1 访问 R2 的结果（3）

通过图 11-18 可以看出，PC1 可以访问 PC2，因为 2022 年 4 月 8 日 12：00 在 time-range 范围内。

11.5　实验四：使用基本 ACL 限制 Telnet 登录

扫一扫，看视频

1. 实验目的
（1）学会配置路由器的 VTY 密码。
（2）学会使用 Telnet 程序。
（3）掌握使用基本 ACL 限制 Telnet 登录的方法。

2. 实验拓扑
使用基本 ACL 限制 Telnet 登录的实验拓扑如图 11-19 所示。

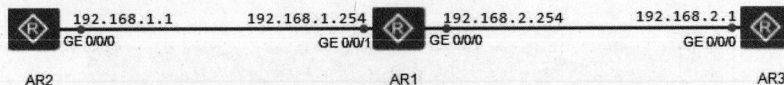

图 11-19　使用基本 ACL 限制 Telnet 登录的实验拓扑

3．实验步骤

（1）配置 IP 地址。

①配置 R1，命令如下：

```
<Huawei>system-view
[Huawei]undo info-center enable
[Huawei]sysname R1
[R1]interface g0/0/1
[R1-GigabitEthernet0/0/1]ip address 192.168.1.254 24
[R1-GigabitEthernet0/0/1]undo shutdown
[R1-GigabitEthernet0/0/1]quit
[R1]interface g0/0/0
[R1-GigabitEthernet0/0/0]ip address 192.168.2.254 24
[R1-GigabitEthernet0/0/0]undo shutdown
[R1-GigabitEthernet0/0/0]quit
```

②配置 R2，命令如下：

```
<Huawei>system-view
[Huawei]undo info-center enable
[Huawei]sysname R2
[R2]interface g0/0/0
[R2-GigabitEthernet0/0/0]ip address 192.168.1.1 24
[R2-GigabitEthernet0/0/0]undo shutdown
[R2-GigabitEthernet0/0/0]quit
```

③配置 R3，命令如下：

```
<Huawei>system-view
[Huawei]undo info-center enable
[Huawei]sysname R3
[R3]interface g0/0/1
[R3-GigabitEthernet0/0/1]ip address 192.168.2.1 24
[R3-GigabitEthernet0/0/1]undo shutdown
[R3-GigabitEthernet0/0/1]quit
```

（2）设置 Telnet，命令如下：

```
[R1]user-interface vty 0 4                    //进入 VTY 界面，同时允许 5 条链路
[R1-ui-vty0-4]authentication-mode password    //认证模式为密码认证
Please configure the login password (maximum length 16):1234    //密码为 1234
[R1-ui-vty0-4]user privilege level 15         //设置用户权限为 15
[R1-ui-vty0-4]quit
```

（3）配置基本 ACL，命令如下：

```
[R1]acl 2000
```

```
[R1-acl-basic-2000]rule 10 deny source 192.168.2.1 0.0.0.0
[R1-acl-basic-2000]rule 20 permit //因为不是应用在接口，所以 ACL 拒绝所有链路
[R1]user-interface vty 0 4
[R1-ui-vty0-4]acl 2000 inbound     //在 VTY 下调用 ACL 2000
[R1-ui-vty0-4]quit
```

4．实验调试

（1）查看 R2 是否可以 Telnet R1，命令如下：

```
<R2>telnet 192.168.1.254
Press CTRL_] to quit telnet mode
Trying 192.168.1.254 ...
Connected to 192.168.1.254 ...
Login authentication
Password:
<R1>
```

通过以上输出结果，可以看出 R2 可以 Telnet R1。

（2）查看 R3 是否可以 Telnet R1，命令如下：

```
<R3>telnet 192.168.2.254
Press CTRL_] to quit telnet mode
Trying 192.168.2.254 ...
```

通过以上输出结果，可以看出 R3 不能 Telnet R1，验证了实验的正确性。

11.6　实验五：自反 ACL

扫一扫，看视频

1．实验目的

（1）掌握高级自反 ACL 的配置方法。

（2）掌握自反 ACL 在接口下的应用方法。

（3）掌握流量过滤的基本方法。

2．实验拓扑

自反 ACL 的实验拓扑如图 11-20 所示。

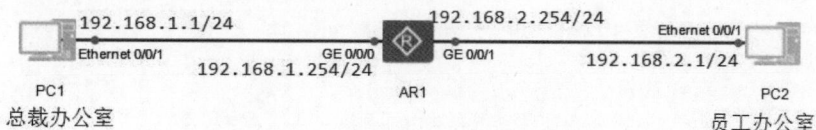

图 11-20　自反 ACL 的实验拓扑

3．实验步骤

（1）配置 PC 机的 IP 地址。PC1 和 PC2 的配置步骤同实验一，在此不再赘述。

①PC1 的配置如图 11-21 所示。

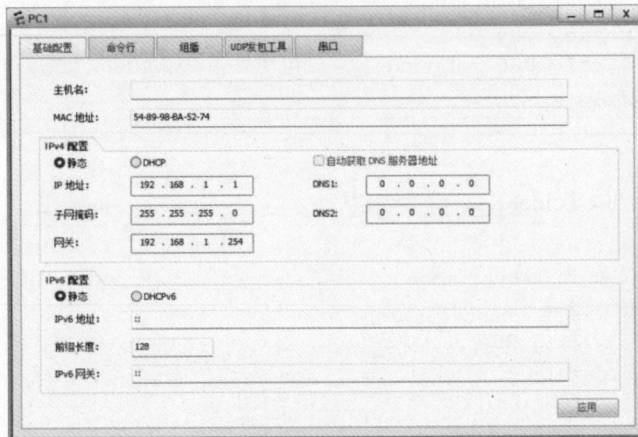

图 11-21　在 PC1 上手动添加 IP 地址

②PC2 的配置如图 11-22 所示。

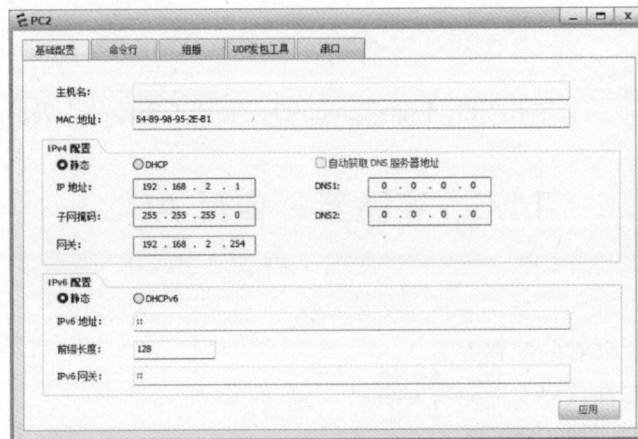

图 11-22　在 PC2 上手动添加 IP 地址

③配置 R1，命令如下：

```
<Huawei>system-view
[Huawei]undo info-center enable
[Huawei]sysname R1
[R1]interface g0/0/0
[R1-GigabitEthernet0/0/0]ip address 192.168.1.254 24
[R1-GigabitEthernet0/0/0]undo shutdown
[R1-GigabitEthernet0/0/0]quit
[R1]interface g0/0/1
[R1-GigabitEthernet0/0/1]ip address 192.168.2.254 24
[R1-GigabitEthernet0/0/1]undo shutdown
[R1-GigabitEthernet0/0/1]quit
```

（2）测试 PC1 和 PC2 的连通性。

①测试 PC1 是否可以访问 PC2，结果如图 11-23 所示。

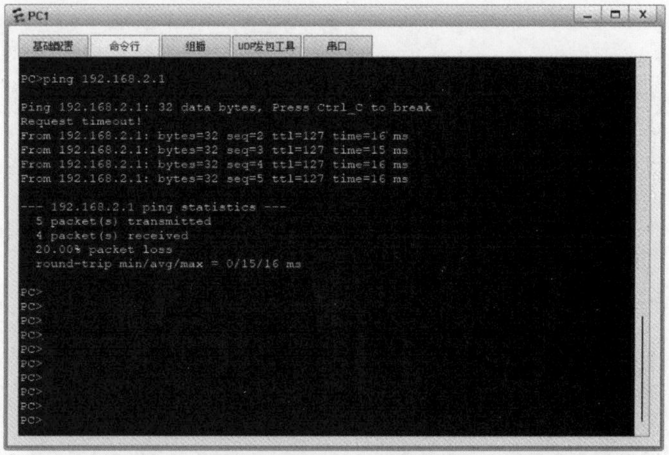

图 11-23　PC1 访问 PC2 的结果（1）

通过图 11-23 可以看出 PC1 可以访问 PC2。

②测试 PC2 是否可以访问 PC1，结果如图 11-24 所示。

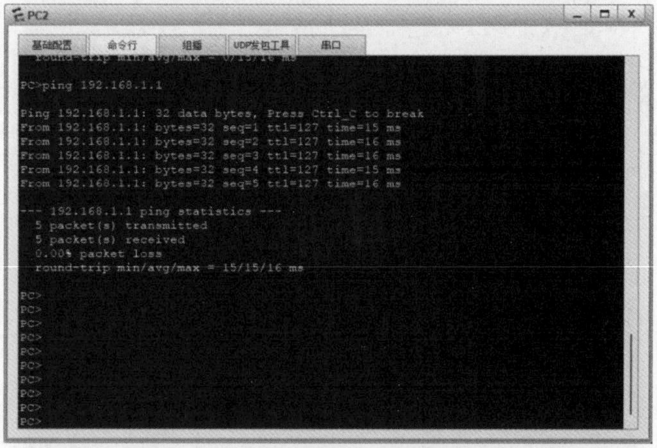

图 11-24　PC2 访问 PC1 的结果（1）

通过图 11-24 可以看出 PC2 可以访问 PC1。

（3）使用高级 ACL 实现单向访问控制，命令如下：

```
[R1]acl 3000
[R1-acl-adv-3000]rule 10 permit tcp source 192.168.2.0 0.0.0.255 destination
192.168.1.0 0.0.0.255 tcp-flag syn ack //允许员工办公室到总裁办公室的 syn+ack 报文通过，
                       即允许对总裁办公室发起的 TCP 连接进行回应

[R1-acl-adv-3000]rule 20 deny tcp source 192.168.2.0 0.0.0.255 destination
192.168.1.0 0.0.0.255 tcp-flag syn //拒绝员工办公室到总裁办公室的 syn 请求报文通过，
```

防止员工办公室主动发起 TCP 连接

```
[R1-acl-adv-3000]rule 30 deny icmp source 192.168.2.0 0.0.0.255 destination
192.168.1.0 0.0.0.255 icmp-type echo//拒绝员工办公室到总裁办公室的echo 请求报文通过，
```
防止员工办公室主动发起 ping 连通性测试

```
[R1]interface g0/0/1
[R1-GigabitEthernet0/0/1]traffic-filter inbound acl 3000
[R1-GigabitEthernet0/0/1]quit
```

4．实验调试

（1）测试 PC1 是否可以访问 PC2，结果如图 11-25 所示。

图 11-25　PC1 访问 PC2 的结果（2）

通过图 11-25 可以看出 PC1 可以访问 PC2。

（2）测试 PC2 是否可以访问 PC1，结果如图 11-26 所示。

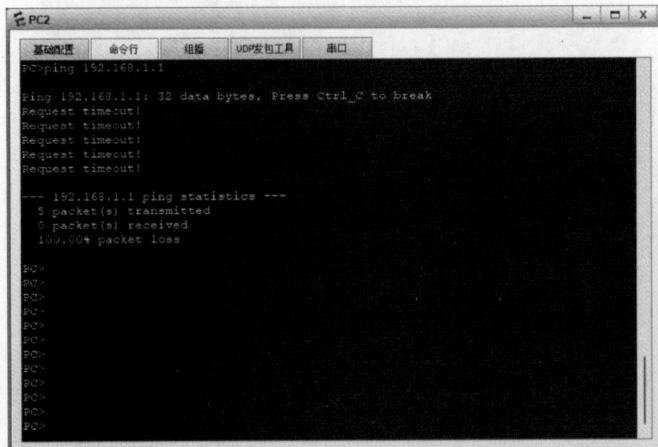

图 11-26　PC2 访问 PC1 的结果（2）

通过图 11-26 可以看出 PC2 不能主动访问 PC1，达到实验目的，实验结束。

11.7　ACL 命令汇总

本章使用的 ACL 命令见表 11-1。

表 11-1　ACL 命令

命　　令	作　　用
acl 2000	创建 ACL 2000
rule deny source 192.168.1.0 0.0.0.255	拒绝 192.168.1.0 这个网段
traffic-filter inbound acl 2000	在接口上配置基于 ACL 对报文进行的过滤
display acl	查看 ACL 的配置信息
time-range	定义时间段
display time-range	查看时间段信息

‖ 第 12 章 ‖

AAA 简介

　　AAA 是认证（Authentication）、授权（Authorization）和计费（Accounting）的简称，是一种管理框架，它提供了授权部分用户访问指定资源和记录这些用户操作行为的安全机制。因其具有良好的可扩展性，并且容易实现用户信息的集中管理而被广泛使用。AAA 可以通过多种协议来实现，在实际应用中，最常使用 RADIUS（Remote Authentication Dial-In User Service，远程身份认证拨号用户服务）协议。

12.1　AAA 概述

AAA 提供了在 NAS（Network Access Server，网络接入服务器）设备上配置访问控制的管理框架。

1. AAA 的定义

（1）认证：确认访问网络的用户的身份，判断访问者是否为合法的网络用户。

（2）授权：对不同用户赋予不同的权限，限制用户可以使用的服务。

（3）计费：记录用户使用网络服务过程中的所有操作，包括使用的服务类型、起始时间、数据流量等，用于收集和记录用户对网络资源的使用情况，并可以实现针对时间、流量的计费需求，也对网络起到监视作用。

2. AAA 的基本架构

（1）AAA 客户端：运行在接入设备上，通常被称为 NAS 设备，负责验证用户身份与管理用户接入。

（2）AAA 服务器：是认证服务器、授权服务器和计费服务器的统称，负责集中管理用户信息。

3. AAA 实现的协议

（1）RADIUS 协议。

（2）HWTACACS（Huawei Terminal Access Controller Access Control System，华为终端访问控制器访问控制系统）协议。

12.2　实验：本地 AAA 配置

扫一扫，看视频

1. 实验目的

（1）掌握本地 AAA 认证授权方案的配置方法。

（2）掌握创建域的方法。

（3）掌握创建本地用户的方法。

（4）理解基于域的用户管理的原理。

2. 实验拓扑

本地 AAA 配置的实验拓扑如图 12-1 所示。

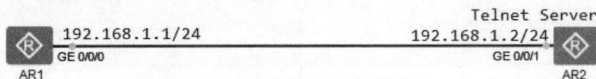

图 12-1　本地 AAA 配置的实验拓扑

3. 实验步骤

（1）配置 IP 地址。

①配置 R1，命令如下：

```
<Huawei>system-view
[Huawei]undo info-center enable
[Huawei]sysname R1
[R1]interface g0/0/0
[R1-GigabitEthernet0/0/0]ip address 192.168.1.1 24
[R1-GigabitEthernet0/0/0]undo shutdown
[R1-GigabitEthernet0/0/0]quit
```

②配置 R2，命令如下：

```
<Huawei>system-view
Enter system view, return user view with Ctrl+Z.
[Huawei]undo
[Huawei]undo info-center enable
[Huawei]sysname R2
[R2]interface g0/0/1
[R2-GigabitEthernet0/0/1]ip address 192.168.1.2 24
[R2-GigabitEthernet0/0/1]undo shutdown
[R2-GigabitEthernet0/0/1]quit
```

（2）配置认证授权方案，命令如下：

```
[R2]aaa                                          //进入 AAA 视图
[R2-aaa]authentication-scheme hcia1              //创建认证方案 hcia1
[R2-aaa-authen-hcia1]authentication-mode local   //认证模式为本地认证
[R2-aaa-authen-hcia1]quit
[R2-aaa]authorization-scheme hcia2               //创建授权方案 hcia2
[R2-aaa-author-hcia2]authorization-mode local    //授权模式为本地
[R2-aaa-author-hcia2]quit
```

（3）创建域并在域下应用 AAA 方案，命令如下：

```
[R2]aaa
[R2-aaa]domain hcia                              //创建域 hcia
[R2-aaa-domain-hcia]authentication-scheme hcia1 //指定对该域内的用户采用名为
                                                  hcia1 的认证方案
[R2-aaa-domain-hcia]authorization-scheme hcia2  //指定对该域内的用户采用名为
                                                  hcia2 的授权方案
```

（4）配置本地用户名和密码，命令如下：

```
[R2]aaa
[R2-aaa]local-user ly@hcia password cipher 1234   //用户名为ly，属于域hcia，密码为1234
[R2-aaa]local-user ly@hcia service-type telnet    //用户的服务类型为 Telnet
[R2-aaa]local-user ly@hcia privilege level 3      //用户权限为 3
```

（5）开启 Telnet 功能，命令如下：

```
[R2]user-interface vty 0 4
[R2-ui-vty0-4]authentication-mode aaa           //认证模式为 AAA
```

```
[R2-ui-vty0-4]quit
```

4．实验调试

（1）测试在 R1 上是否可以 Telnet R2，命令如下：

```
<R1>telnet 192.168.1.2
Trying 192.168.1.2 ...
Press CTRL+K to abort
Connected to 192.168.1.2 ...

Login authentication


Username:ly@hcia   //输入用户名
Password:1234      //输入密码，在设备上面输入并不会显示密码，输入完成后按 Enter 键即可
Info: The max number of VTY users is 10, and the number
of current VTY users on line is 1.
The current login time is 2022-04-10 17:34:54.
<R2>system-view
Enter system view, return user view with Ctrl+Z.
```

通过以上输出结果可以看出，R1 可以 Telnet R2，但要输入用户名和密码，因为开启了 AAA。

（2）在 R2 上查看登录的用户，命令如下：

```
[R2]display users
User-Intf Delay Type Network Address AuthenStatus AuthorcmdFlag
+ 0 CON 0 00:00:00    no                       Username : Unspecified

34 VTY 0 00:01:43 TEL 192.168.1.1 pass no     Username : ly@hcia
```

以上输出参数解析如下：

①User-Intf 中的第一列数字表示用户界面的绝对编号，第二列数字表示用户界面的相对编号，如用户 ly@hcia 就处于 VTY 接口的 0 号。

②Type 表示连接类型，包括 Console、Telnet、SSH、Web 四种。

③Network Address 表示用户登录的 IP 地址。

④AuthenStatus 表示标识是否验证通过。

⑤AuthorcmdFlag 表示命令行授权标志。

⑥"+"表示当前用户所处的用户视图。

⑦Username 表示显示使用该用户界面的用户名，即该登录用户的用户名，未指定用户名时此项显示为 Unspecified。

12.3　AAA 命令汇总

本章使用的 AAA 命令见表 12-1。

表 12-1　AAA 命令

命　　令	作　　用
aaa	开启 AAA
local-user ly@hcia password cipher 1234	创建用户名和密码
local-user user1 service-type telnet	用户名的服务类型
local-user user1 privilege level 15	配置用户的权限
authentication-mode aaa	认证模式为 AAA

‖ 第 13 章 ‖
网络地址转换

    随着网络应用的增多，IPv4 地址枯竭的问题越来越严重。尽管 IPv6 可以从根本上解决 IPv4 地址空间不足的问题，但目前众多网络设备和网络应用大多是基于 IPv4 的，因此在 IPv6 广泛应用之前，使用一些过渡技术（如 CIDR、私网地址等）是解决这个问题的主要方式，NAT 就是这众多过渡技术中的一种。

13.1　NAT 概述

NAT 是一种地址转换技术，它可以将 IP 数据报文头中的 IP 地址转换为另一个 IP 地址，并通过转换端口号达到地址重用的目的。NAT 作为一种缓解 IPv4 公网地址枯竭的过渡技术，由于实现简单，得到了广泛应用。NAT 大致可以分为 5 类。

1. 静态 NAT

每个私有地址都有一个与之对应并且固定的公有地址，即私有地址和公有地址之间的关系是一对一映射。

2. 动态 NAT

静态 NAT 严格地一对一进行地址映射，这就导致即便内网主机长时间离线或者不发送数据时，与之对应的公有地址也处于使用状态。为了避免地址浪费，动态 NAT 提出了地址池的概念：所有可用的公有地址组成地址池。

3. NAPT

NAPT 在从地址池中选择地址进行地址转换时不仅转换 IP 地址，同时也会对端口号进行转换，从而实现公有地址与私有地址的一对多映射，可以有效地提高公有地址的利用率。

4. Easy-IP

Easy-IP 的实现原理和 NAPT 相同，同时转换 IP 地址、传输层端口，区别在于 Easy-IP 没有地址池的概念，使用接口地址作为 NAT 转换的公有地址。

5. NAT Server

NAT Server 指定[公有地址:端口]与[私有地址:端口]的一对一映射关系，将私网服务器映射到公网，当私网中的服务器需要对公网提供服务时使用。

扫一扫，看视频

13.2　实验一：静态 NAT

1. 实验目的

（1）掌握静态 NAT 的特征。
（2）掌握静态 NAT 的基本配置和调试方法。

2. 实验拓扑

静态 NAT 的实验拓扑如图 13-1 所示，注意 NAT 相关实验路由器均使用 AR2220。

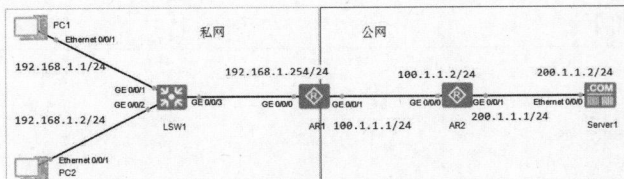

图 13-1　静态 NAT 的实验拓扑

3．实验步骤

（1）配置 IP 地址。在【IPv4 配置】栏中选中【静态】单选按钮，输入对应的【IP 地址】【子网掩码】和【网关】，然后单击【应用】按钮。PC2 和 Server1 的配置步骤与此相同，在此不再赘述。

①PC1 的配置如图 13-2 所示。

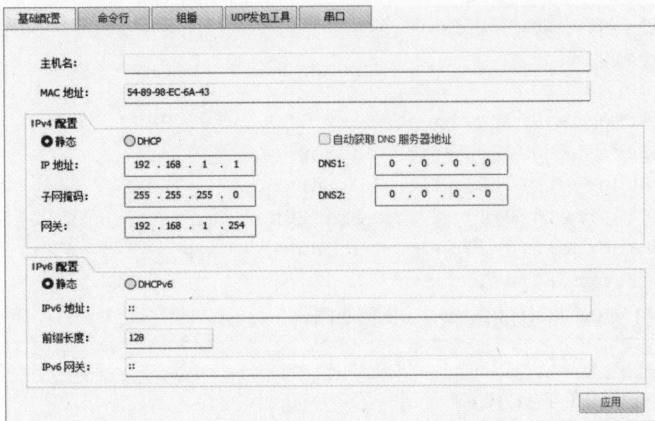

图 13-2　在 PC1 上手动添加 IP 地址

②PC2 的配置如图 13-3 所示。

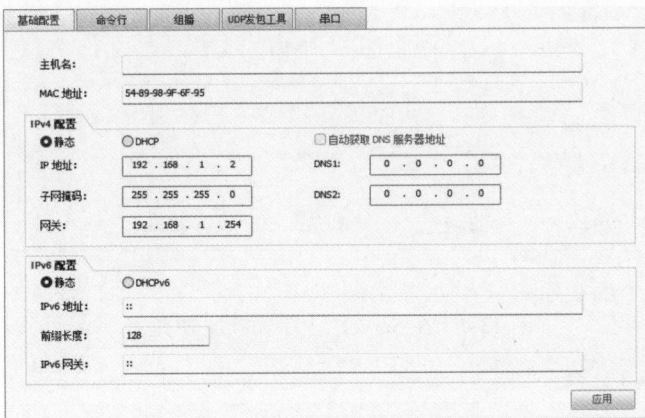

图 13-3　在 PC2 上手动添加 IP 地址

③配置 R1，命令如下：

```
<Huawei>system-view
[Huawei]undo info-center enable
[Huawei]sysname R1
[R1]interface g0/0/0
[R1-GigabitEthernet0/0/0]ip address 192.168.1.254 24
[R1-GigabitEthernet0/0/0]undo shutdown
[R1-GigabitEthernet0/0/0]quit
[R1]interface g0/0/1
[R1-GigabitEthernet0/0/1]ip address 100.1.1.1 24
[R1-GigabitEthernet0/0/1]undo shutdown
[R1-GigabitEthernet0/0/1]quit
```

④配置 R2，命令如下：

```
<Huawei>system-view
[Huawei]undo info-center enable
[Huawei]sysname R2
[R2]interface g0/0/0
[R2-GigabitEthernet0/0/0]ip address 100.1.1.2 24
[R2-GigabitEthernet0/0/0]undo shutdown
[R2-GigabitEthernet0/0/0]quit [R2]interface g0/0/1
[R2-GigabitEthernet0/0/1]ip address 200.1.1.1 24
[R2-GigabitEthernet0/0/1]undo shutdown
[R2-GigabitEthernet0/0/1]quit
```

⑤在出口设备 AR1 缺省路由的配置，步骤如下：

```
[R1]ip route-static 0.0.0.0 0 100.1.1.2
```

⑥Server1 的配置如图 13-4 所示。

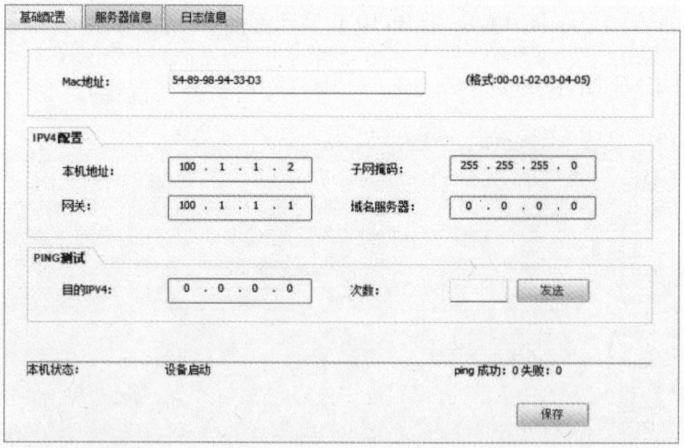

图 13-4　在 Server1 上手动添加 IP 地址

（2）配置静态 NAT，命令如下：

```
[R1]interface g0/0/1
//将私网 IP 地址 192.168.1.1 转换成公网 IP 地址 100.1.1.3
```

```
[R1-GigabitEthernet0/0/1]nat static global 100.1.1.3 inside 192.168.1.1
//将私网 IP 地址 192.168.1.2 转换成公网 IP 地址 100.1.1.4
[R1-GigabitEthernet0/0/1]nat static global 100.1.1.4 inside 192.168.1.2
[R1-GigabitEthernet0/0/1]quit
```

【技术要点】

（1）应用场景。主要应用场景如下：

①当私网设备允许公网设备通过固定 IP 地址访问时（如私网中的服务器对公网设备提供服务），公网设备可以通过某一固定公网 IP 地址访问到该私网服务器。此时可以配置静态 NAT，将该私网设备的私网 IP 地址和指定的公网 IP 地址进行转换。

②当一个私网服务器需要对多个公网网段提供服务时，出于安全考虑，该私网服务器地址需要表现为多个公网地址。由于静态 NAT 一般是双向转换，私网服务器访问公网时，无法通过静态 NAT 转换为多个公网地址。此时可以配置单向的静态 NAT，公网访问私网服务器时，通过单向静态 NAT 将多个公网地址转换为该私网服务器的私网地址，私网服务器访问公网时，通过 NAT Outbound 进行转换。

③静态 NAT 还支持网段对网段的地址转换，即在指定私网范围内的 IP 地址和指定的公网范围内的 IP 地址进行互相转换。

（2）命令解释。以第一条为例，nat static global 100.1.1.3 inside 192.168.1.1，此语句表示将私网 IP 地址 192.168.1.1 映射到公网 IP 地址 100.1.1.3，可以实现私网 IP 地址 192.168.1.1 使用 100.1.1.3 作为源 IP 地址访问公网。global 为全局地址，即公有 IP 地址；inside 为内部地址，即私有 IP 地址。

4. 实验调试

（1）测试 PC1 是否可以访问 Server1，结果如图 13-5 所示。

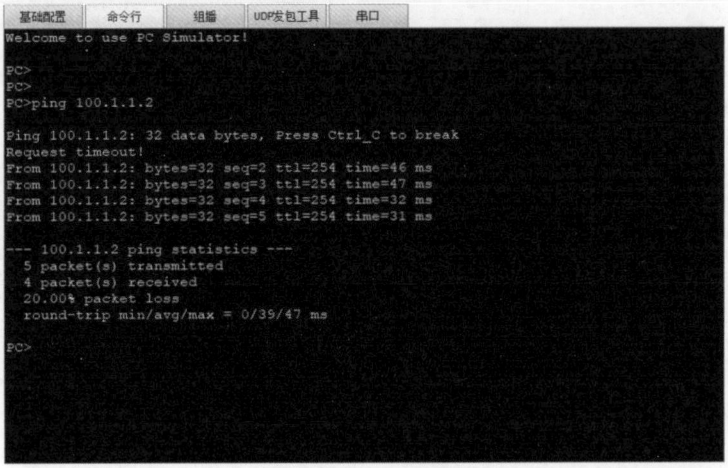

图 13-5　PC1 访问 Server1 的结果

（2）测试 PC2 是否可以访问 Server1，结果如图 13-6 所示。

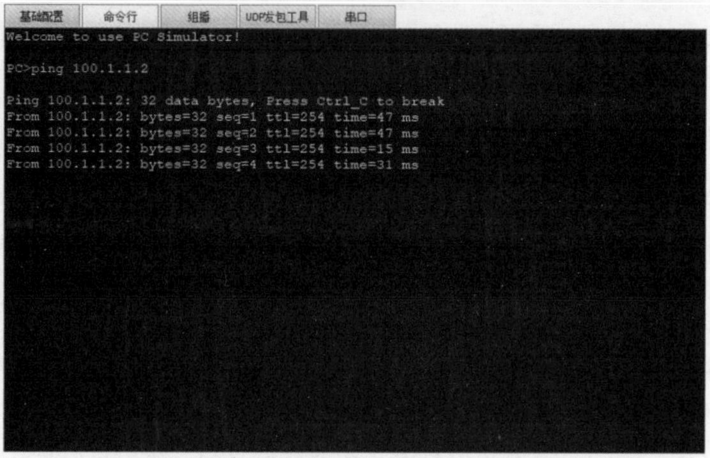

图 13-6　PC2 访问 Server1 的结果

（3）查看 NAT，命令如下：

```
[R1]display nat static
Static Nat Information:
Interface: GigabitEthernet0/0/1
 Global IP/Port: 100.1.1.3/----
 Inside IP/Port: 192.168.1.1/----
 Protocol: ----
 VPN instance-name: ----
 Acl number: ----
 Netmask: 255.255.255.255
 Description: ----

 Global IP/Port: 100.1.1.4/----
 Inside IP/Port: 192.168.1.2/----
 Protocol: ----
 VPN instance-name : ----
 Acl number: ----
 Netmask: 255.255.255.255
 Description: ----

 Total :2
```

通过以上输出结果可以看出，G0/0/1 接口的地址映射关系为：192.168.1.1 映射公网 IP 地址 100.1.1.3，192.168.1.2 映射公网 IP 地址 100.1.1.4，说明 NAT 配置成功。

13.3　实验二：动态 NAT 之 NAPT

1．实验目的

（1）掌握动态 NAT 的特征。

（2）掌握动态 NAT 的基本配置和调试方法。

2．实验拓扑

动态 NAT 之 NAPT 的实验拓扑如图 13-7 所示。

图 13-7　动态 NAT 之 NAPT 的实验拓扑

3．实验步骤

（1）配置 IP 地址。PC1、PC2、PC3 和 Server1 的配置步骤同实验一，在此不再赘述。

①PC1 的配置如图 13-8 所示。

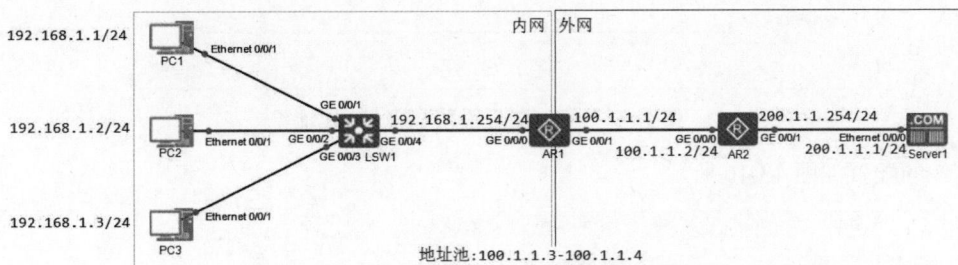

图 13-8　在 PC1 上手动添加 IP 地址

②PC2 的配置如图 13-9 所示。

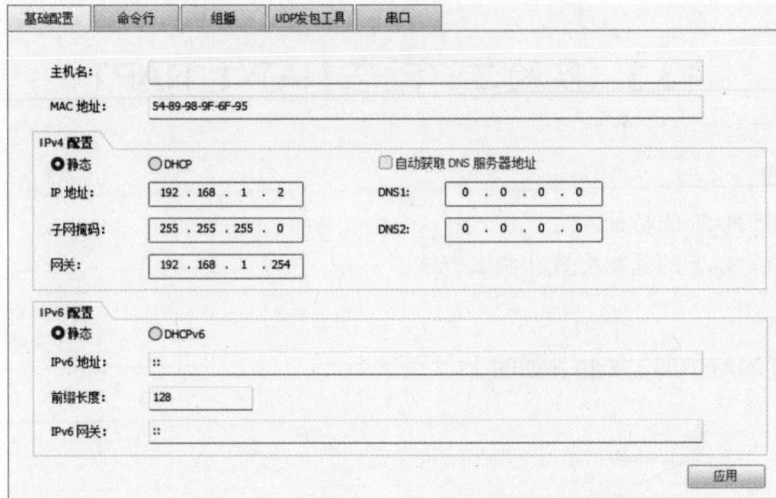

图 13-9　在 PC2 上手动添加 IP 地址

③PC3 的配置如图 13-10 所示。

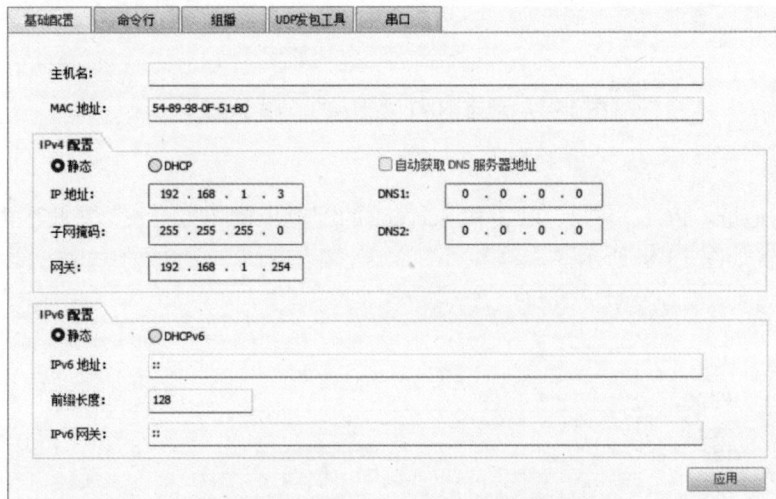

图 13-10　在 PC3 上手动添加 IP 地址

④配置 R1，命令如下：

```
<Huawei>system-view
[Huawei]undo info-center enable
[Huawei]sysname R1
[R1]interface g0/0/0
[R1-GigabitEthernet0/0/0]ip address 192.168.1.254 24
[R1-GigabitEthernet0/0/0]undo shutdown
[R1-GigabitEthernet0/0/0]quit
[R1]interface g0/0/1
```

```
[R1-GigabitEthernet0/0/1]ip address 100.1.1.1 24
[R1-GigabitEthernet0/0/1]undo shutdown
[R1-GigabitEthernet0/0/1]quit
```

⑤配置 R2，命令如下：

```
<Huawei>system-view
[Huawei]undo info-center enable
[Huawei]sysname R2
[R2]interface g0/0/0
[R2-GigabitEthernet0/0/0]ip address 100.1.1.2 24
[R2-GigabitEthernet0/0/0]undo shutdown
[R2-GigabitEthernet0/0/0]quit
[R2]interface g0/0/1
[R2-GigabitEthernet0/0/1]ip address 200.1.1.254 24
[R2-GigabitEthernet0/0/1]undo shutdown
[R2-GigabitEthernet0/0/1]quit
```

⑥在出口设备 AR1 缺省路由的配置，步骤如下：

```
[R1]ip route-static 0.0.0.0 0 100.1.1.2
```

⑦Server1 的配置如图 13-11 所示。

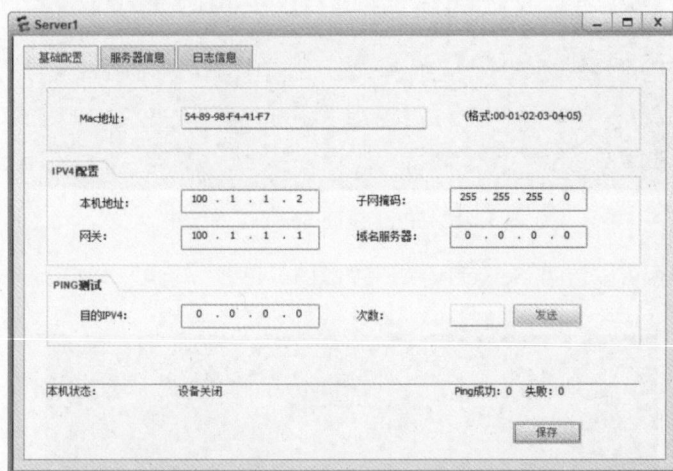

图 13-11 在 Server1 上手动添加 IP 地址

（2）配置 NAPT，命令如下：

```
[R1]nat address-group 1 100.1.1.3 100.1.1.4
//创建 NAT 地址池，编号为 1，开始的地址为 100.1.1.3，结束的地址为 100.1.1.4
[R1]acl 2000                                    //创建 ACL，编号为 2000
[R1-acl-basic-2000]rule 10 permit source 192.168.1.0 0.0.0.255
//定义规则编号为 10，允许 192.168.1.0/24
[R1-acl-basic-2000]quit
[R1]interface g0/0/1
[R1-GigabitEthernet0/0/1]nat outbound 2000 address-group 1
```

//满足 ACL 2000 的流量通过 NAT 出去，从地址池 1 中拿地址
[R1-GigabitEthernet0/0/1]quit

品 【技术要点】

接口调用时的命令如下：

```
nat outbound 2000 address-group 1 no-pat    //一个私有 IP 地址对应一个公有 IP 地址
nat outbound 2000 address-group 1           //实现公有地址与私有地址的一对多映射，可以
                                              有效提高公有地址的利用率
```

4. 实验调试

（1）测试 PC1 是否可以访问 Server1，结果如图 13-12 所示。

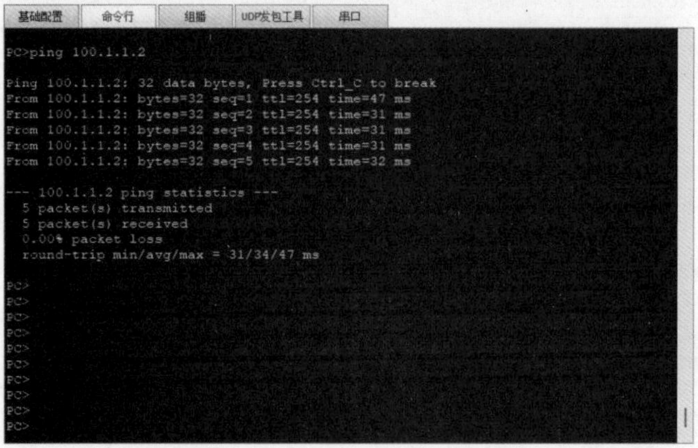

图 13-12　PC1 访问 Server1 的结果

（2）测试 PC2 是否可以访问 Server1，结果如图 13-13 所示。

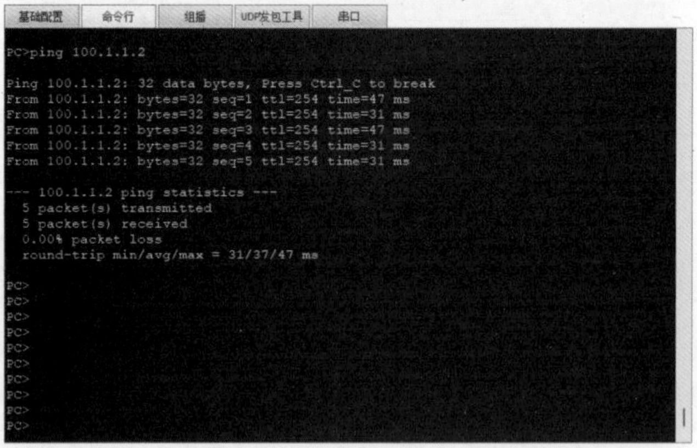

图 13-13　PC2 访问 Server1 的结果

（3）测试 PC3 是否可以访问 Server1，结果如图 13-14 所示。

通过图 13-12～图 13-14 可以看出 PC1、PC2、PC3 都可以访问 Server1。

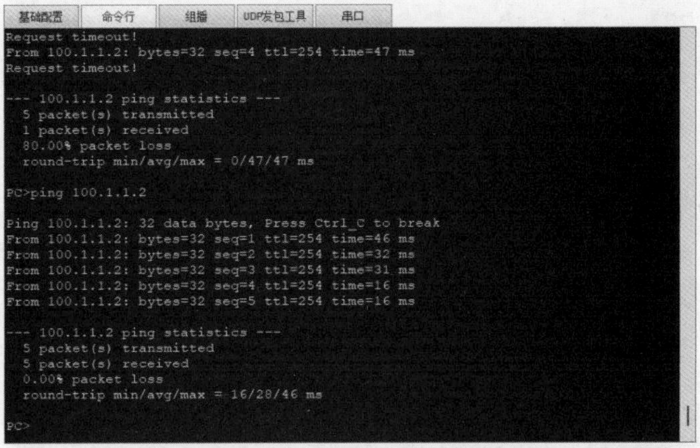

图 13-14　PC3 访问 Server1 的结果

13.4　实验三：Easy-IP

扫一扫，看视频

1．实验目的

（1）掌握 Easy-IP 的特征。

（2）掌握 Easy-IP 的基本配置和调试方法。

2．实验拓扑

Easy-IP 的实验拓扑如图 13-7 所示。

3．实验步骤

（1）配置 IP 地址。PC1、PC2、PC3 和 Server1 的配置步骤和配置参数同实验二，在此不再赘述。

（2）配置 Easy-IP，命令如下：

```
[R1]acl 2000
[R1-acl-basic-2000]rule 10 permit source 192.168.1.0 0.0.0.255
[R1-acl-basic-2000]quit

[R1]interface g0/0/0
[R1-GigabitEthernet0/0/0]nat outbound 2000//此命令为配置 Easy-IP，能够实现当 ACL
2000 的流量到达 G0/0/0 接口时，使全部映射到此接口的不同端口号可以访问公网
[R1-GigabitEthernet0/0/0]quit
```

4．实验调试

（1）测试 PC1 是否可以访问 Server1，结果如图 13-15 所示。

（2）测试 PC2 是否可以访问 Server1，结果如图 13-16 所示。

（3）测试 PC3 是否可以访问 Server1，结果如图 13-17 所示。

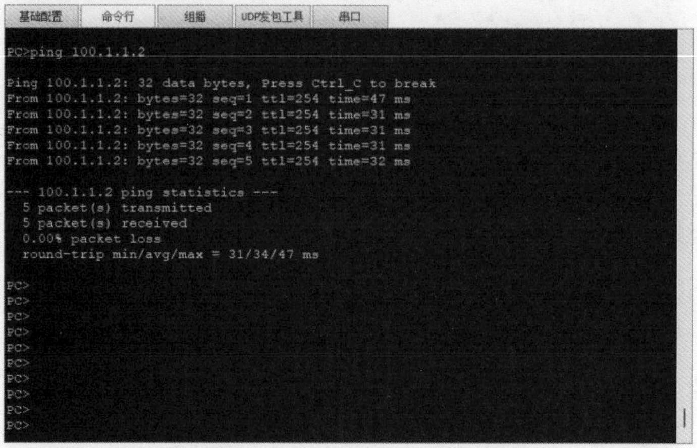

图 13-15　PC1 访问 Server1 的结果

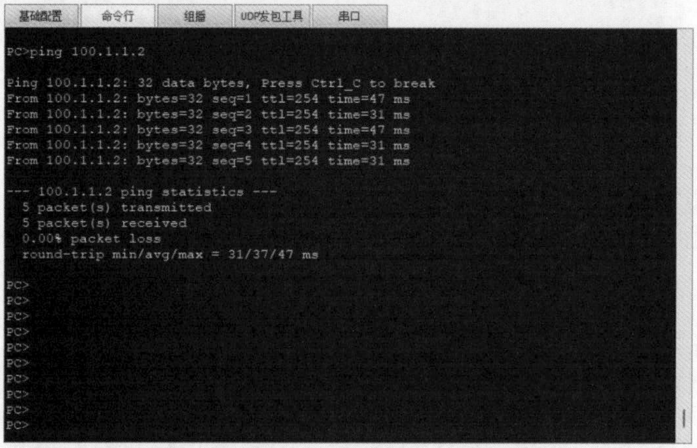

图 13-16　PC2 访问 Server1 的结果

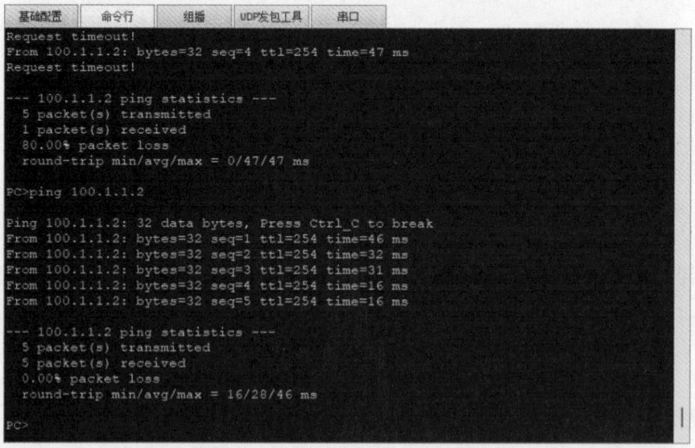

图 13-17　PC3 访问 Server1 的结果

通过图 13-15～图 13-17 可以看出，PC1、PC2、PC3 都可以访问 Server1。

13.5　实验四：NAT Server

扫一扫，看视频

1．实验目的

掌握 NAT Server 的配置方法。

2．实验拓扑

NAT Server 的实验拓扑如图 13-18 所示。

图 13-18　NAT Server 的实验拓扑

3．实验步骤

（1）配置 IP 地址。Server1 和 Client1 的配置步骤同实验一，在此不再赘述。

①Server1 的配置如图 13-19 所示。

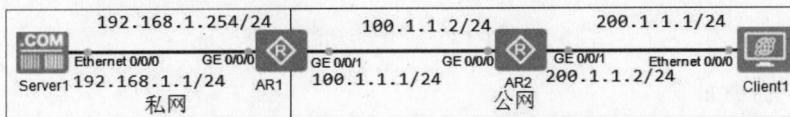

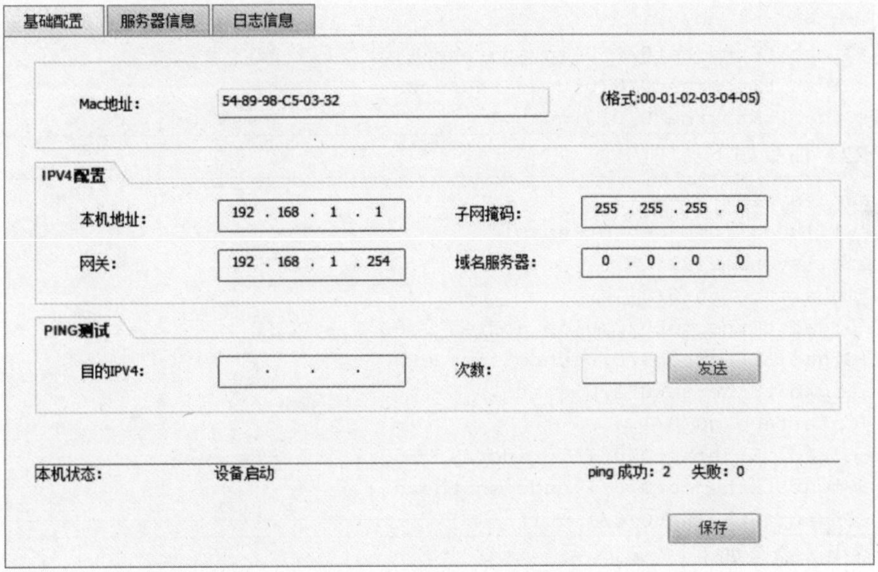

图 13-19　在 Server1 上手动添加 IP 地址

②Client1 的配置如图 13-20 所示。

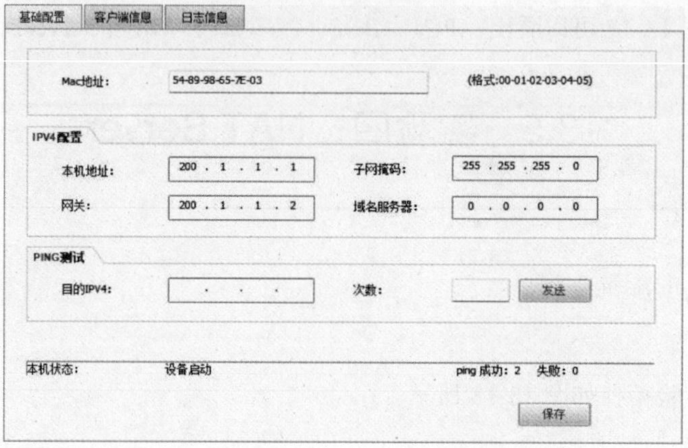

图 13-20 在 Client1 上手动添加 IP 地址

③配置 R1，命令如下：

```
<Huawei>system-view
[Huawei]undo info-center enable
[Huawei]sysname R1
[R1]interface g0/0/0
[R1-GigabitEthernet0/0/0]ip address 192.168.1.254 24
[R1-GigabitEthernet0/0/0]undo shutdown
[R1-GigabitEthernet0/0/0]quit
[R1]interface g0/0/1
[R1-GigabitEthernet0/0/0]ip address 100.1.1.1 24
[R1-GigabitEthernet0/0/0]undo shutdown
[R1-GigabitEthernet0/0/0]quit
```

④配置 R2，命令如下：

```
<Huawei>system-view
[Huawei]undo info-center enable
[Huawei]sysname R2
[R2]interface g0/0/0
[R2-GigabitEthernet0/0/0]ip address 100.1.1.2 24
[R2-GigabitEthernet0/0/0]undo shutdown
[R2-GigabitEthernet0/0/0]quit
[R2]interface g0/0/1
[R2-GigabitEthernet0/0/1]ip address 200.1.1.2 24
[R2-GigabitEthernet0/0/1]undo shutdown
[R2-GigabitEthernet0/0/1]quit
```

⑤配置路由，命令如下：

```
[R1]ip route-static 200.1.1.0 255.255.255.0 100.1.1.2
```

【技术要点】

公网上不能有私网的路由。

（2）配置 NAT Server，命令如下：

```
[R1]interface g0/0/1
[R1-GigabitEthernet0/0/1]nat server protocol tcp global 100.1.1.88 www inside
192.168.1.1 80        //公网访问 100.1.1.88 的 80 端口相当于在访问 192.168.1.1 的 80 端口
```

4．实验调试

（1）开启 Server1 的 WWW 服务。选择【服务器信息】选项卡，选择【HttpServer】，然后在系统中选择一个文件设置为【文件根目录】，最后单击【启动】按钮，如图 13-21 所示。

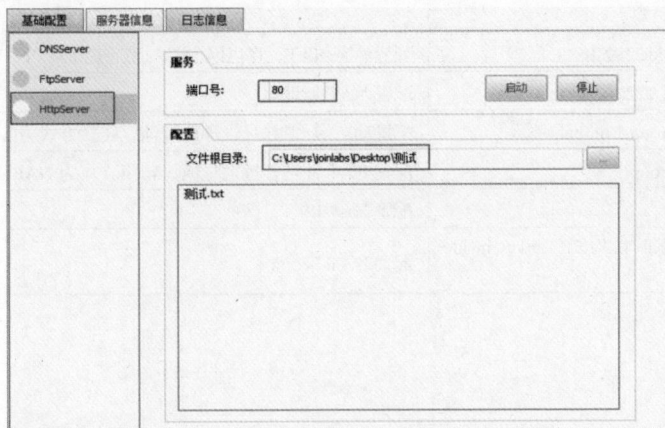

图 13-21　在 Server1 上设置 WWW 服务

（2）在 Client1 上访问 Server1 的 HTTP 服务。在【Client1】对话框中选择【客户端信息】选项卡，选择【HttpClient】，在【地址】输入框中输入【http://100.1.1.88】，单击【获取】按钮，弹出【File download】对话框，然后单击【保存】按钮，如图 13-22 所示。

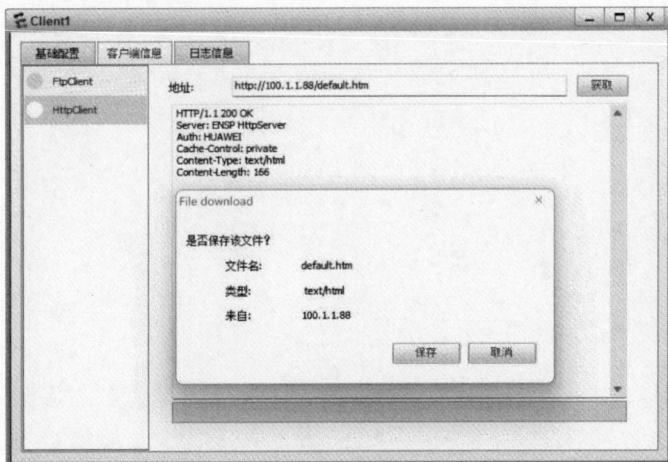

图 13-22　在 Client1 上访问 Server1 的 HTTP 服务

通过图 13-21 和图 13-22，可以确认实验成功。

13.6 NAT 命令汇总

本章使用的 NAT 命令见表 13-1。

表 13-1 NAT 命令

命　　令	作　　用
nat static global 122.1.2.1 inside 192.168.1.1	配置静态 NAT，将内网主机的私有地址一对一映射到公有地址
nat address-group 1 122.1.2.1 122.1.2.3	配置 NAT 地址池
nat outbound 2000 address-group 1 no-pat	配置动态 NAT 并且管理地址池，转换方式为 no-pat（不做端口转换）
nat outbound 2000 address-group 1	配置 NAT 并且管理地址池，转换方式为 NAPT
nat outbound 2000	配置 Easy-IP
nat server protocol tcp global 122.1.2.1 www inside 192.168.1.10 8080	配置 NAT Server

‖ 第 14 章 ‖

网络服务与应用

　　网络已经成为当今人们生活中的一部分，通过网络可以传输文件、发送邮件、在线视频、浏览网页、玩联网游戏等。因为网络分层模型的存在，普通用户无须关注通信实现原理等技术细节，就可以直接使用由应用层提供的各种服务。

14.1 网络服务与应用概述

1. FTP

FTP（File Transfer Protocol，文件传输协议）采用典型的 C/S 架构（即客户端与服务器模型），客户端与服务器建立 TCP 连接之后即可实现文件的上传和下载。FTP 分为主动模式和被动模式。

（1）主动模式。

①由客户端向服务器的 TCP PORT 21 发起 TCP 三次握手，建立控制连接。

②由服务器向客户端的 TCP PORT P（随机端口，大于 1024）发起 TCP 三次握手，建立传输连接，其中服务器的源端口为 20。

（2）被动模式。

①由客户端向服务器的 TCP PORT 21 发起 TCP 三次握手，建立控制连接。

②由客户端向服务器的 TCP PORT N（随机端口，大于 1024）发起 TCP 三次握手，建立传输连接。

2. Telnet

Telnet 协议与使用 Console 接口管理设备不同，不需要专用线缆直连设备的 Console 接口，只要 IP 地址可达并且能够与设备的 TCP 23 端口通信即可。

3. DHCP

DHCP（Dynamic Host Configuration Protocol，动态主机配置协议）是一个局域网的网络协议。其工作流程大致如下：

（1）DHCP Discover（广播）：用于发现当前网络中的 DHCP 服务器。

（2）DHCP Offer（单播）：携带分配给客户端的 IP 地址。

（3）DHCP Request（广播）：告知服务器自己将使用该 IP 地址。

（4）DHCP Ack（单播）：最终确认，告知客户端可以使用该 IP 地址。

4. HTTP

HTTP（Hyper Text Transfer Protocol，超文本传输协议）是客户端浏览器或其他程序与 Web 服务器之间的应用层通信协议。

5. DNS

网络中每个节点都有自己唯一的 IP 地址，通过 IP 地址可以实现节点之间的相互访问，但是如果和所有的节点进行通信都使用 IP 地址的方式，人们很难记住这么多 IP 地址，为此提出了 DNS（Domain Name System，域名系统），将难以记忆的 IP 地址映射为字符类型的地址。

14.2　实验一：FTP

1．实验目的

（1）理解建立 FTP 连接的过程。

（2）掌握 FTP 服务器参数的配置。

（3）掌握与 FTP 服务器传输文件的方法。

2．实验拓扑

FTP 的实验拓扑如图 14-1 所示（提示：路由器设备型号为 AR2220）。

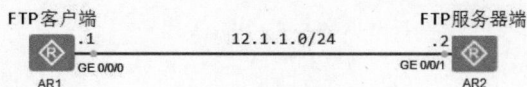

图 14-1　FTP 的实验拓扑

3．实验步骤

（1）配置 IP 地址。

①配置 AR1，命令如下：

```
<Huawei>system-view
Enter system view, return user view with Ctrl+Z.
[Huawei]undo info-center enable
[Huawei]sysname AR1
[AR1]interface g0/0/0
[AR1-GigabitEthernet0/0/0]ip address 12.1.1.1 24
[AR1-GigabitEthernet0/0/0]undo shutdown
[AR1-GigabitEthernet0/0/0]quit
```

②配置 AR2，命令如下：

```
<Huawei>system-view
[Huawei]undo info-center enable
[Huawei]sysname AR2
[AR2]interface g0/0/1
[AR2-GigabitEthernet0/0/1]ip address 12.1.1.2 24
[AR2-GigabitEthernet0/0/1]undo shutdown
[AR2-GigabitEthernet0/0/1]quit
```

（2）在 AR2 上配置 FTP 服务，命令如下：

```
[AR2]ftp server enable
```

在 AR2 设备上开启 FTP 服务时还可以配置一些其他的参数，如 FTP 的端口号、超时时间等。

（3）配置 FTP 用户，命令如下：

```
[AR2]aaa
[AR2-aaa]local-user huawei password cipher huawei123
```

```
//在 AAA 视图模式下创建对应的 FTP 用户
[AR2-aaa]local-user huawei service-type ftp    //指定用户的服务类型
[AR2-aaa]local-user huawei ftp-directory flash: //配置用户的授权目录
[AR2-aaa]local-user huawei privilege level 15  //指定用户的用户等级，必须为 3 级以上
```

4. 实验调试

（1）在 AR1 上通过 FTP 访问 AR2，命令如下：

```
<AR1>ftp 12.1.1.2
Trying 12.1.1.2 ...
Press CTRL+K to abort
Connected to 12.1.1.2.
220 FTP service ready.
User(12.1.1.2:(none)):Huawei   //输入用户名
331 Password required for huawei.
Enter password:                //输入密码
230 User logged in.

[AR1-ftp]                      //登录成功
```

（2）查看当前 FTP 系统的文件系统，命令如下：

```
[AR1-ftp]dir
200 Port command okay.
150 Opening ASCII mode data connection for *.
drwxrwxrwx    1 noone  nogroup 0 Jun 02 09:19 dhcp
-rwxrwxrwx    1 noone  nogroup 121802 May 26 2014 portalpage.zip
-rwxrwxrwx    1 noone  nogroup 2263 Jun 02 09:19 statemach.efs
-rwxrwxrwx    1 noone  nogroup 828482 May 26 2014 sslvpn.zip
drwxrwxrwx    1 noone  nogroup 0 Jun 02 09:19 .
226 Transfer complete.
FTP: 327 byte(s) received in 0.110 second(s) 2.97Kbyte(s)/sec.
```

（3）下载文件，命令如下：

```
[AR1-ftp]get sslvpn.zip
Warning: The file sslvpn.zip already exists. Overwrite it? (y/n)[n]:y
200 Port command okay.
150 Opening ASCII mode data connection for sslvpn.zip.
226 Transfer complete.
FTP: 828482 byte(s) received in 2.950 second(s) 280.84Kbyte(s)/sec.
```

（4）上传文件，命令如下：

```
[AR1-ftp]put sslvpn.zip
200 Port command okay.
150 Opening ASCII mode data connection for sslvpn.zip.
226 Transfer complete.
FTP: 828482 byte(s) sent in 3.070 second(s) 269.86Kbyte(s)/sec.
```

⌘【思考】

　　使用 FTP 传输文件时需要建立多少个 TCP 连接？分别是哪些？为什么需要建立？

　　解析：使用 FTP 传输文件时，需要建立一个控制通道、一个数据通道。控制通道用于执行命令的传输，如 GET 命令就是通过控制通道传输的；数据通道用于文件等数据的传输。因此使用 FTP 传输文件时，首先需要建立一个控制通道进行命令的传输，然后建立一个数据通道进行文件的传输。因此需要建立两个 TCP 连接。

14.3　实验二：Telnet

扫一扫，看视频

1. 实验目的

（1）理解 Telent 的工作原理。

（2）掌握 Telnet 的配置方法。

2. 实验拓扑

Telnet 的实验拓扑如图 14-2 所示。

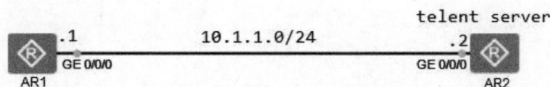

图 14-2　Telnet 的实验拓扑

3. 实验步骤

（1）配置 IP 地址。

①配置 R1，命令如下：

```
<Huawei>system-view
Enter system view, return user view with Ctrl+Z.
[Huawei]sysname R1
[R1]interface g0/0/0
[R1-GigabitEthernet0/0/0]ip address 10.1.1.1 24
```

②配置 R2，命令如下：

```
<Huawei>system-view
Enter system view, return user view with Ctrl+Z.
[Huawei]sysname R2
[R2]interface g0/0/0
[R2-GigabitEthernet0/0/0]ip address 10.1.1.2 24
```

（2）配置 R2 的 Telnet 服务，命令如下：

```
[R2]user-interface vty 0 4
//以上是进入路由器的 VTY 虚拟终端，vty 0 4 表示从 vty 0 到 vty 4，共 5 个虚拟终端
[R2-ui-vty0-4]authentication-mode password
```

```
//配置认证模式为密码登录
Please configure the login password (maximum length 16):Huawei@123
//输入认证时使用的密码
```

🖧【技术要点】

当网络设备不在管理员面前时，可以通过 Telnet 远程登录设备，前提条件是网络设备上开启了 Telnet 服务，并且管理员的计算机与网络设备 IP 互通。Telnet 登录受 VTY 用户界面的控制，配置 VTY 用户界面的属性可以调节 Telnet 登录后终端界面的显示方式。VTY 用户界面的属性包括 VTY 用户界面的个数、连接超时时间、终端屏幕的显示行数和列数，以及历史命令缓冲区大小。

4. 实验调试

在 R1 上远程登录 R2，命令如下：

```
<R1>telnet 10.1.1.2
  Press CTRL_] to quit telnet mode
  Trying 10.1.1.2 ...
  Connected to 10.1.1.2 ...

Login authentication

Password:                    //连为一体密码
  <R2>
```

通过以上输出结果可以看出实验成功。

14.4　实验三：DHCP

1. 实验目的

（1）掌握 DHCP 接口地址池的配置方法。

（2）掌握 DHCP 全局地址池的配置方法。

2. 实验拓扑

DHCP 的实验拓扑如图 14-3 所示。

3. 实验步骤

（1）配置 AR1 的 IP 地址，命令如下：

图 14-3　DHCP 的实验拓扑

```
<huawei>system-view
[huawei]sysname AR1
[AR1]interface g0/0/0
[AR1-GigabitEthernet0/0/0]ip address 10.0.12.1 24
[AR1]interface g0/0/1
[AR1-GigabitEthernet0/0/0]ip address 10.0.13.1 24
```

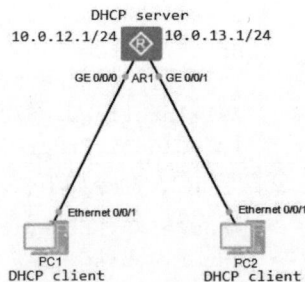

（2）在 AR1 配置的基于接口的地址池中为 PC1 分配 IP 地址。

①开启 DHCP 服务，命令如下：

```
[AR1]dhcp enable
Info: The operation may take a few seconds. Please wait for a moment.done.
```

②在 G0/0/0 接口中配置接口地址池及其他参数，命令如下：

```
[AR1]interface g0/0/0
[AR1-GigabitEthernet0/0/0]dhcp select interface          //配置接口地址池
[AR1-GigabitEthernet0/0/0]dhcp server dns-list 114.114.114.114
//配置分配的 DNS 服务器地址
[AR1-GigabitEthernet0/0/0]dhcp server lease day 2          //配置租期时间为 2 天
```

（3）在 AR1 配置的基于全局地址池中为 PC2 分配固定 10.0.13.2 的 IP 地址。

①创建地址池并配置对应的参数，命令如下：

```
[AR1]ip pool dhcp
[AR1-ip-pool-dhcp]network 10.0.13.0 mask 24     //配置地址池
[AR1-ip-pool-dhcp]gateway-list 10.0.13.1          //配置网关地址
[AR1-ip-pool-dhcp]dns-list 8.8.8.8                //配置分配的 DNS 服务器地址
```

②在地址池中为 PC2 分配指定 IP 地址，命令如下：

```
//当 DHCP 服务器收到 MAC 地址为 5489-98D6-3ABD 的 Discover 报文后，则分配 10.0.13.2 的 IP 地址
[AR1-ip-pool-dhcp]static-bind ip-address 10.0.13.2 mac-address 5489-98D6-3ABD
```

③在 G0/0/1 接口中调用全局地址池，命令如下：

```
[AR1]interface g0/0/1
[AR1-GigabitEthernet0/0/1]dhcp select global
```

4．实验调试

（1）PC1 使用 DHCP 自动获取 IP 地址，如图 14-4 所示。在 PC1 的基础配置中选择 DHCP 获取 IP 地址，然后在命令行中输入 ipconfig 查看是否获取 IP 地址。

图 14-4　查看 PC1 的 IP 地址

可以看出获取的 IP 地址为 G0/0/0 接口的接口地址池的 IP 网段地址。

（2）PC2 使用 DHCP 自动获取 IP 地址，如图 14-5 所示。

可以看出 PC2 获取了全局地址池的 IP 地址，并且固定为 10.0.13.2，说明静态绑定 MAC 地址分配配置成功。

图 14-5　查看 PC2 的 IP 地址

⌖【技术要点】

使用 DHCP 获取 IP 地址分为 4 个阶段，具体如下：

（1）发现阶段：首次接入网络，DHCP 客户端不知道服务器的具体 IP 地址，客户端会以广播的形式发送 DHCP Discover 报文给同一广播域下的所有设备。其中，DHCP Discover 报文中就包含自己的 MAC 地址（chaddr 字段），用于标识本设备的身份。

（2）提供阶段：当 DHCP 服务器收到 Discover 报文后，DHCP 服务器会单播回复 Offer 报文，目的 MAC 地址为 chaddr 字段中主机的 MAC 地址，Offer 报文中就包含了分配给主机的 IP 地址、网关、子网、DNS 等信息。

（3）选择阶段：网络中可能存在多个备份冗余的 DHCP 服务器，DHCP 客户端收到多个 Offer 报文之后，会选择第一个收到的 Offer 报文并发送 DHCP Request 报文对其进行回应。

（4）确认阶段：当 DHCP 服务器收到 DHCP 客户端发送的 DHCP Request 报文后，DHCP 服务器回应 DHCP Ack 报文，此时 DHCP 客户端可以正常使用服务器分配给它的 IP 地址及其他参数。

⌘【思考】

如果本场景下全部使用全局地址池，DHCP 服务器如何分配正确的 IP 网段地址给对应的客户端？

解析：当从某接口收到了客户端发过来的 DHCP Discover 报文后，接口会选择与自己 IP 地址相同网段的地址池为客户端分配 IP 地址。

扫一扫，看视频

14.5　实验四：HTTP

1．实验目的

（1）掌握 HTTP 服务器的搭建方法。

（2）掌握 HTTP 客户端的访问方法。

2．实验拓扑

HTTP 的实验拓扑如图 14-6 所示。

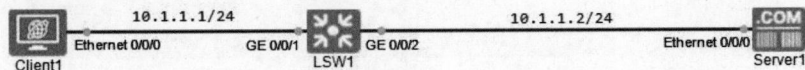

图 14-6　HTTP 的实验拓扑

3．实验步骤

（1）配置 IP 地址。

①Client1 的 IP 地址配置如图 14-7 所示。

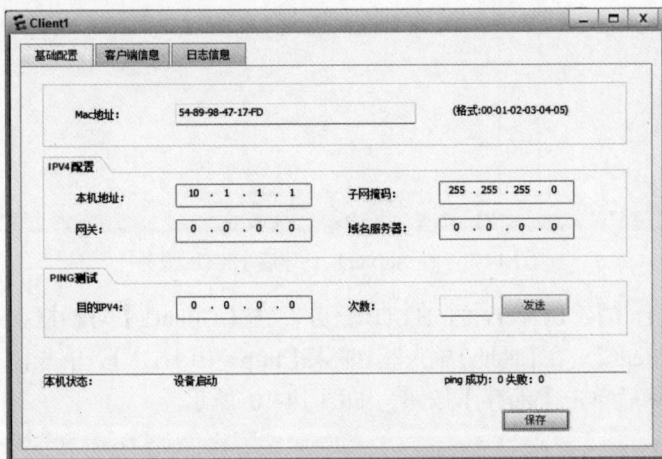

图 14-7　Client1 的 IP 地址配置

②Server1 的 IP 地址配置如图 14-8 所示。

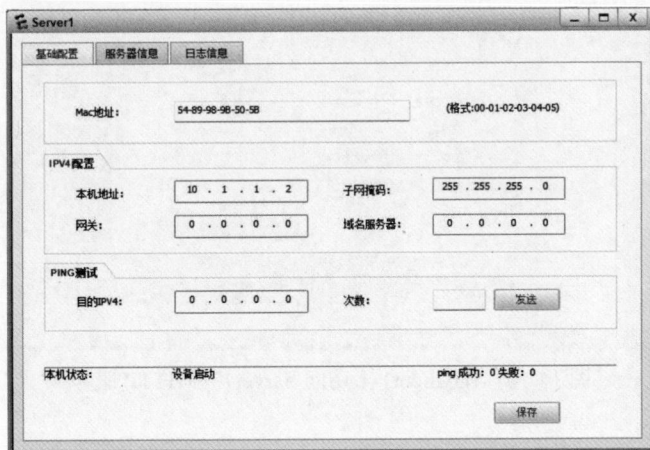

图 14-8　Server1 的 IP 地址配置

（2）在 Server1 上开启 HTTP 服务。在【Server1】对话框中选择【服务器信息】选项卡，选择【HttpServer】，然后在系统中选择一个文件设置为【文件根目录】，最后单击【启动】按钮，如图 14-9 所示。

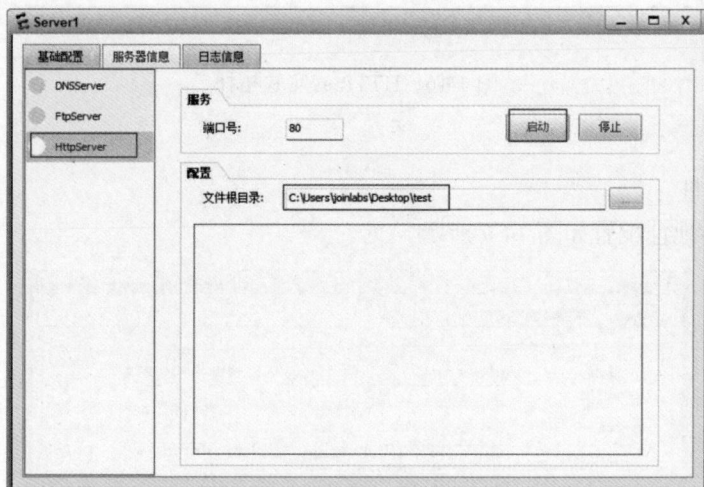

图 14-9   在 Server1 上开启 HTTP 服务

（3）在 Client1 上访问 Server1 的 HTTP 服务。在【Client1】对话框中选择【客户端信息】选项卡，选择【HttpClient】，在【地址】输入框中输入【http://10.1.1.2】，单击【获取】按钮，弹出【File download】对话框，然后单击【保存】按钮，如图 14-10 所示。

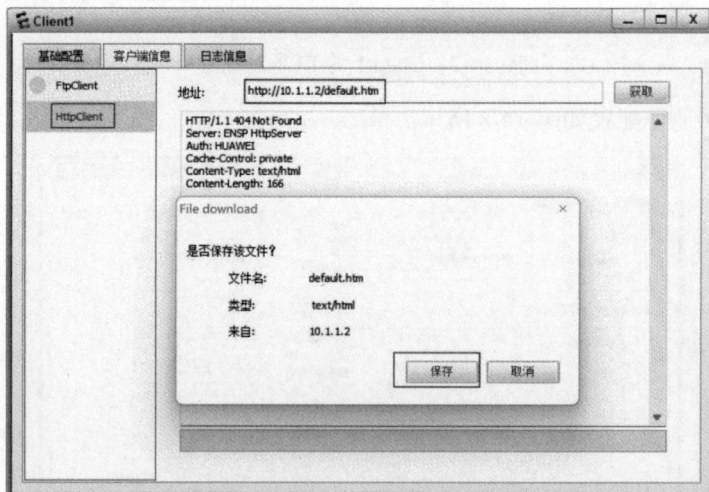

图 14-10   在 Client1 上访问 Server1 的 HTTP 服务

14.6　实验五：DNS

1．实验目的

（1）掌握 DNS 服务器的搭建方法。

（2）掌握 DNS 服务器的访问方法。

2．实验拓扑

DNS 的实验拓扑如图 14-11 所示。

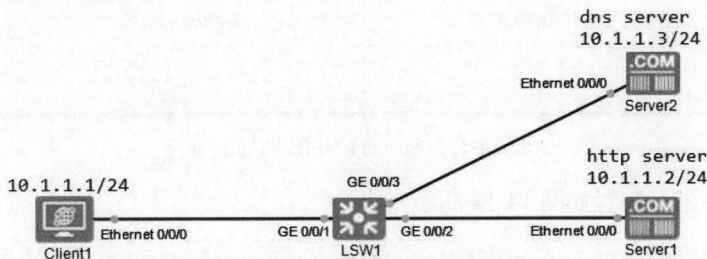

图 14-11　DNS 的实验拓扑

3．实验步骤

（1）配置 IP 地址。

①Client1 的 IP 地址配置如图 14-12 所示。

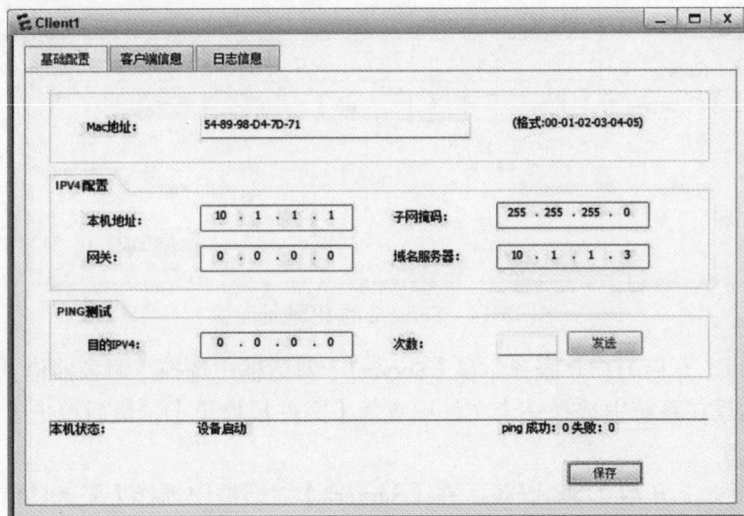

图 14-12　Client1 的 IP 地址配置

②Server1 的 IP 地址配置如图 14-13 所示。

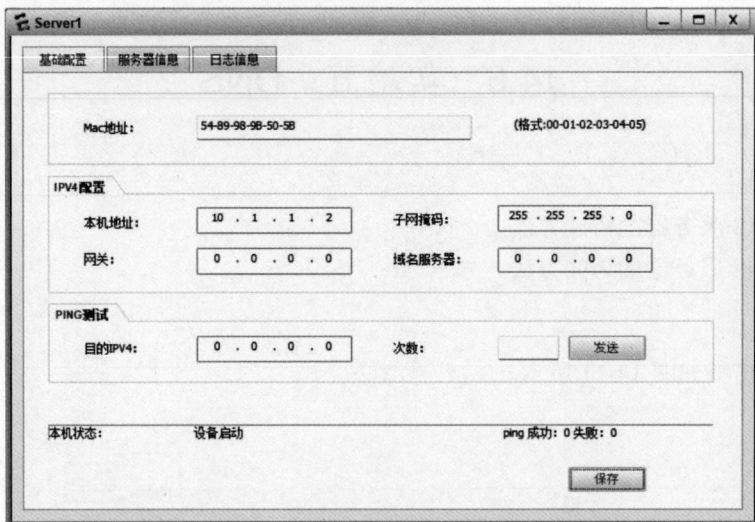

图 14-13　Server1 的 IP 地址配置

③Server2 的 IP 地址配置如图 14-14 所示。

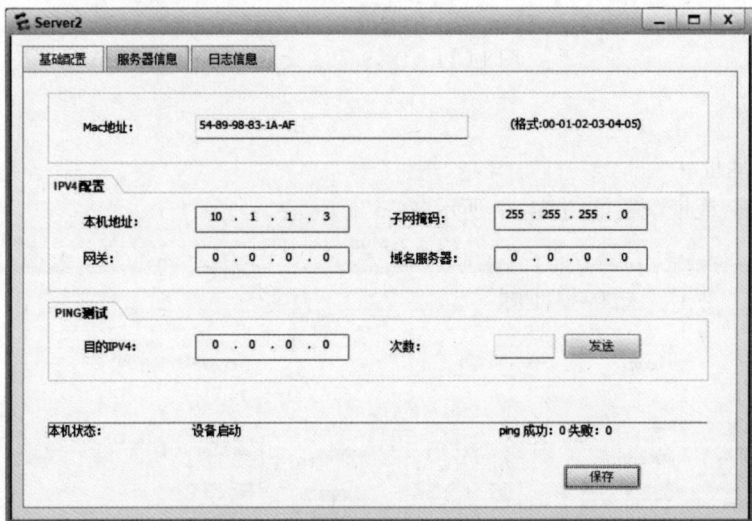

图 14-14　Server2 的 IP 地址配置

（2）在 Server1 上开启 HTTP 服务。在【Server1】对话框中选择【服务器信息】选项卡，选择【HttpServer】，然后在系统中选择一个文件设置为【文件根目录】，最后单击【启动】按钮，如图 14-15 所示。

（3）在 Server2 上开启 DNS 服务。在【Server2】对话框中选择【服务器信息】选项卡，选择【DNSServer】，然后在【配置】栏中输入【主机域名】和【IP 地址】的对应关系，单击【增加】按钮，可以看出映射成功，如图 14-16 所示。

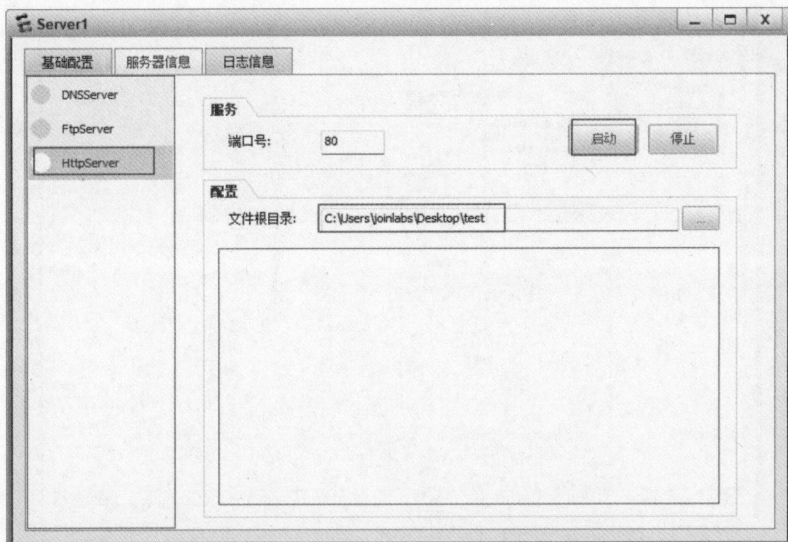

图 14-15　在 Server1 上开启 HTTP 服务

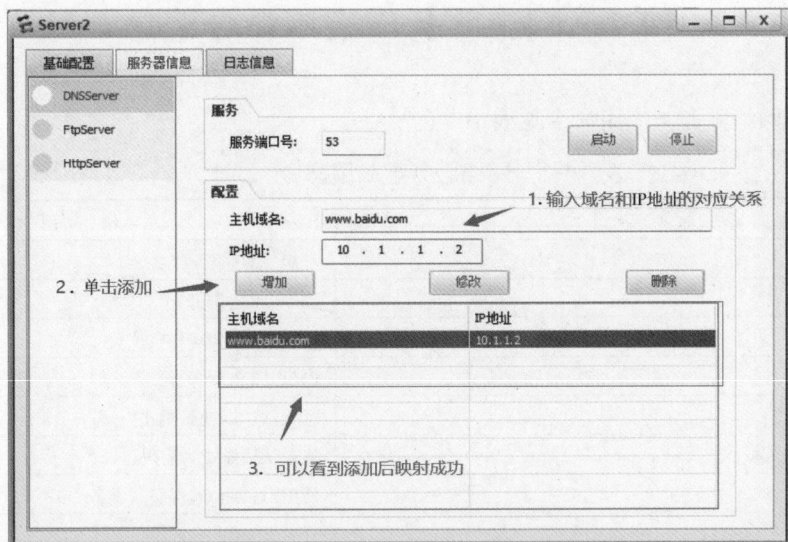

图 14-16　在 Server2 上开启 DNS 服务

（4）在 Client1 上使用域名访问 Server1 的 HTTP 服务。在【Client1】对话框中选择【客户端信息】选项卡，选择【HttpClient】，在【地址】输入框中输入【http://www.baidu.com】，单击【获取】按钮，弹出【File download】对话框，然后单击【保存】按钮，如图 14-17 所示。

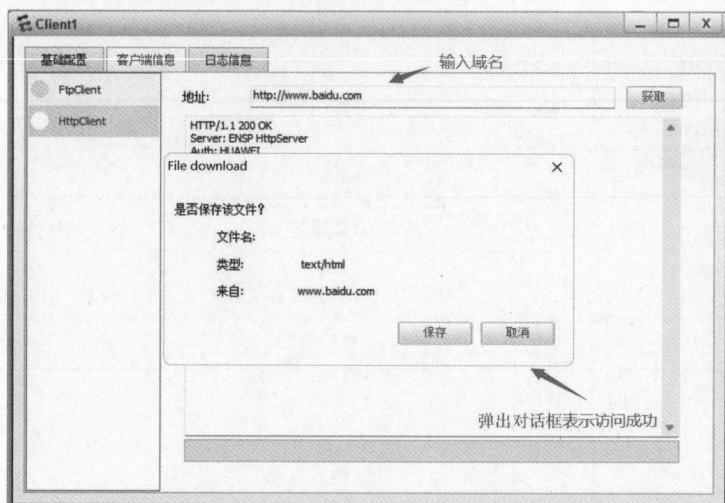

图 14-17　在 Client1 上使用域名访问 Server1 的 HTTP 服务

14.7　网络服务与应用命令汇总

本章使用的网络服务与应用命令见表 14-1。

表 14-1　网络服务与应用命令

命　令	作　用
ftp server enable	开启 FTP 服务器功能
ftp 10.0.12.1	登录 FTP 服务器
get	下载 FTP 服务器的文件
bye	退出 FTP 服务器
user-interface vty 0 4	进入 VTY 视图模式
authentication-mode password	修改认证模式为密码认证
telnet 10.1.1.2	使用 Telnet 远程登录设备
dhcp enable	开启 DHCP 功能
dhcp select interface	使能接口地址池
dhcp server dns-list 114.114.114.114	在接口配置 DNS 分配的服务器地址
dhcp server lease day 2	在接口配置 DHCP 分配的 IP 地址租期
ip pool dhcp	创建全局地址池
network 10.0.13.0 mask 24	通告地址池
gateway-list 10.0.13.1	为全局地址池配置网关 IP
dns-list 8.8.8.8	为全局地址池分配 DNS 服务器 IP 地址
static-bind ip-address 10.0.13.2 mac-address5489-98D6-3ABD	使用全局地址为特定主机分配静态 IP 地址

‖ 第 15 章 ‖

WLAN 概述

　　以有线电缆或光纤为传输介质的有线局域网应用广泛，但有线传输介质的铺设成本高、位置固定、移动性差。随着人们对网络的便携性和移动性的要求日益提高，传统的有线网络已经无法满足需求，WLAN（Wireless Local Area Network，无线局域网）技术应运而生。

15.1 WLAN 工作流程概述

WLAN 的工作流程大致可以分为 4 个阶段：AP 上线、WLAN 业务配置下发、STA 接入和 WLAN 业务数据转发。

1. AP 上线

在 AP 上线阶段，AP 获取 IP 地址并发现 AC，与 AC 建立连接。

（1）AP 获取 IP 地址。

①静态方式：登录到 AP 设备上手工配置 IP 地址。

②DHCP 方式：通过配置 DHCP 服务器，使 AP 作为 DHCP。

（2）AP 发现 AC 并与之建立 CAPWAP 隧道。

①Discovery 阶段（AP 发现 AC 阶段）。

➘ 静态方式：在 AP 上预先配置 AC 的静态 IP 地址列表。

➘ 动态方式：DHCP 方式、DNS 方式和广播方式。

②建立 CAPWAP 隧道阶段。

➘ 数据隧道：AP 接收的业务数据报文经过 CAPWAP 数据隧道集中到 AC 上转发。

➘ 控制隧道：通过 CAPWAP 控制隧道实现 AP 与 AC 之间的管理报文的交互。

③AP 接入控制。AC 上支持三种对 AP 的认证方式：MAC 认证、序列号（SN）认证和不认证。

④AP 版本升级。

⑤CAPWAP 隧道维持。

➘ 数据隧道维持：AP 与 AC 之间交互 Keepalive 报文来检测数据隧道的连通状态。

➘ 控制隧道维持：AP 与 AC 之间交互 Echo 报文来检测控制隧道的连通状态。

2. WLAN 业务配置下发

在 WLAN 配置下发阶段，AC 将 WLAN 业务配置下发到 AP 生效。

（1）配置网络互通。

（2）创建 AP 组。

（3）配置 AC 的国家代码。

（4）配置源接口或源地址。

（5）添加 AP 设备。

3. STA 接入

在 STA 接入阶段，STA 搜索到 AP 发射的 SSID 并连接、上线，接入网络。

（1）扫描，包括 STA 请求（probe request）和 AP 回应（probe response）。

（2）链路认证，包括 WEP 认证、WPA/WPA2-802.1X 认证和 WPA/WPA2-PSK 认证。

（3）关联，包括协商速率、信道等。

（4）接入认证，包括 PSK 认证和 802.1X 认证。

（5）DHCP。

（6）用户认证，包括 802.1X 认证、MAC 认证和 Portal 认证。

4. WLAN 业务数据转发

在 WLAN 业务数据转发阶段，WLAN 网络开始转发业务数据，包括隧道转发和直接转发。

15.2　实验：WLAN 无线综合实验

1. 实验目的

（1）掌握认证 AP 上线的配置方法。

（2）掌握各种无线配置的模板配置。

（3）掌握 WLAN 配置的基本流程。

2. 实验拓扑

WLAN 无线综合实验的实验拓扑如图 15-1 所示。

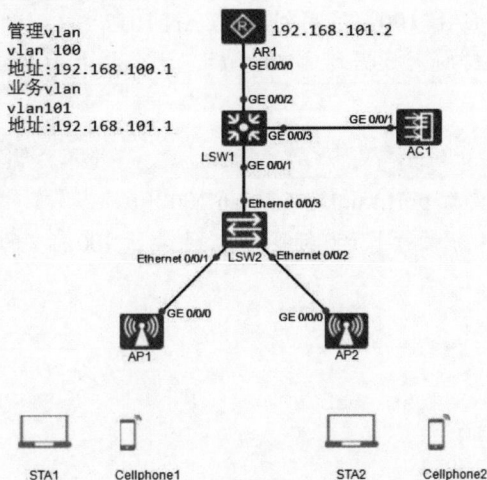

图 15-1　WLAN 无线综合实验的实验拓扑

3. 实验步骤

（1）基本配置。

①配置 LSW2，命令如下：

```
<Huawei>system-view
[Huawei]undo info-center enable
[Huawei]sysname LSW2
```

```
[LSW2]vlan 100
[LSW2-vlan100]quit

[LSW2]interface e0/0/1
[LSW2-Ethernet0/0/1]port link-type trunk
[LSW2-Ethernet0/0/1]port trunk allow-pass vlan 100
[LSW2-Ethernet0/0/1]port trunk pvid vlan 100
[LSW2-Ethernet0/0/1]quit

[LSW2]interface e0/0/2
[LSW2-Ethernet0/0/2]port link-type trunk
[LSW2-Ethernet0/0/2]port trunk allow-pass vlan 100
[LSW2-Ethernet0/0/2]port trunk pvid vlan 100
[LSW2-Ethernet0/0/2]quit

[LSW2]interface e0/0/3
[LSW2-Ethernet0/0/3]port link-type trunk
[LSW2-Ethernet0/0/3]port trunk allow-pass vlan 100
[LSW2-Ethernet0/0/3]quit
```

⌘【思考】

为什么 LSW2 只创建 VLAN 100，不用创建 VLAN 101？

解析： 因为用的是隧道转发，数据到达 AC1 后，才会打上 101 标签然后发给 LSW1。

⌘【思考】

为什么连接 AP 的接口要打 port trunk pvid vlan 100？

解析： 交换机收到 AP 的数据帧打上 100 标签发送，把打上 100 标签的数据帧去掉然后发给 AP。

②配置 LSW1，命令如下：

```
<Huawei>system-view
[Huawei]undo info-center enable
[Huawei]sysname LSW1
[LSW1]vlan batch 100 101

[LSW1]interface g0/0/1
[LSW1-GigabitEthernet0/0/1]port link-type trunk
[LSW1-GigabitEthernet0/0/1]port trunk allow-pass vlan 100
[LSW1-GigabitEthernet0/0/1]quit

[LSW1]interface g0/0/3
[LSW1-GigabitEthernet0/0/3]port link-type trunk
[LSW1-GigabitEthernet0/0/3]port trunk allow-pass vlan 100 101
```

```
[LSW1-GigabitEthernet0/0/3]quit
[LSW1]interface g0/0/2

[LSW1-GigabitEthernet0/0/2]port link-type access
[LSW1-GigabitEthernet0/0/2]port default vlan 101
[LSW1-GigabitEthernet0/0/2]quit

[LSW1]interface Vlanif 101
[LSW1-Vlanif101]ip address 192.168.101.1 24
[LSW1-Vlanif101]undo shutdown
[LSW1-Vlanif101]quit
```

③配置 AC1，命令如下：

```
<AC6005>system-view
[AC6005]undo info-center enable
[AC6005]sysname AC1
[AC1]vlan batch 100 101

[AC1]interface g0/0/1
[AC1-GigabitEthernet0/0/1]port link-type trunk
[AC1-GigabitEthernet0/0/1]port trunk allow-pass vlan 100 101
[AC1-GigabitEthernet0/0/1]quit

[AC1]interface Vlanif 100
[AC1-Vlanif100]ip address 192.168.100.1 24
[AC1-Vlanif100]undo shutdown
[AC1-Vlanif100]quit
```

④配置 R1，命令如下：

```
<Huawei>system-view
[Huawei]undo info-center enable
[Huawei]sysname R1
[R1]interface g0/0/0
[R1-GigabitEthernet0/0/0]ip address 192.168.101.2 24
[R1-GigabitEthernet0/0/0]undo shutdown
[R1-GigabitEthernet0/0/0]quit
```

（2）设置 DHCP，创建 VLAN，设置 Trunk。

①设置业务 DHCP，让 STA 获得 IP 地址，命令如下：

```
[LSW1]dhcp enable
[LSW1]interface Vlanif 101
[LSW1-Vlanif101]dhcp select interface
[LSW1-Vlanif101]quit
```

②设置管理 DHCP，让 AP 获得 IP 地址，命令如下：

```
<AC1>system-view
[AC1]dhcp enable
[AC1]interface Vlanif 100
```

```
[AC1-Vlanif100]dhcp select interface
[AC1-Vlanif100]quit
```

（3）配置 AC，AP 上线。

①创建 AP 组，命令如下：

```
<AC1>system-view
[AC1]wlan
[AC1-wlan-view]ap-group name x              //创建 AP 组 x
[AC1-wlan-ap-group-x]quit
```

②创建域管理模板并关联到 AP 组，命令如下：

```
[AC1]wlan
[AC1-wlan-view]regulatory-domain-profile name x1     //创建域管理模板 x1
[AC1-wlan-regulate-domain-x1]country-code cn         //国家代码选择中国
[AC1-wlan-regulate-domain-x1]quit
[AC1-wlan-view]ap-group name x
[AC1-wlan-ap-group-x]regulatory-domain-profile x1    //AP 组的域管理模板是 x1
Warning: Modifying the country code will clear channel, power and antenna
gain configurations of the radio and reset the AP. Continue?[Y/N]:y
[AC1-wlan-ap-group-x]quit
```

③配置 AC 的接口源地址，命令如下：

```
[AC1]capwap source interface Vlanif 100          //AC 的接口源地址为 VLAN 100
```

④离线导入 AP，命令如下：

```
[AC1]wlan
[AC1-wlan-view]ap auth-mode mac-auth             //AP 的认证模式为 MAC 地址认证
[AC1-wlan-view]ap-id 1 ap-mac 00e0-fcd5-1c70     //AP 的编号和 MAC 地址
[AC1-wlan-ap-1]ap-name ds                        //AP 的名字为 ds
[AC1-wlan-ap-1]ap-group x                        //AP 属于 AP 组 x
[AC1-wlan-view]ap-id 2 ap-mac 00e0-fc1e-3670     //AP 的编号和 MAC 地址
[AC1-wlan-ap-2]ap-name xs                        //AP 的名字为 xs
[AC1-wlan-ap-2]ap-group x                        //AP 属于 AP 组 x
Warning: This operation may cause AP reset. If the country code changes, it
will clear channel, power and antenna gain configurations of the radio,
Whether to continue? [Y/N]:y
```

⌘【思考】

如何知道 AP 的 MAC 地址？

解析：通过在 AP 上使用命令 display interface Vlanif 1 查看当前 AP 的 MAC 地址，然后再将 MAC 地址进行绑定，即可知道 AP 的 MAC 地址。

⑤查看 AP 的信息，命令如下：

```
[AC1]display ap all
Info: This operation may take a few seconds. Please wait for a moment.done.
```

```
Total AP information:
nor : normal [2]
------------------------------------------------------------------------
ID   MAC           Name Group IP        Type          State STA Uptime
------------------------------------------------------------------------
 1   00e0-fcd5-1c70 ds    x    192.168.100.137 AP2050DN  nor   0   11M:2S
 2   00e0-fc1e-3670 xs    x    192.168.100.42  AP2050DN  nor   0   54S
```

可以看出两个 AP 都获取了 IP 地址。

⌘【思考】

以上过程一共涉及几个包?

解析:

(1) AP 获取 IP 地址涉及 4 个包:Discovery、Offer、Request、Ack。

(2) CAPWAP 的建立涉及 2 个包:Discovery Request (UDP 目的端口 5246 广播查找 AC)、Discovery Response (单播回应 AP)。

(3) AP 接入控制涉及 2 个包:Join Request (UDP 5246 端口单播)、Join Response。

(4) 隧道维持涉及 2 个包:数据隧道的 Keepalive (UDP 5247) 和控制隧道的 Echo (UDP 5246)。因此一共涉及 10 个包。

(4) 配置 WLAN 业务参数。

①创建安全模板,命令如下:

```
[AC1]wlan
[AC1-wlan-view]security-profile name y1        //安全模板的名字为 y1
[AC1-wlan-sec-prof-y1]security wpa-wpa2 psk pass-phrase huawei@123 aes
                                                //密码是 huawei@123,用 AES 加密
[AC1-wlan-sec-prof-y1]quit
```

②创建 SSID 模板,命令如下:

```
[AC1]wlan
[AC1-wlan-view]ssid-profile name y2            //SSID 的模板名字为 y2
[AC1-wlan-ssid-prof-y2]ssid hcia               //SSID 的名字为 hcia
[AC1-wlan-ssid-prof-y2]quit
[AC1-wlan-view]quit
```

③创建 VAP 模板,命令如下:

```
[AC1]wlan
[AC1-wlan-view]vap-profile name y                  //VAP 模板的名字为 y
[AC1-wlan-vap-prof-y]forward-mode tunnel           //转发模式为隧道
[AC1-wlan-vap-prof-y]service-vlan vlan-id 101      //服务的 VLAN 为 101
[AC1-wlan-vap-prof-y]security-profile y1           //调用安全模板 y1
[AC1-wlan-vap-prof-y]ssid-profile y2               //调用 SSID 模板 y2
[AC1-wlan-vap-prof-y]quit
```

④在 AP 组中调用 VAP 模板，命令如下：

```
[AC1-wlan-view]ap-group name x
[AC1-wlan-ap-group-x]vap-profile y wlan 1 radio 0 //调用 VAP 模板 y
[AC1-wlan-ap-group-x]vap-profile y wlan 1 radio 1
```

⌘【思考】

radio 0 1 2 是什么意思？这个过程下发几个包？

解析：意思是 WLAN 业务配置，这个过程下发 2 个包：Configuration Update Request 和 Configuration Update Response。

（5）将 STA 接入，可以看出有两个 SSID 为 HCIA 的无线网络，在之前的配置中配置 radio 0 和 radio 1 就是为了释放两个不同的射频信号，选择其中一个，输入之前创建的密码 huawei@123，如图 15-2 所示。

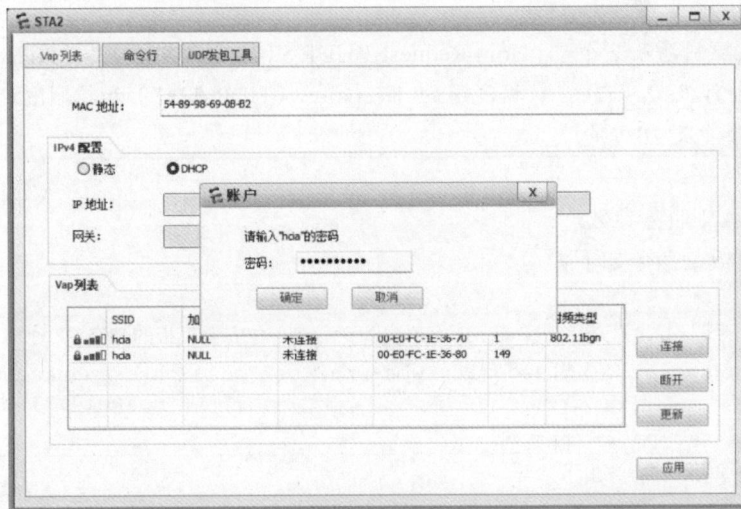

图 15-2　输入密码

登录完成后，可以单击命令行，输入 ipconfig 命令查看是否获取 IP 地址，以及使用 ping 命令测试是否可以访问 R1 设备，在下面的测试结果中可以看出，已经获取到业务 VLAN 的 IP 地址并且能够访问 R1，表示实验完成，如图 15-3 所示。

⌘【思考】

如果改成直接转发，则需要更改哪些配置？

（1）在 LSW2 上创建 VLAN 101，所有接口要允许 VLAN 100 和 VLAN 101 通过。

（2）将 LWS1 和 LSW2 连接的接口允许 VLAN 101 通过。

（3）将 VAP 模板的转发类型改成直连转发。

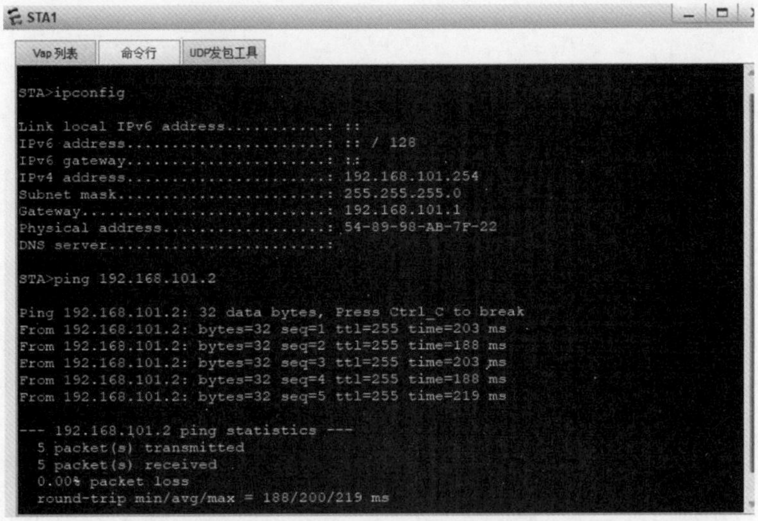

图 15-3 输入命令查看相应信息和测试结果

15.3 WLAN 命令汇总

本章使用的 WLAN 命令见表 15-1。

表 15-1 WLAN 命令

命 令	作 用
ap-group name ap-group1	创建 AP 组，并进入 AP 组视图
regulatory-domain-profile name default	创建域管理模板，并进入模板视图
country-code cn	配置设备的国家代码标识
capwap source interface Vlanif 100	配置 AC 与 AP 建立 CAPWAP 隧道的接口源地址
ap auth-mode mac-auth	配置 AP 认证模式为 MAC 地址认证
ap-id 0 ap-mac 60de-4476-e360	离线增加 AP 设备
ap-name area_1	配置单个 AP 的名称
security-profile name wlan-net	创建安全模板或者进入安全模板视图
ssid-profile name wlan-net	创建 SSID 模板，并进入模板视图
vap-profile name wlan-net	创建 VAP 模板，并进入模板视图
forward-mode tunnel	配置 VAP 模板下的数据转发方式，可以是直接转发或隧道转发
display vap ssid wlan-net	查看 VAP 信息
display ap	查看 AP 信息

‖ 第 16 章 ‖

广域网概述

　　随着经济全球化与数字化变革加速，企业规模不断扩大，越来越多的分支机构出现在不同的地域。每个分支机构被当作一个 LAN（Local Area Network，局域网），总部和各分支机构之间通信需要跨越地理位置。因此，企业需要通过 WAN（Wide Area Network，广域网）将这些分散在不同地理位置的分支机构连接起来，以便更好地开展业务。

16.1 广域网概述

1．PPP 链路建立流程

（1）LCP：通过 LCP 报文进行链路参数协商，建立链路层连接。协商通信双方的 MRU
（Maximum Receive Unit，最大接收单元）、认证方式和魔术字（Magic Number）等选项。

（2）认证：通过链路建立阶段协商的认证方式进行链路认证。

①PAP 二次握手。

➥ 第一次握手：被认证方将配置的用户名和密码信息使用 Authenticate-Request 报文以明文
  方式发送给认证方。

➥ 第二次握手：认证方收到被认证方发送的用户名和密码信息之后，根据本地配置的用户名
  和密码数据库检查用户名和密码信息是否匹配，如果匹配，则返回 Authenticate-Ack 报文，
  表示认证成功；否则返回 Authenticate-Nak 报文，表示认证失败。

②CHAP 三次握手。

➥ 第一次握手：认证方主动发起认证请求，认证方向被认证方发送 Challenge 报文，报文内
  包含随机数和 ID。

➥ 第二次握手：被认证方收到此 Challenge 报文之后，进行一次加密运算，运算公式为
  MD5（ID+ 随机数 + 密码），意思是将 ID、随机数和密码三部分连成一个字符串，然后
  对此字符串进行 MD5 运算，得到一个 16B 长的摘要信息，然后将此摘要信息和端口上
  配置的 CHAP 用户名一起封装在 Response 报文中发回认证方。

➥ 第三次握手：认证方收到被认证方发送的 Response 报文之后，按照其中的用户名在本地查
  找相应的密码信息，得到密码信息之后，进行一次加密运算，运算方式和被认证方的加密
  运算方式相同 ；然后将加密运算得到的摘要信息和 Response 报文中封装的摘要信息进行比
  较，相同则认证成功，不相同则认证失败。

（3）NCP：通过 NCP 协商来选择和配置一个网络层协议并进行网络层参数协商。最常见的
NCP 协议是 IPCP，用来协商 IP 参数。

2．PPPoE

（1）PPPoE 发现：用户接入，创建 PPPoE 虚拟链路。

①PPPoE 客户端在本地以太网中广播一个 PADI 报文，此 PADI 报文中包含了客户端需要的
服务信息。

②如果服务器可以提供客户端请求的服务，就会回复一个 PADO 报文。

③客户端可能会收到多个 PADO 报文，此时将选择最先收到的 PADO 报文对应的 PPPoE 服
务器，并发送一个 PADR 报文给这个服务器。

④PPPoE 服务器收到 PADR 报文后，会生成一个唯一的 Session ID 来标识与 PPPoE 客户端的

会话，并发送 PADS 报文。

（2）PPPoE 会话：包括 LCP 协商、PAP/CHAP 认证协商、NCP 协商等阶段。

（3）PPPoE 终结：用户下线，客户端断开连接或者服务器断开连接。

①当 PPPoE 客户端希望关闭连接时，会向 PPPoE 服务器发送一个 PADT 报文，用于关闭连接。

②当 PPPoE 服务器希望关闭连接时，也会向 PPPoE 客户端发送一个 PADT 报文。

扫一扫，看视频

16.2　实验一：PPP 基本功能

1．实验目的

（1）了解串行链路上的封装概念。

（2）了解 PPP 的封装方法。

（3）学会通过 PPP 协商获取 IP 地址。

2．实验拓扑

PPP 的实验拓扑如图 16-1 所示。

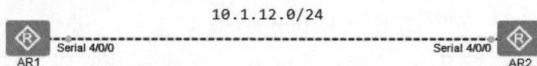

图 16-1　PPP 的实验拓扑

3．实验步骤

（1）配置 AR1 的接口 IP 地址并配置 PPP 协议，命令如下：

```
<huawei>system-view
Enter system view, return user view with Ctrl+Z.
[huawei]sysname AR1
[AR1]interface s4/0/0
[AR1-Serial4/0/0]link-protocol ppp          //将链路层协议封装为 PPP
[AR1-Serial4/0/0]ip address 10.0.12.1 24
```

（2）配置全局地址池，命令如下：

```
[AR1]ip pool 1                              //创建地址池编号为 1
[AR1-ip-pool-1]network 10.0.12.0 mask 24    //设置地址和子网掩码
[AR1-ip-pool-1]gateway-list 10.0.12.1       //网关为 10.0.12.1
```

（3）配置为客户端指定的地址池，命令如下：

```
[AR1-Serial4/0/0]remote address pool 1
```

（4）在 AR2 配置接口 Serial4/0/0 的链路层协议和 IP 地址的可协商属性，命令如下：

```
<huawei>system-view
Enter system view, return user view with Ctrl+Z.
[huawei]sysname AR2
```

```
[AR2]interface s4/0/0
[AR2-Serial4/0/0]link-protocol ppp
[AR2-Serial4/0/0]ip address ppp-negotiate          //通过 PPP 协商的方式获取 IP 地址
```

（5）查看接口是否获取 IP 地址，命令如下：

```
[AR2]display ip interface brief
Interface                    IP Address/Mask      Physical      Protocol
GigabitEthernet0/0/0         unassigned           down          down
GigabitEthernet0/0/1         unassigned           down          down
GigabitEthernet0/0/2         unassigned           down          down
NULL0                        unassigned           up            up(s)
Serial4/0/0                  10.0.12.254/32        up            up
Serial4/0/1                  unassigned           down          down
```

⌘【思考】

为什么 PPP 链路上可以通过 PPP 协商自动获取 IP 地址？

解析：PPP 的协商阶段分为 LCP 阶段和 NCP 阶段，LCP 阶段主要用于链路的建立，而 NCP 阶段 AR1 和 AR2 会协商双方地址的合法性。在实验一中，AR2 接口没有配置 IP 地址，因此发送 NCP 协商报文 Configure Request 中携带的 IP 地址为 0.0.0.0，AR1 会认为这是个非法的 IP 地址，并且回复 Configure Nak 报文，在此报文中会携带为 AR2 分配的 IP 地址，AR2 获取新的 IP 地址后，下次 NCP 阶段协商才能通过。

16.3　实验二：PAP 认证

扫一扫，看视频

1. 实验目的

掌握 PAP 认证的配置方法。

2. 实验拓扑

PAP 认证的实验拓扑如图 16-2 所示。

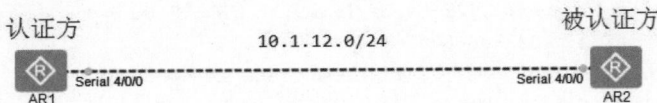

图 16-2　PAP 认证的实验拓扑

3. 实验步骤

（1）配置 AR1 的接口 IP 地址，命令如下：

```
<Huawei>system-view
Enter system view, return user view with Ctrl+Z.
```

```
[Huawei]sysname AR1
[AR1]interface s4/0/0
[AR1-Serial4/0/0]link-protocol ppp
[AR1-Serial4/0/0]ip address  10.0.12.1 24
```

（2）配置认证用户密码，命令如下：

```
[AR1]aaa
[AR1-aaa]local-user huawei password cipher huawei  //配置认证时使用的用户密码
[AR1-aaa]local-user huawei service-type ppp //将用户名为 huawei 的服务类型改为 PPP
```

（3）在接口配置认证模式为 **PAP** 认证，命令如下：

```
[AR1]interface s4/0/0
[AR1-Serial4/0/0]ppp authentication-mode pap
```

（4）配置 AR2 的接口 IP 地址，命令如下：

```
<Huawei>system-view
Enter system view, return user view with Ctrl+Z.
[Huawei]sysname AR2
[AR2]interface s4/0/0
[AR2-Serial4/0/0]link-protocol ppp
[AR2-Serial4/0/0]ip address  10.0.12.2 24
```

（5）在 AR2 的接口配置认证用户名及密码，命令如下：

```
[AR2]interface s4/0/0
[AR2-Serial4/0/0]ppp pap local-user huawei password cipher huawei
```

（6）在 AR2 设备上查看接口状态，命令如下：

```
<AR2>display interface Serial4/0/0
Serial4/0/0 current state : UP
Line protocol current state : UP
Last line protocol up time : 2022-04-07 16:40:02 UTC-08:00
Description:HUAWEI, AR Series, Serial4/0/0 Interface
Route Port,The Maximum Transmit Unit is 1500, Hold timer is 10(sec)
Internet Address is 10.0.12.2/24
Link layer protocol is PPP
LCP opened, IPCP opened
Last physical up time : 2022-04-07 16:40:01 UTC-08:00
Last physical down time : 2022-04-07 16:39:57 UTC-08:00
Current system time: 2022-04-07 16:47:59-08:00
Physical layer is synchronous, Virtualbaudrate is 64000 bps
Interface is DTE, Cable type is V11, Clock mode is TC
Last 300 seconds input rate 6 bytes/sec 48 bits/sec 0 packets/sec
Last 300 seconds output rate 2 bytes/sec 16 bits/sec 0 packets/sec
Input: 487 packets, 15742 bytes
  Broadcast:      0,   Multicast:      0
  Errors:         0,   Runts:          0
  Giants:         0,   CRC:            0

  Alignments:     0,   Overruns:       0
```

```
Dribbles:          0,   Aborts:          0
No Buffers:        0,   Frame Error:     0

Output: 484 packets, 5950 bytes
Total Error:       0, Overruns:          0
Collisions:        0, Deferred:          0
Input bandwidth utilization :           0%
Output bandwidth utilization :          0%
```

通过以上输出结果可以发现，LCP 和 IPCP 的状态为 opened，并且物理状态和协议状态都为 UP。

16.4　实验三：CHAP 认证

1. 实验目的

掌握 CHAP 认证的配置方法。

2. 实验拓扑

CHAP 认证的实验拓扑如图 16-3 所示。

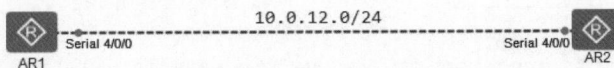

图 16-3　CHAP 认证的实验拓扑

3. 实验步骤

（1）配置 AR1 的接口 IP 地址，命令如下：

```
<Huawei>system-view
Enter system view, return user view with Ctrl+Z.
[Huawei]sysname AR1
[AR1]interface s4/0/0
[AR1-Serial4/0/0]link-protocol ppp
[AR1-Serial4/0/0]ip address 10.0.12.1 24
```

（2）配置 AR2 的接口 IP 地址，命令如下：

```
<Huawei>system-view
Enter system view, return user view with Ctrl+Z.
[Huawei]sysname AR2
[AR2]interface s4/0/0
[AR2-Serial4/0/0]ip address 10.0.12.2 24
[AR2-Serial4/0/0]link-protocol ppp
```

（3）在认证方 AR1 上配置用户名和密码，用于被认证方用户的登录，命令如下：

```
[AR1]aaa
```

```
[AR1-aaa]local-user huawei password cipher huawei
[AR1-aaa]local-user huawei service-type ppp
```

（4）在认证方接口配置 PPP 的认证模式为 CHAP 认证，命令如下：

```
[AR1]interface s4/0/0
[AR1-Serial4/0/0]ppp authentication-mode chap
```

（5）在被认证方接口配置 CHAP 认证的用户名和密码，命令如下：

```
[AR2]interface s4/0/0
[AR2-Serial4/0/0]ppp chap user huawei
[AR2-Serial4/0/0]ppp chap password cipher huawei
```

（6）在 AR2 设备上查看接口状态，命令如下：

```
[AR2]display interface s4/0/0
Serial4/0/0 current state : UP
Line protocol current state : UP
Last line protocol up time : 2022-04-12 14:26:24 UTC-08:00
Description:HUAWEI, AR Series, Serial4/0/0 Interface
Route Port,The Maximum Transmit Unit is 1500, Hold timer is 10(sec)
Internet Address is 10.0.12.2/24
Link layer protocol is PPP
LCP opened, IPCP opened
Last physical up time : 2022-04-12 14:26:24 UTC-08:00
Last physical down time : 2022-04-12 14:26:19 UTC-08:00
Current system time: 2022-04-12 14:26:37-08:00
Physical layer is synchronous, Virtualbaudrate is 64000 bps
Interface is DTE, Cable type is V11, Clock mode is TC
Last 300 seconds input rate 7 bytes/sec 56 bits/sec 0 packets/sec
Last 300 seconds output rate 2 bytes/sec 16 bits/sec 0 packets/sec

Input: 139 packets, 4510 bytes
Broadcast:            0, Multicast:    0
 Errors:              0, Runts:        0
 Giants:              0, CRC:          0
 Alignments:          0, Overruns:     0
 Dribbles:            0, Aborts:       0
 No Buffers:          0, Frame Error: 0

Output: 139 packets, 1718 bytes
 Total Error:         0, Overruns:     0
 Collisions:          0, Deferred:     0
 Input bandwidth utilization :        0%
 Output bandwidth utilization :       0%
```

通过以上输出结果可以发现，LCP 和 IPCP 的状态为 opened，并且物理状态和协议状态都为 UP。

16.5 实验四：PPPoE

扫一扫，看视频

1. 实验目的

（1）了解 PPPoE 的原理。

（2）掌握 PPPoE 的配置方法。

2. 实验拓扑

PPPoE 的实验拓扑如图 16-4 所示。

图 16-4 PPPoE 的实验拓扑

3. 实验步骤

（1）配置 PPPoE Server 的地址池，命令如下：

```
<Huawei>system-view
Enter system view, return user view with Ctrl+Z.
[Huawei]sysname PPPoe server
[PPPoe server]ip pool pool1
Info: It's successful to create an IP address pool.
[PPPoe server-ip-pool-pool1]network 100.1.1.0 mask 24 //客户端通过拨号所获取的网段地址
[PPPoe server-ip-pool-pool1]gateway-list 100.1.1.1 //配置分配的网关地址
```

（2）配置 PPPoE 客户端拨号使用的用户名和密码，命令如下：

```
[PPPoe server]aaa
[PPPoe server-aaa]local-user huawei password cipher huawei
//创建用户名为 huawei、密码为 huawei 的账号
Info: Add a new user.
[PPPoe server-aaa]local-user huawei service-type ppp
//设置用户名为 huawei 的服务类型为 PPP
```

（3）配置 VT 接口，用于 PPPoE 认证并且分配地址，命令如下：

```
[PPPoe server]interface Virtual-Template 1              //创建 VT 接口
[PPPoe server-Virtual-Template1]ip address 100.1.1.1 24    //将网关地址配置在 VT 接口
[PPPoe server-Virtual-Template1]ppp authentication-mode chap
//配置 PPP 的认证类型为 CHAP
[PPPoe server-Virtual-Template1]remote address pool pool1
//调用为客户端分配地址的地址池 pool1
```

☞【提示】

以太网接口不支持 PPP 协议，需要配置 VT 接口。

（4）在以太网接口使能 PPPoE 功能并绑定 VT 接口，命令如下：

```
[PPPoe server]interface g0/0/0
[PPPoe server-GigabitEthernet0/0/0]pppoe-server bind virtual-template 1
//设置本设备为 PPPoE 的服务器，并且关联 VT 接口
```

（5）配置 AR1 的 PPPoE Client 拨号功能，命令如下：

```
[Huawei]sysname PPPoe client
[PPPoe client]interface Dialer 0
[PPPoe client-Dialer0]dialer user user1        //使能共享 DDC 功能
[PPPoe client-Dialer0]dialer bundle 1          //指定该 dialer 接口的 dialer bundle
[PPPoe client-Dialer0]ppp chap user huawei//配置服务器分配的用户名
[PPPoe client-Dialer0]ppp chap password cipher huawei  //配置服务器分配的密码
[PPPoe client-Dialer0]ip address ppp-negotiate         //使用 PPP 协商获取 IP 地址
```

（6）建立 PPPoE 会话，命令如下：

```
[PPPoe client]interface g0/0/0
[PPPoe client-GigabitEthernet0/0/0]pppoe-client dial-bundle-number 1
//绑定 dialer 接口的 dialer bundle
```

（7）查看客户端是否通过 PPPoE 获取 IP 地址，命令如下：

```
[PPPoe client]display ip interface brief
*down: administratively down
^down: standby
(l): loopback
(s): spoofing
The number of interface that is UP in Physical is 4
The number of interface that is DOWN in Physical is 3
The number of interface that is UP in Protocol is 2
The number of interface that is DOWN in Protocol is 5

Interface                IP Address/Mask    Physical     Protocol
Dialer0                  0.1.1.254/32       up           up(s)
GigabitEthernet0/0/0     unassigned         up           down
GigabitEthernet0/0/1     unassigned         up           down
GigabitEthernet0/0/2     unassigned         down         down
NULL0                    unassigned         up           up(s)
```

可以看出客户端通过 PPPoE 获取了 100.1.1.254 的 IP 地址。

（8）配置 AR1 的 G0/0/1 接口的 IP 地址，命令如下：

```
[PPPoe client]interface g0/0/1
[PPPoe client-GigabitEthernet0/0/1]ip address 10.1.1.2 24
```

（9）配置 NAT，让私网的 PC 能够访问公网。

①配置 ACL，定义需要进行地址转换的流量，命令如下：

```
[PPPoe client]acl 2000
[PPPoe client-acl-basic-2000]rule permit source 10.1.1.0 0.0.0.255
//匹配需要访问公网的设备流量
```

②在接口配置 Easy-IP，命令如下：

```
[PPPoe client]interface Dialer 0
[PPPoe client-Dialer0]nat outbound 2000       //在 dialer 0 接口调用 ACL 2000
```

③配置默认路由访问公网，命令如下：

```
[PPPoe client]ip route-static 0.0.0.0 0 Dialer 0 //配置默认路由，下一跳出口为 dialer 接口
```

（10）在 PC 上测试公网的连通性，命令如下：

```
PC>ping 100.1.1.1

Ping 100.1.1.1: 32 data bytes, Press Ctrl_C to break
From 100.1.1.1: bytes=32 seq=1 ttl=254 time=15 ms
From 100.1.1.1: bytes=32 seq=2 ttl=254 time=15 ms
From 100.1.1.1: bytes=32 seq=3 ttl=254 time=32 ms
From 100.1.1.1: bytes=32 seq=4 ttl=254 time=15 ms
From 100.1.1.1: bytes=32 seq=5 ttl=254 time=32 ms
```

可以看出私网 PC 也可以使用 NAT 实现公网的访问。

16.6　广域网命令汇总

本章使用的广域网命令见表 16-1。

表 16-1　广域网命令

命　　令	作　　用
link-protocol ppp	修改链路协议为 PPP
remote address pool 1	调用地址池
ip address ppp-negotiate	通过 PPP 协议获取 IP 地址
ppp authentication-mode pap	认证方配置认证模式为 PAP
ppp pap local-user huawei password cipher huawei	被认证方配置 PAP 认证的用户名和密码
ppp authentication-mode chap	认证方配置认证模式为 CHAP
ppp chap user huawei	被认证方配置 CHAP 的用户名
ppp chap password cipher huawei	被认证方配置 CHAP 的密码
interface Virtual-Template 1	创建 VT 虚拟接口
dialer user user1	使能共享 DDC 功能
dialer bundle 1	指定该 dialer 接口的 dialer bundle

‖ 第 17 章 ‖
网络管理与运维

SNMP（Simple Network Management Protocol，简单网络管理协议）是广泛应用于 TCP/IP 网络的网络管理标准协议，该协议能够支持网络管理系统，用以监测连接到网络上的设备是否有任何引起管理上关注的情况。SNMP 采用轮询机制，提供最基本的功能集，适合小型、快速、低价格的环境使用，而且 SNMP 以 UDP（User Datagram Protocol，用户数据报协议）报文为承载，因而受到绝大多数设备的支持，同时保证管理信息在任意两点间传送，便于管理员在网络上的任何节点检索信息，进行故障排查。

17.1　网络管理与运维概述

SNMP 基本组件包括网络管理系统（Network Management System，NMS）、代理进程（Agent）、被管对象（Managed Object）和管理信息库（Management Information Base，MIB）。它们共同构成 SNMP 的管理模型，在 SNMP 的体系结构中都起着至关重要的作用。

1. SNMP 的基本组件

SNMP 的管理模型如图 17-1 所示。

（1）NMS：一个采用 SNMP 协议对网络设备进行管理／监视的系统，运行在 NMS 服务器上。

（2）Agent：用于维护被管理设备的信息数据并响应来自 NMS 的请求，把管理数据汇报给发送请求的 NMS。

（3）Managed Object：每一个设备可能包含多个被管理对象，被管理对象可以是设备中的某个硬件，也可以是在硬件、软件（如路由选择协议）上配置的参数集合。

图 17-1　SNMP 的管理模型

（4）MIB：指明了被管理设备所维护的变量，是能够被 Agent 查询和设置的信息。

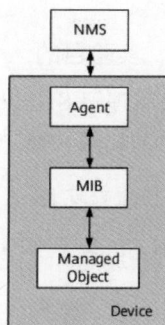

2. SNMP 的版本

（1）SNMPv1，此版本包含的内容大致如下：

①Get-Request：NMS 从被管理设备的代理进程的 MIB 中提取一个或多个参数值。

②Get-Next-Request：NMS 从代理进程的 MIB 中按照字典式排序提取下一个参数值。

③Set-Request：NMS 设置代理进程 MIB 中的一个或多个参数值。

④Response：代理进程返回一个或多个参数值，它是前三种操作的响应操作。

⑤Trap：代理进程主动向 NMS 发送报文，告知设备上发生的紧急或重要事件。

（2）SNMPv2c，此版本包含的内容大致如下：

①GetBulk：相当于连续执行多次 GetNext 操作。在 NMS 上可以设置被管理设备在一次 GetBulk 报文交互时，执行 GetNext 操作的次数。

②Inform：被管理设备向 NMS 主动发送告警。与 Trap 告警不同的是，被管理设备发送 Inform 告警后，需要 NMS 进行接收确认。如果被管理设备没有收到确认信息，则会将告警暂时保存在 Inform 缓存中，并且会重复发送该告警，直到 NMS 确认收到了该告警或者发送次数已经达到了最大重传次数。

（3）SNMPv3，此版本包含的内容大致如下：

①身份验证：代理进程接收到信息时首先必须确认信息是否来自有权限的代理进程，并且信息在传输过程中未被改变。

②加密处理：SNMPv3 报文中添加了报头数据和安全参数字段。例如，当管理进程发出

SNMPv3 版本的 Get-Request 报文时可以携带用户名、密钥、加密参数等安全参数，代理进程回复 Response 报文时也采用加密的 Response 报文。这种安全加密机制特别适用于管理进程和代理进程之间需要经过公网传输数据的场景。

扫一扫，看视频

17.2 实验：SNMP 的配置

1．实验目的

（1）理解 SNMP 的原理。

（2）掌握 SNMP 的配置方法。

2．实验拓扑

SNMP 配置的实验拓扑如图 17-2 所示。

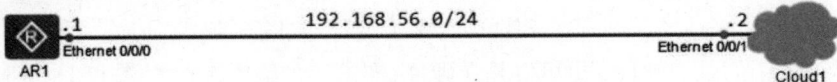

图 17-2 SNMP 配置的实验拓扑

3．实验步骤

（1）Cloud1 的配置。使用 Windows 系统的虚拟网卡桥接到 eNSP 模拟器。

①双击"云"图标，打开【Cloud1】对话框，如图 17-3 所示。

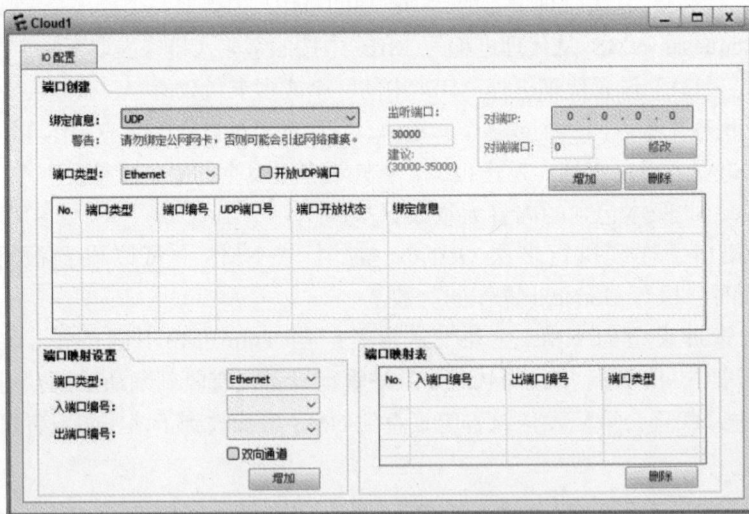

图 17-3 【Cloud1】对话框

②创建 UDP 端口，在【绑定信息】下拉列表框中选择【UDP】，然后单击【增加】按钮，配置如图 17-4 所示。

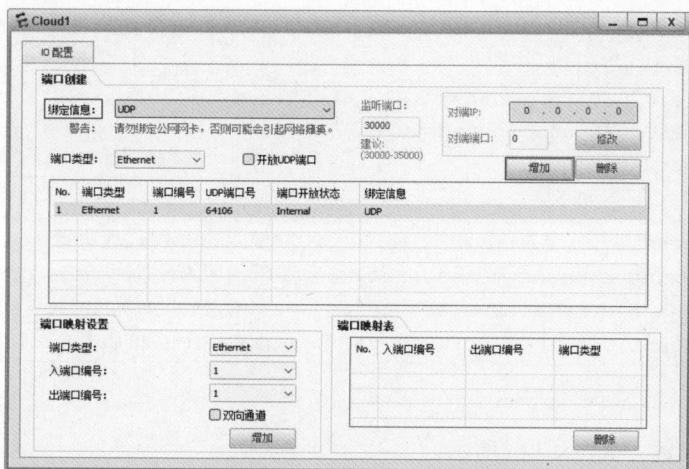

图 17-4　创建 UDP 端口

　　③根据已创建的端口信息，配置端口映射，在【绑定信息】下拉列表框中选择【Host-Only】，单击【增加】按钮，在【端口映射设置】栏中的【入端口编号】下拉列表框中选择【1】，在【出端口编号】下拉列表框中选择【2】，然后勾选【双向通道】复选框，单击【增加】按钮，如图 17-5 所示。

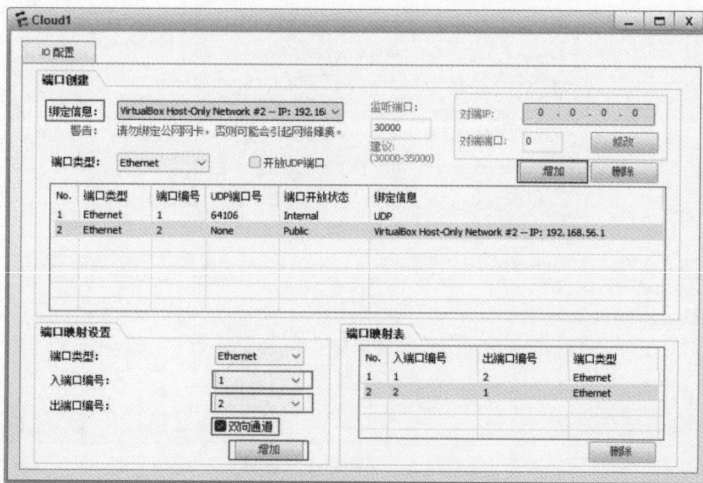

图 17-5　配置端口映射

🖧【技术要点】

　　通过以上操作，可以让 eNSP 中的路由器与计算机上的软件进行连通测试。

（2）配置路由器 R1 的 IP 地址，命令如下：

```
<Huawei>system-view
[Huawei]undo info-center enable
```

```
[Huawei]sysname R1
[R1]interface e0/0/0
[R1-Ethernet0/0/0]ip address 192.168.56.2 24
[R1-Ethernet0/0/0]undo shutdown
[R1-Ethernet0/0/0]quit
```

（3）开启 SNMP，命令如下：

```
[R1]snmp-agent                              //使能 SNMP 代理功能
[R1]snmp-agent community read hcia          //读的密码设置为 hcia
[R1]snmp-agent community write hcip         //写的密码设置为 hcip
[R1]snmp-agent sys-info version v1          //配置 SNMP 的版本
```

4. 实验调试

（1）配置用户参数，如图 17-6 所示。

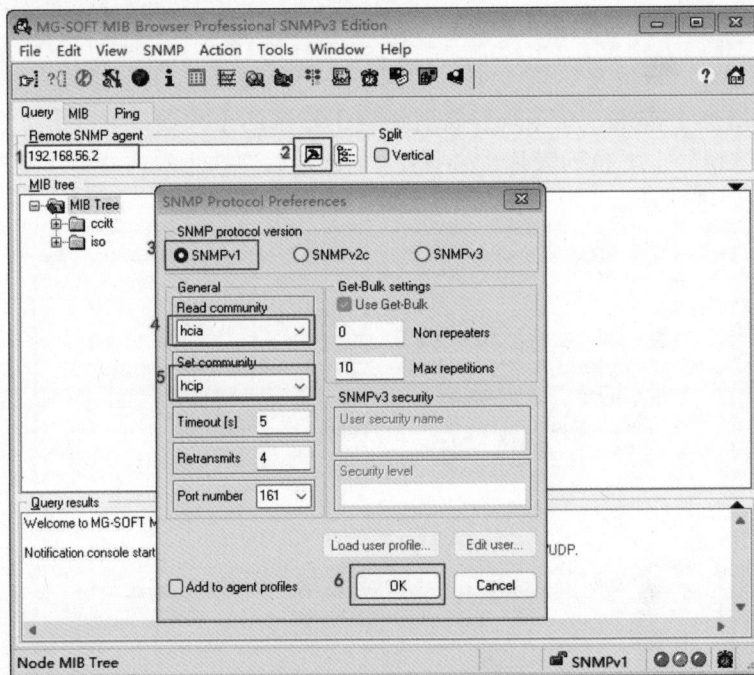

图 17-6　配置用户参数

（2）查询路由器的名字。

①选择 MIB Tree → iso → org → dod → internet → mgmt → mib-2 → system，找到 sysName，操作步骤如图 17-7 所示。

②发送 Get 请求，右击 sysName，在弹出的快捷菜单中双击 Get，如图 17-8 所示。

（3）查询路由器的 IP 地址，操作结果如图 17-9 所示。

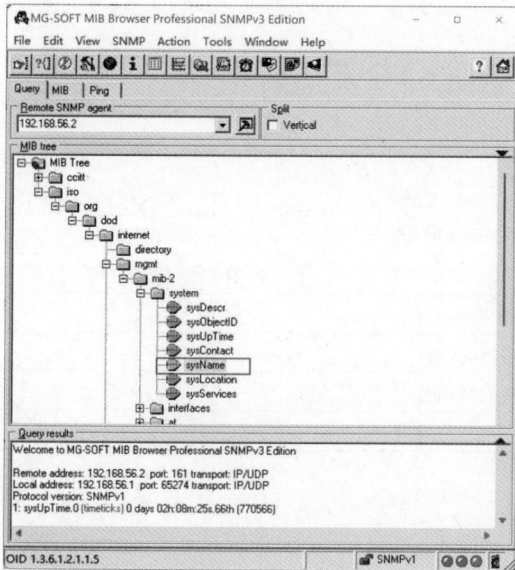
图 17-7　查找 MIB Tree 中的 sysName

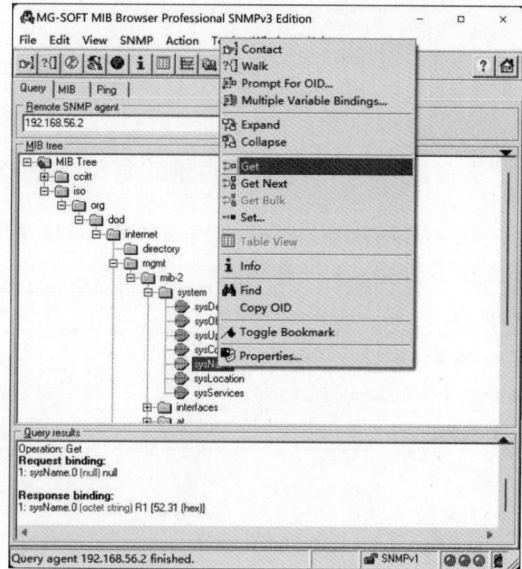
图 17-8　发送 Get 请求

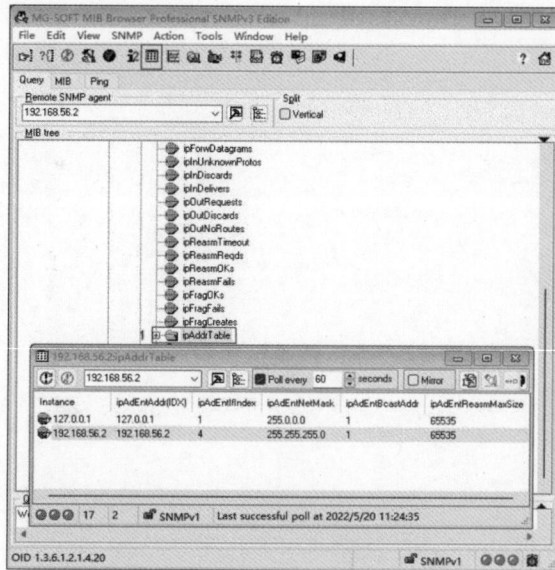
图 17-9　查询路由器的 IP 地址

🖧【技术要点】

　　SNMP 客户端工具 MIB Browser 全称为 iReasoning MIB Browser，它是一个功能强大、易于使用的 MIB 管理工具，支持 Windows、Linux、macOS 等多种平台。它通过 SNMP 协议管理网络设备，可以加载标准的和私有的 MIB。本实验只介绍了它的基本使用方法，如果读者想进一步学习，请访问 iReasoning 的官网。

17.3 网络管理与运维命令汇总

本章使用的网络管理与运维的命令见表 17-1。

表 17-1 网络管理与运维命令

命 令	作 用
snmp-agent	使能 SNMP 代理功能
snmp-agent community read hcia	配置读的密码
snmp-agent community write hcip	配置写的密码
snmp-agent sys-info version v1	配置 SNMP 的版本

　　IPv6（Internet Protocol version 6，互联网协议第 6 版）是网络层协议的第二代标准协议，也被称为 IPng（IP Next Generation，下一代 IP），它所在的网络层提供了无连接的数据传输服务。IPv6 是 IETF 设计的一套规范，是 IPv4 的升级版本。它解决了目前 IPv4 存在的许多不足之处，IPv6 和 IPv4 之间最显著的区别就是 IP 地址长度从原来的 32 位升级为 128 位。IPv6 将以其简化的报文头格式、充足的地址空间、层次化的地址结构、灵活的扩展头、增强的邻居发现机制在未来的市场竞争中充满活力。

18.1 IPv6 概述

1．IPv6 的优势

（1）"无限"的地址空间。

（2）层次化的地址结构。

（3）即插即用。

（4）简化的报文头部。

（5）安全特性。

（6）移动性。

（7）增强的 QoS 特性。

2．IPv6 的报头结构

IPv6 的报头结构见清单 18-1。

清单 18-1　IPv6 的报头结构

Version	Traffic Class	Flow Label	
Payload Length		Next Header	Hop Limit
Source Address			
Destination Address			
Extension Headers			

（1）Version：4 表示 IPv4，6 表示 IPv6。

（2）Traffic Class：该字段及其功能类似于 IPv4 的业务类型字段。

（3）Flow Label：该字段用来标记 IP 数据包的一个数据流。

（4）Payload Length：有效载荷是指紧跟 IPv6 基本报头的数据包，包含 IPv6 扩展报头。

（5）Next Header：指明跟随在 IPv6 基本报头后的扩展报头的信息类型。

（6）Hop Limit：跳数限制，该字段定义 IPv6 数据包所能经过的最大跳数，这个字段和 IPv4 中的 TTL 字段非常相似。

（7）Source Address：报文的源地址。

（8）Destination Address：报文的目的地址。

（9）Extension Headers：扩展报头。IPv6 取消了 IPv4 报头中的选项字段，并引入了多种扩展报头，在提高处理效率的同时还提高了 IPv6 的灵活性，为 IP 协议提供了良好的扩展能力。

3．IPv6 的地址分类

IPv6 的地址分为 3 种：单播地址、组播地址和任意播地址。

（1）单播地址分为全球单播地址、唯一本地地址和链路本地地址。

①全球单播地址：相当于 IPv4 的公网地址，其地址结构见清单 18-2。

清单 18-2　全球单播地址结构

001（3bit）	全局路由前缀（45bit）	子网 ID（16bit）	接口标识（64bit）

②唯一本地地址：IPv6 的私网地址，只能在私网中使用，其地址结构见清单 18-3。

清单 18-3　唯一本地地址结构

1111 1101（8bit）	Global id（40bit）	子网 ID（16bit）	接口标识（64bit）

③链路本地地址：IPv6 中另一种应用范围受限制的地址类型。LLA 的有效范围是本地链路，前缀为 FE80::/10，其地址结构见清单 18-4。

清单 18-4　链路本地地址结构

1111 1110 10（10bit）	固定为 0（54bit）	接口标识（64bit）

（2）组播地址：IPv6 组播地址标识多个接口，一般用于"一对多"的通信场景，地址结构见清单 18-5。

清单 18-5　组播地址结构

11111111（8bit）	Flags（4bit）	Scope（4bit）	Reserved（4bit）	Group id（32bit）

（3）任意播地址：标识一组网络接口（通常属于不同的节点）。任意播地址可以作为 IPv6 报文的源地址，也可以作为目的地址。

18.2　实验一：在 IPv6 上运行静态路由

1．实验目的

（1）掌握 IPv6 静态路由的配置方法。

（2）掌握 IPv6 相关信息的查看方法。

2．实验拓扑

在 IPv6 上运行静态路由的实验拓扑如图 18-1 所示。

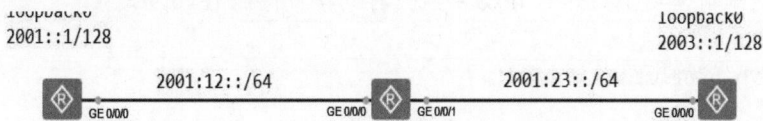

图 18-1　在 IPv6 上运行静态路由的实验拓扑

3．实验步骤

（1）配置 IP 地址。

①配置 AR1 的 IP 地址，命令如下：

```
<Huawei>system-view
Enter system view, return user view with Ctrl+Z.
[Huawei]sysname AR1
[AR1]ipv6                                //开启 IPv6 功能
[AR1]interface g0/0/0
[AR1-GigabitEthernet0/0/0]ipv6 enable    //接口开启 IPv6 功能
[AR1-GigabitEthernet0/0/0]ipv6 address 2001:12::1 64
[AR1]interface LoopBack 0
[AR1-LoopBack0]ipv6 enable
[AR1-LoopBack0]ipv6 address 2001::1 128
```

②配置 AR2 的 IP 地址，命令如下：

```
<Huawei>system-view
Enter system view, return user view with Ctrl+Z.
[Huawei]sysname AR2
[AR2]ipv6
[AR2]interface g0/0/0
[AR2-GigabitEthernet0/0/0]ipv6 enable
[AR2-GigabitEthernet0/0/0]ipv6 address 2001:12::2 64
[AR2]interface g0/0/1
[AR2-GigabitEthernet0/0/1]ipv6 enable
[AR2-GigabitEthernet0/0/1]ipv6 address 2001:23::1 64
```

③配置 AR3 的 IP 地址，命令如下：

```
<Huawei>system-view
Enter system view, return user view with Ctrl+Z.
[Huawei]sysname AR3
[AR3]ipv6 [AR3]interface g0/0/0
[AR3-GigabitEthernet0/0/0]ipv6 enable
[AR3-GigabitEthernet0/0/0]ipv6 address 2001:23::2 64
[AR3]interface LoopBack 0
[AR3-LoopBack0]ipv6 enable
[AR3-LoopBack0]ipv6 address 2003::1 128
```

【提示】

配置 IPv6 地址前需要全局开启 IPv6 功能，再到接口使能 IPv6 功能。

（2）配置 IPv6 的静态路由。

①配置 AR1，命令如下：

```
[AR1]ipv6 route-static 2003::1 128 2001:12::2  //配置去往 AR3 环回口的路由
[AR1]display ipv6 routing-table protocol static //查看 IPv6 的静态路由表
Public Routing Table : Static
Summary Count : 1
```

```
Static Routing Table's Status : < Active >
Summary Count : 1

Destination   : 2003::1              PrefixLength : 128
NextHop       : 2001:12::2           Preference   : 60
Cost          : 0                    Protocol     : Static
RelayNextHop  : ::                   TunnelID     : 0x0
Interface     : GigabitEthernet0/0/0 Flags        : RD

Static Routing Table's Status : < Inactive >
Summary Count : 0
```

②配置 AR2，命令如下：

```
[AR2]ipv6 route-static 2001::1 128 2001:12::1 //配置去往 AR1 环回口的路由
[AR2]ipv6 route-static 2003::1 128 2001:23::2 //配置去往 AR3 环回口的路由
[AR2]display ipv6 routing-table protocol static//查看 IPv6 的静态路由表
Public Routing Table : Static
Summary Count : 2

Static Routing Table's Status : < Active >
Summary Count : 2

Destination   : 2001::1              PrefixLength : 128
NextHop       : 2001:12::1           Preference   : 60
Cost          : 0                    Protocol     : Static
RelayNextHop  : ::                   TunnelID     : 0x0
Interface     : GigabitEthernet0/0/0 Flags        : RD

Destination   : 2003::1              PrefixLength : 128
NextHop       : 2001:23::2           Preference   : 60
Cost          : 0                    Protocol     : Static
RelayNextHop  : ::                   TunnelID     : 0x0
Interface     : GigabitEthernet0/0/1 Flags        : RD

Static Routing Table's Status : < Inactive >
Summary Count : 0
```

③配置 AR3，命令如下：

```
[AR3]ipv6 route-static 2001::1 128 2001:23::1 //配置去往 AR1 环回口的路由
[AR3]display ipv6 routing-table protocol static //查看 IPv6 的静态路由表
Public Routing Table : Static
Summary Count : 1

Static Routing Table's Status : < Active >
Summary Count : 1

Destination   : 2001::1              PrefixLength : 128
```

```
NextHop      : 2001:23::1          Preference : 60
Cost         : 0                   Protocol   : Static
RelayNextHop : ::                  TunnelID   : 0x0
Interface    : GigabitEthernet0/0/0  Flags    : RD

Static Routing Table's Status : < Inactive >
Summary Count : 0
```

通过以上输出结果可以看出每台设备产生了对应的路由条目。

（3）测试实验结果，命令如下：

```
[AR3]ping ipv6 -a 2003::1 2001::1
  PING 2001::1 : 56 data bytes, press CTRL_C to break
  Reply from 2001::1
  bytes=56 Sequence=1 hop limit=63 time = 30 ms
  Reply from 2001::1
  bytes=56 Sequence=2 hop limit=63 time = 30 ms
  Reply from 2001::1
  bytes=56 Sequence=3 hop limit=63 time = 40 ms
  Reply from 2001::1
  bytes=56 Sequence=4 hop limit=63 time = 40 ms
  Reply from 2001::1
  bytes=56 Sequence=5 hop limit=63 time = 20 ms

  --- 2001::1 ping statistics ---
  5 packet(s) transmitted
  5 packet(s) received
  0.00% packet loss
round-trip min/avg/max = 20/32/40 ms
```

通过以上输出结果可以看出，在 AR3 上使用环回口测试 AR1 的环回口地址能够通信，说明实验成功。

18.3 实验二：在 IPv6 上运行 OSPFv3

扫一扫，看视频

1. 实验目的

（1）掌握静态 IPv6 地址的配置方法。

（2）掌握在 IPv6 上运行 OSPFv3 的方法。

2. 实验拓扑

在 IPv6 上运行 OSPFv3 的实验拓扑如图 18-2 所示。

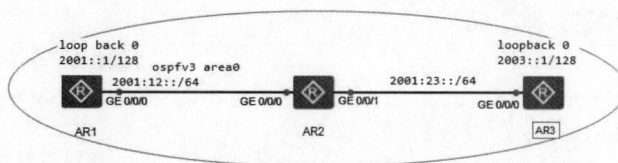

图 18-2　在 IPv6 上运行 OSPFv3 的实验拓扑

3．实验步骤

（1）配置 IP 地址。

①配置 AR1 的 IP 地址，命令如下：

```
<Huawei>system-view
Enter system view, return user view with Ctrl+Z.
[Huawei]sysname AR1
[AR1]ipv6                                    //开启 IPv6 功能
[AR1]interface g0/0/0
[AR1-GigabitEthernet0/0/0]ipv6 enable        //接口开启 IPv6 功能
[AR1-GigabitEthernet0/0/0]ipv6 address 2001:12::1 64
[AR1]interface LoopBack 0
[AR1-LoopBack0]ipv6 enable
[AR1-LoopBack0]ipv6 address 2001::1 128
```

②配置 AR2 的 IP 地址，命令如下：

```
<Huawei>system-view
Enter system view, return user view with Ctrl+Z.
[Huawei]sysname AR2
[AR2]ipv6
[AR2]interface g0/0/0
[AR2-GigabitEthernet0/0/0]ipv6 enable
[AR2-GigabitEthernet0/0/0]ipv6 address 2001:12::2 64
[AR2]interface g0/0/1
[AR2-GigabitEthernet0/0/1]ipv6 enable
[AR2-GigabitEthernet0/0/1]ipv6 address 2001:23::1 64
```

③配置 AR3 的 IP 地址，命令如下：

```
<Huawei>system-view
Enter system view, return user view with Ctrl+Z.
[Huawei]sysname AR3
[AR3]ipv6
[AR3]interface g0/0/0
[AR3-GigabitEthernet0/0/0]ipv6 enable
[AR3-GigabitEthernet0/0/0]ipv6 address 2001:23::2 64
[AR3]interface LoopBack 0
[AR3-LoopBack0]ipv6 enable
[AR3-LoopBack0]ipv6 address 2003::1 128
```

（2）在每台设备上运行 OSPFv3。

① 配置 AR1 的 OSPFv3，命令如下：

```
[AR1]ospfv3 1                                          //创建 OSPFv3，进程号为 1
[AR1-ospfv3-1]router-id 1.1.1.1                        //配置 router-id 为 1.1.1.1
[AR1]interface g0/0/0
[AR1-GigabitEthernet0/0/0]ospfv3 1 area 0              //在接口使能 OSPFv3
[AR1]interface LoopBack 0
[AR1-LoopBack0]ospfv3 1 area 0                         //在接口使能 OSPFv3
```

② 配置 AR2 的 OSPFv3，命令如下：

```
[AR2]ospfv3 1
[AR2-ospfv3-1]router-id 2.2.2.2
[AR2]interface g0/0/0
[AR2-GigabitEthernet0/0/0]ospfv3 1 area 0
[AR2]int g0/0/1
[AR2-GigabitEthernet0/0/1]ospfv3 1 area 0
```

③ 配置 AR3 的 OSPFv3，命令如下：

```
[AR3]ospfv3 1
[AR3-ospfv3-1]router-id 3.3.3.3
[AR3]interface g0/0/0
[AR3-GigabitEthernet0/0/0]ospfv3 1 area 0
[AR3]interface LoopBack 0
[AR3-LoopBack0]ospfv3 1 area 0
```

☞【提示】

　　OSPFv3 无法自动生成 router-id，需要手动配置。OSPFv3 通告网段的方式与 OSPFv2 不同，需要在接口中根据对应的区域和 OSPF 进程使能 OSPFv3 功能。

（3）查看 OSPFv3 的邻居是否建立成功。

① 查看 AR1 的邻居，命令如下：

```
[AR1]display ospfv3 peer
OSPFv3 Process (1)
OSPFv3 Area (0.0.0.0)
Neighbor ID  Pri State        Dead Time Interface     Instance ID
2.2.2.2       1 Full/Backup    00:00:37 GE0/0/0              0
```

以上参数的说明如下：

➷ Neighbor ID：邻居的 router-id。

➷ Pri：接口的 DR 优先级。

➷ State：邻居的状态以及路由器在 MA 网络中的角色。Full 表示已经处于邻接状态，DR 表示该设备为指定路由器，Backup 表示该设备为备份指定路由器。

➷ Dead Time：超时时间。

➷ Interface：建立邻接关系的物理接口。

❧ Instance ID：实例 ID。

②查看 AR2 的邻居，命令如下：

```
[AR2]display ospfv3 peer
OSPFv3 Process (1)
OSPFv3 Area (0.0.0.0)
Neighbor ID   Pri State        Dead Time Interface      Instance ID
1.1.1.1       1   Full/DR      00:00:39 GE0/0/0         0
3.3.3.3       1   Full/Backup  00:00:35 GE0/0/1         0
```

③查看 AR3 的邻居，命令如下：

```
[AR3]display ospfv3 peer
OSPFv3 Process (1)
OSPFv3 Area (0.0.0.0)
Neighbor ID   Pri State       Dead Time Interface      Instance ID
2.2.2.2       1   Full/DR     00:00:34 GE0/0/0         0
```

通过以上输出结果，可以看出每台设备互相之间已经建立了邻接关系。

（4）查看全局路由表中 OSPF 的表项。

①查看 AR1 的路由表，命令如下：

```
[AR1]display ipv6 routing-table protocol ospfv3
Public Routing Table : OSPFv3
Summary Count : 4

OSPFv3 Routing Table's Status : < Active >
Summary Count : 2

Destination     : 2001:23::                 PrefixLength : 64
NextHop         : FE80::2E0:FCFF:FEE5:3BC0  Preference   : 10
Cost            : 2                         Protocol     : OSPFv3
RelayNextHop    : ::                        TunnelID     : 0x0
Interface       : GigabitEthernet0/0/0      Flags        : D

Destination     : 2003::1                   PrefixLength : 128
NextHop         : FE80::2E0:FCFF:FEE5:3BC0  Preference   : 10
Cost            : 2                         Protocol     : OSPFv3
RelayNextHop    : ::                        TunnelID     : 0x0
Interface       : GigabitEthernet0/0/0      Flags        : D
```

以上参数的说明如下：

❧ OSPFv3 Routing Table's Status：OSPF 路由的状态，Active 为活动状态，Inactive 为备份状态。

❧ Destination：IPv6 的目标网段前缀。

❧ PrefixLength：前缀长度，与 Destination 相结合表示一个目标网段。

❧ NextHop：下一跳地址，OSPFv3 中的下一跳地址为链路本地地址。

❧ Preference：路由优先级。

❧ Cost：去往目标网段的开销值。

➘ Protocol：本路由条目通过何种方式生成。

➘ RelayNextHop：迭代的下一跳地址。

➘ Interface：出接口编号。

➘ Flags：与 IPv4 的路由表相同，D 表示下发到 FIB 表。

②查看 AR2 的路由表，命令如下：

```
[AR2]display ipv6 routing-table protocol ospfv3
Public Routing Table : OSPFv3
Summary Count : 4

OSPFv3 Routing Table's Status : < Active >
Summary Count : 2


Destination  : 2001::1                   PrefixLength : 128
NextHop      : FE80::2E0:FCFF:FE82:50C5  Preference   : 10
Cost         : 1                         Protocol     : OSPFv3
RelayNextHop : ::                        TunnelID     : 0x0
Interface    : GigabitEthernet0/0/0      Flags        : D


Destination  : 2003::1                   PrefixLength : 128
NextHop      : FE80::2E0:FCFF:FE13:5235  Preference   : 10
Cost         : 1                         Protocol     : OSPFv3
RelayNextHop : ::TunnelID: 0x0
Interface    : GigabitEthernet0/0/1      Flags        : D
```

③查看 AR3 的路由表，命令如下：

```
[AR3]display ipv6 routing-table protocol ospfv3
Public Routing Table : OSPFv3
Summary Count : 4

OSPFv3 Routing Table's Status : < Active >
Summary Count : 2


Destination  : 2001::1                   PrefixLength : 128
NextHop      : FE80::2E0:FCFF:FEE5:3BC1  Preference   : 10
Cost         : 2                         Protocol     : OSPFv3
RelayNextHop : ::                        TunnelID     : 0x0
Interface    : GigabitEthernet0/0/0      Flags        : D
Destination  : 2001:12::                 PrefixLength : 64
NextHop      : FE80::2E0:FCFF:FEE5:3BC1  Preference   : 10
Cost         : 2                         Protocol     : OSPFv3
RelayNextHop : ::                        TunnelID     : 0x0
Interface    : GigabitEthernet0/0/0      Flags        : D
```

通过以上输出结果可以看出，每台设备学习到了各自的直连接口路由以及环回口路由。

（5）测试实验结果，命令如下：

```
[AR3]ping ipv6 -a 2003::1 2001::1
```

```
PING 2001::1 : 56 data bytes, press CTRL_C to break
Reply from 2001::1
bytes=56 Sequence=1 hop limit=64 time = 1 ms
Reply from 2001::1
bytes=56 Sequence=2 hop limit=64 time = 1 ms
Reply from 2001::1
bytes=56 Sequence=3 hop limit=64 time = 1 ms
Reply from 2001::1
bytes=56 Sequence=4 hop limit=64 time = 1 ms
Reply from 2001::1
bytes=56 Sequence=5 hop limit=64 time = 1 ms

--- 2001::1 ping statistics ---
5 packet(s) transmitted
5 packet(s) received
0.00% packet loss
round-trip min/avg/max = 1/1/1 ms
```

18.4　IPv6 命令汇总

本章使用的 IPv6 命令见表 18-1。

表 18-1　IPv6 命令

命　　令	作　　用
ipv6	系统视图模式下开启 IPv6 功能
ipv6 enable	接口视图模式下开启 IPv6 功能
ipv6 address 2001:12::1 64	接口配置 IPv6 地址为 2001:12:1 64
ipv6 route-static 2003::1 128 2001::12:2	配置目标网段为 2003::1 128，下一跳地址为 2001::12:2
display ipv6 routing-table	查看 IPv6 的路由表
ospfv3 1	创建 OSPFv3 进程为 1
ospfv3 1 area 0	在接口视图模式下使能 OSPFv3 并在区域 0 通告
display ospfv3 peer	查看 OSPFv3 的邻居关系

‖ 第 19 章 ‖

Python 自动化运维

网络工程领域不断出现新的协议、技术、交付和运维模式。传统网络面临云计算、人工智能等新连接需求的挑战。企业也在不断追求业务的敏捷性、灵活性和弹性。在这些背景下，网络自动化变得越来越重要。网络编程与自动化旨在简化工程师网络配置、管理、监控和操作等相关工作，提高工程师部署和运维效率。

19.1　Python 概述

1．Python 的优点

（1）Python 拥有优雅的语法且其动态类型具有解释性质，能够让学习者从语法细节的学习中抽离，专注于程序逻辑。

（2）Python 同时支持面向过程和面向对象的编程。

（3）Python 拥有丰富的第三方库。

（4）Python 可以调用使用其他语言所编写的代码，又被称为胶水语言。

2．Python 的操作过程

（1）在操作系统上安装 Python 软件和运行环境。

（2）编写 Python 源码。

（3）编译器运行 Python 源码，编译生成 .py 文件（字节码）。

（4）Python 虚拟机将字节码转换为机器语言。

（5）硬件执行机器语言。

19.2　Python 的安装

扫一扫，看视频

1．安装 Python

（1）双击打开 Python 的安装包，在打开的窗口中勾选【Add Python 3.9 to PATH】（配置环境变量）复选框，再单击【Install Now】，如图 19-1 所示。

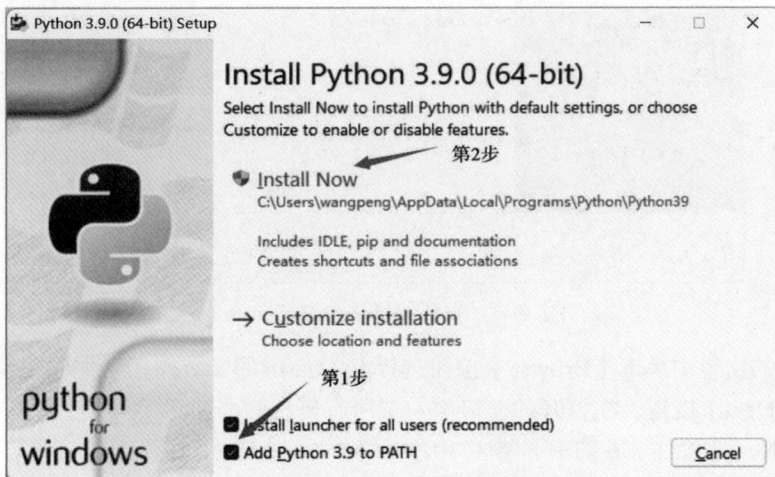

图 19-1　安装 Python，选择配置环境变量

（2）按照步骤安装完成后，单击【Close】按钮，如图 19-2 所示。

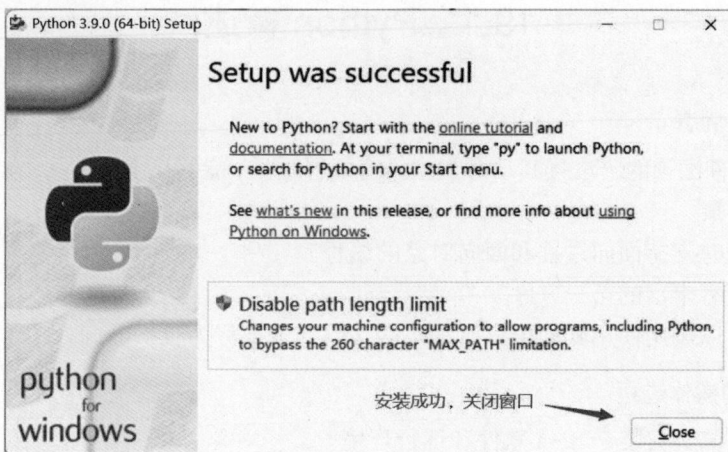

图 19-2　完成 Python 安装

2. 安装编译平台 PyCharm

（1）双击打开 PyCharm 的安装包，在打开的窗口中单击【Next】按钮，如图 19-3 所示。

图 19-3　安装编译平台 PyCharm

（2）在打开的窗口中单击【Browse】按钮选择 PyCharm 的安装路径，如图 19-4 所示。

（3）单击【Next】按钮，在打开的窗口中勾选所有复选框，如图 19-5 所示。

（4）单击【Next】按钮，在打开的窗口中选中【Reboot now】单选按钮，然后单击【Finish】按钮重启计算机，如图 19-6 所示。

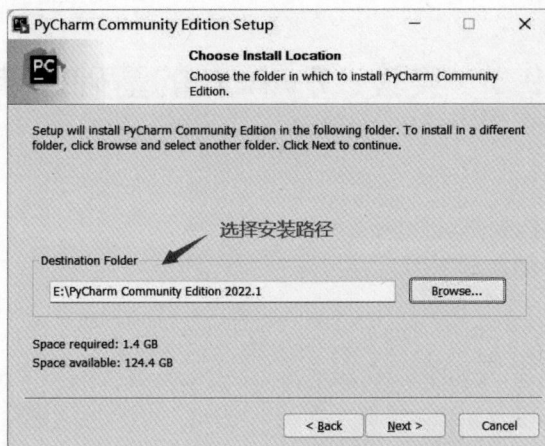

图 19-4　选择 PyCharm 的安装路径

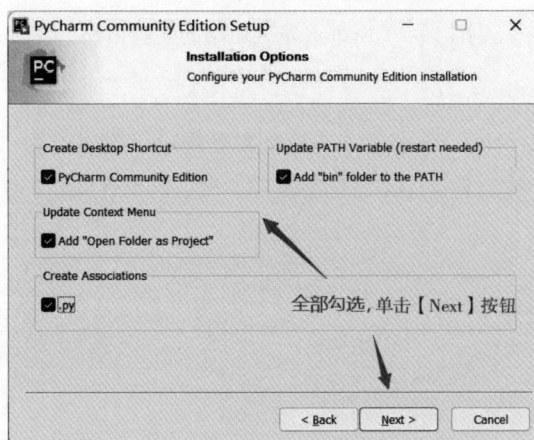

图 19-5　选择创建环境变量等需求

图 19-6　完成 PyCharm 的安装

19.3　实验：Python 的基础运维

1．实验目的

（1）掌握 Python 的基本语法。

（2）掌握配置 telnetlib 的基本方法。

2．实验拓扑

Python 基础运维的实验拓扑如图 19-7 所示。

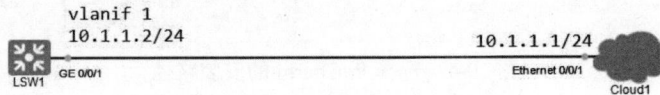

图 19-7　Python 基础运维的实验拓扑

3．实验步骤

（1）使用虚拟网卡桥接 eNSP 模拟器，并且配置虚拟网卡的 IP 为 10.1.1.1，如图 19-8 所示。

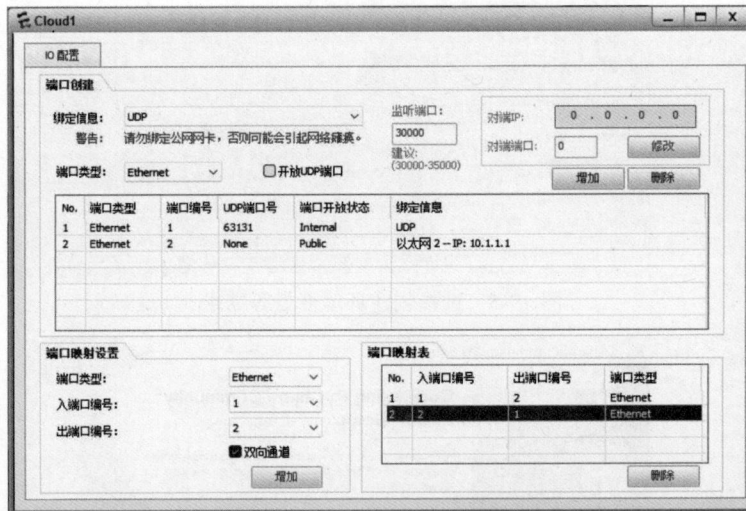

图 19-8　桥接 eNSP 模拟器

（2）连接 S1 和 Cloud1，并且配置 S1 的 IP 地址和 Telnet 服务。

①配置 S1 的地址，命令如下：

```
<Huawei>system-view
Enter system view, return user view with Ctrl+Z.
[Huawei]sysname S1
[S1]interface Vlanif 1
[S1-Vlanif1]ip address 10.1.1.2 24
```

②在 AAA 视图模式下创建 Telnet 使用的用户名和密码，并赋予权限，命令如下：

```
[S1]aaa
[S1-aaa]local-user huawei password cipher huawei123
//配置用户的用户名为 huawei，密码为 huawei123

Info: Add a new user.
[S1-aaa]local-user huawei service-type telnet //设置用户名为 huawei 的服务类型为 Telnet
[S1-aaa]local-user huawei privilege level 3  //设置用户名为 huawei 的权限为 3
```

③设置认证类型为 AAA，命令如下：

```
[S1]user-interface vty 0 4
[S1-ui-vty0-4]authentication-mode aaa        //配置认证类型为 AAA 认证
```

④PC 通过 CMD 登录测试，命令如下：

```
C:\Users\XXX>telnet 10.1.1.2
Login authentication
Password:
<Huawei>
```

通过以上输出结果可以看出 Telnet 配置成功。

（3）在 PyCharm 中配置 telnetlib。

①打开 PyCharm，右击右侧项目栏，新建 Python 文件。右击项目栏后单击【新建】，选择【Python 文件】，如图 19-9 所示。

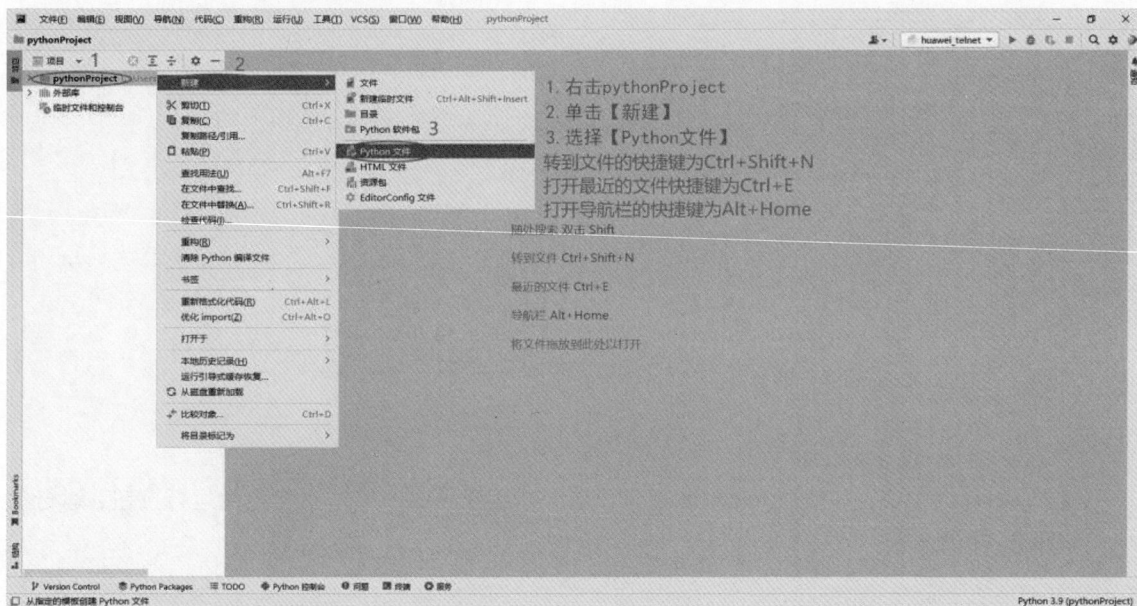

图 19-9　新建 Python 文件

②将 Python 文件命名为【huawei_telnet】，按 Enter 键进入编译界面，如图 19-10 所示。

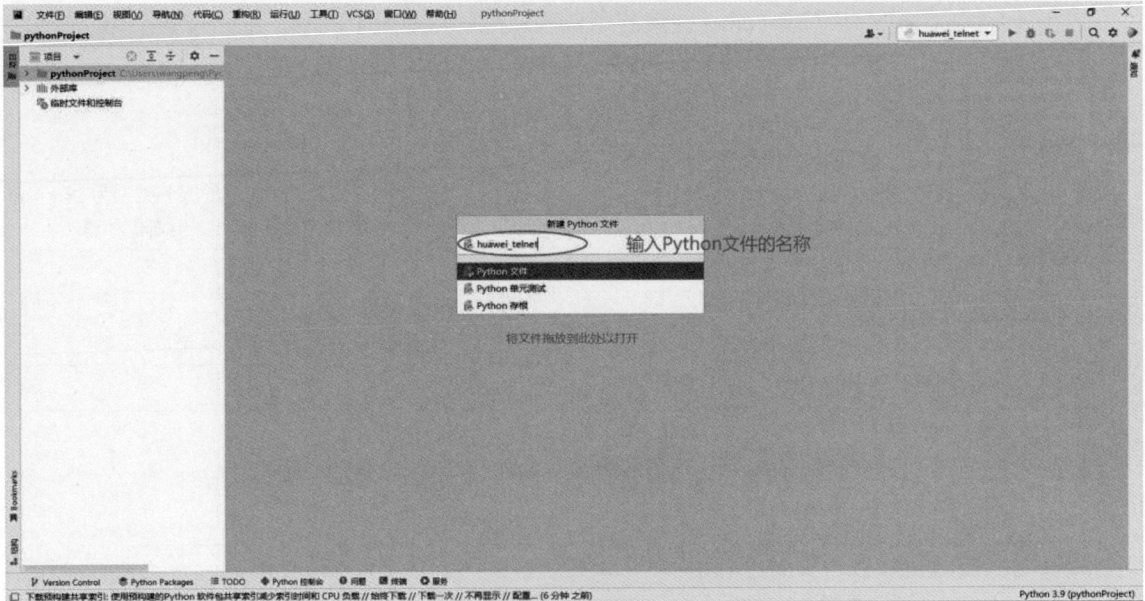

图 19-10　将 Python 文件命名为 huawei_telnet

③编写 Python 源码，代码如下：

```
import telnetlib
import time
huawei_ip='10.1.1.2'
huawei_user='huawei'
huawei_pass='huawei123'
huawei_telnet=telnetlib.Telnet(huawei_ip)
huawei_telnet.read_until(b'Username:')
huawei_telnet.write(huawei_user.encode('ascii')+b"\n")
huawei_telnet.read_until(b'Password:')
huawei_telnet.write(huawei_pass.encode('ascii')+b"\n")
huawei_telnet.write(b'screen-length 0 temporary \n')
huawei_telnet.write(b'display cu \n')
time.sleep(1)
print(huawei_telnet.read_very_eager().decode('ascii'))
huawei_telnet.close()
```

（4）在编译器中执行，使用 telnetlib 登录设备，在编译界面中单击右上角的运行按钮，运行代码，如图 19-11 所示。

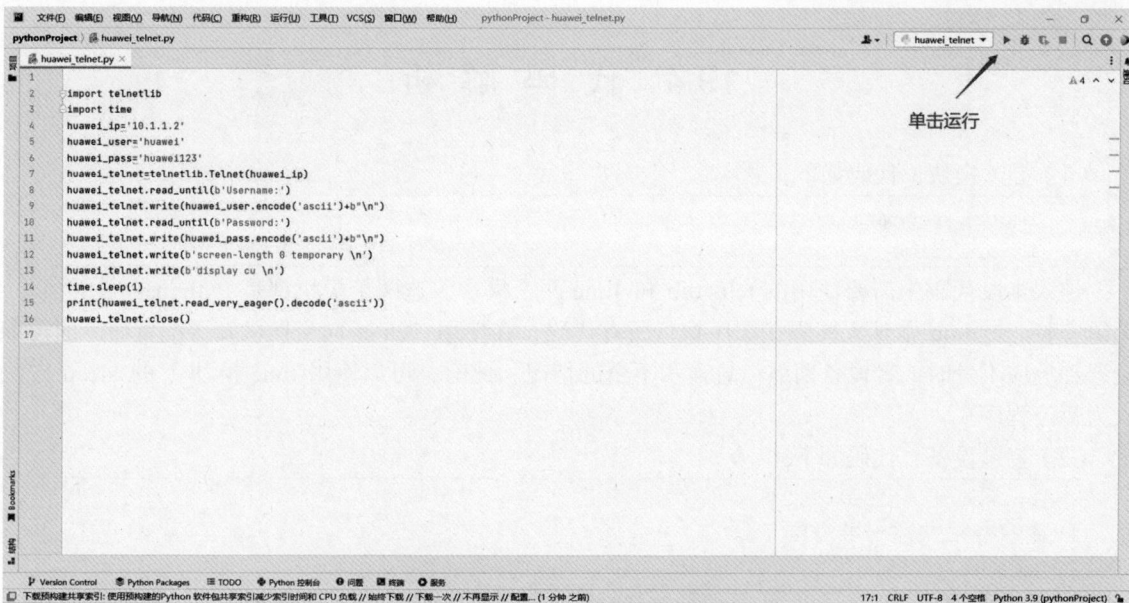

图 19-11　运行 Python 代码

（5）查看运行结果，如图 19-12 所示。

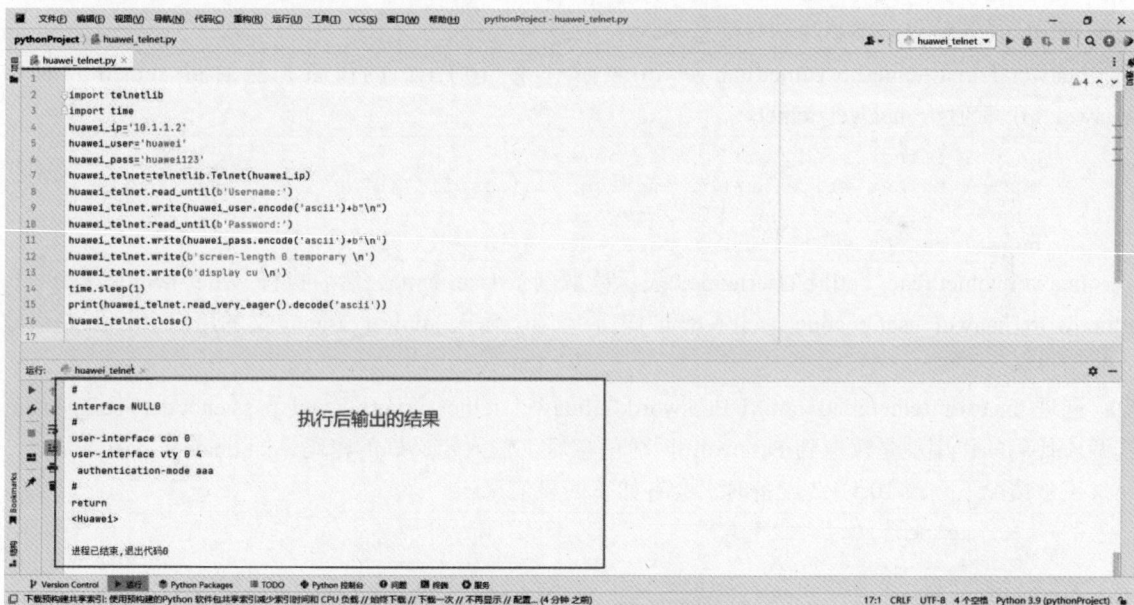

图 19-12　查看文件运行结果

通过图 19-12 可以看出已经通过 telnetlib 登录了网络设备，并且查看了当前对应的运行文件后已退出 Telnet。

19.4 代 码 解 析

（1）导入模块，代码如下：

```
import telnetlib
import time
```

导入本段代码中需要使用的 telnetlib 和 time 两个模块。这两个模块都是 Python 自带的模块，无须安装。Python 默认无间隔按顺序执行所有代码，在使用 Telnet 向交换机发送配置命令时可能会遇到响应不及时或者设备回显信息显示不全的情况。此时，可以使用 time 模块下的 sleep 方法人为暂停程序。

（2）登录设备，代码如下：

```
huawei_ip='10.1.1.2'
huawei_user='huawei'
huawei_pass='huawei123'
huawei_telnet=telnetlib.Telnet(huawei_ip)
```

首先创建变量，huawei_ip、huawei_user 和 huawei_pass 分别表示设备的登录地址、用户名和密码，与设备配置参数一致。

telnetlib.Telnet( )表示调用 telnetlib 类下的 Telnet( )方法。这个方法中包含登录的参数，包括 IP 地址和端口号等信息。不填写端口信息则默认为 23 号端口。

huawei_telnet=telnetlib.Telnet(huawei_ip)表示登录 10.1.1.2 的设备，然后将 telnetlib.Telnet (huawei_ip) 赋值给 huawei_telnet。

```
huawei_telnet.read_until(b'Username:')
huawei_telnet.write(huawei_user.encode('ascii')+b"\n")
huawei_telnet.read_until(b'Password:')
huawei_telnet.write(huawei_pass.encode('ascii')+b"\n")
```

huawei_telnet.read_until(b'Username:')表示读取到了 Username，然后执行 write( )语句。huawei_telnet.write(huawei_user.encode('ascii')+b"\n")表示后续会输入 huawei_user 定义的用户名，\n 表示输入完用户名后按 Enter 键。

同理，huawei_telnet.read_until(b'Password:')、huawei_telnet.write(huawei_pass.encode('ascii')+b"\n")这两段代码的作用就是读取到 Password 回显信息后，输入定义好的密码，即 huawei_pass。

正常情况下登录 10.1.1.2 设备时，会有如下回显信息：

```
<PC1>telnet 10.1.1.2
Trying 10.1.1.2 ...
Press CTRL+K to abort
Connected to 10.1.1.2 ...

Login authentication

Username:huawei
Password:
```

程序并不知道需要读取到什么信息为止，所以要使用 read_until( )指示读取到括号内的信息为止。

在代码读取到显示 Username 后，程序需输入参数 huawei_user。这个参数在前面已定义，作为 Telent 登录的用户，使用 write( )完成用户名的写入。

（3）输入配置命令。Telnet 到设备后，使用 Python 代码输入执行命令，代码如下：

```
huawei_telnet.write(b'screen-length 0 temporary \n')
huawei_telnet.write(b'display cu \n')
```

继续使用 write( )向设备输入代码。输入的代码 display cu 是 display current-configuration 的缩写，其功能是显示设备的当前配置。代码 screen-length 0 temporary 为关闭分屏功能，即当显示的信息超过一屏时，系统不会自动暂停。

```
time.sleep(1)
```

time.sleep(1) 的作用是将程序暂停 1s，用于等待交换机回显信息，然后执行后续代码。如果没有设置等待时间，则程序会直接执行下一行代码，导致没有数据可供读取。

```
print(huawei_telnet.read_very_eager().decode('ascii'))
```

print( )表示显示括号内的内容到控制台。huawei_telnet.read_very_eager( )表示读取当前尽可能多的数据。decode('ascii') 表示将读取的数据解码为 ASCII。

本例中这段代码的功能是将 S1（在输入 display cu 后 1s 内）输出的信息显示到控制台。

（4）关闭会话，代码如下：

```
huawei_telnet.close()
```

调用 close( )关闭当前会话。设备 VTY 连接数量有限，在执行完代码后需要关闭此 Telnet 会话。

19.5　网络编程与自动化命令汇总

本章使用的网络编程与自动化命令见表 19-1。

表 19-1　网络编程与自动化命令

命　令	作　用
import telnetlib	导入 telnetlib 模块
import time	导入 time（时间）模块
huawei_ip='10.1.1.2'	定义登录设备的 IP
huawei_user='huawei'	定义登录的用户名
huawei_pass='huawei123'	定义登录的密码
huawei_telnet=telnetlib.Telnet(huawei_ip)	使用 Telnet 登录到设备，匹配变量 huawei_ip，即登录 10.1.1.2
huawei_telnet.read_until(b'Username:')	读取回显信息为 Username
huawei_telnet.write(b'display cu \n')	写入命令 display cu，查看设备运行配置
huawei_telnet.close( )	关闭会话